智能科学技术著作丛书

无人飞行器制导控制与集群智能

甄子洋　江　驹　宋　闯
李毅波　万天才　王新华　编著

科学出版社
北　京

内 容 简 介

　　本书系统性地介绍了无人飞行器制导控制与集群智能的相关理论方法及应用。首先，综述了无人飞行器、制导与控制、集群智能协同控制以及集群作战应用的技术发展现状；其次，介绍了固定翼无人机、旋翼无人飞行器、导弹、高超声速无人飞行器、变体无人飞行器的制导与控制理论方法；接着，阐述了无人飞行器集群的自组织任务规划、信息感知交互及运动控制方法的基本原理；然后，研究了无人飞行器集群协同侦察、对地打击、饱和攻击、空中对抗等典型作战应用；最后，分析了无人系统集群智能跨域协同的作战概念和技术内涵。

　　本书可作为控制科学与工程、无人系统科学与技术、航空宇航科学与技术、兵器科学与技术等相关学科研究生的参考书，也可供从事无人飞行器技术相关领域研究的科研工作者和工程技术人员借鉴参考。

图书在版编目（CIP）数据

无人飞行器制导控制与集群智能 / 甄子洋等编著. — 北京：科学出版社，2024.1
（智能科学技术著作丛书）
ISBN 978-7-03-076626-7

Ⅰ. ①无… Ⅱ. ①甄… Ⅲ. ①无人驾驶飞行器－制导系统－飞行控制系统－研究 Ⅳ. ①V279

中国国家版本馆 CIP 数据核字（2023）第 194850 号

责任编辑：陈　静　高慧元 / 责任校对：胡小洁
责任印制：师艳茹 / 封面设计：十样花

科学出版社 出版
北京东黄城根北街 16 号
邮政编码：100717
http://www.sciencep.com

北京华宇信诺印刷有限公司印刷
科学出版社发行　各地新华书店经销
*
2024 年 1 月第 一 版　开本：720×1 000　1/16
2024 年 9 月第二次印刷　印张：20 1/4　插页：2
字数：386 000
定价：168.00 元
（如有印装质量问题，我社负责调换）

"智能科学技术著作丛书"序

"智能"是"信息"的精彩结晶,"智能科学技术"是"信息科学技术"的辉煌篇章,"智能化"是"信息化"发展的新动向、新阶段。

"智能科学技术"(intelligence science & technology,IST)是关于"广义智能"的理论算法和应用技术的综合性科学技术领域,其研究对象包括:

· "自然智能"(natural intelligence,NI),包括"人的智能"(human intelligence,HI)及其他"生物智能"(biological intelligence,BI)。

· "人工智能"(artificial intelligence,AI),包括"机器智能"(machine intelligence,MI)与"智能机器"(intelligent machine,IM)。

· "集成智能"(integrated intelligence,II),即"人的智能"与"机器智能"人机互补的集成智能。

· "协同智能"(cooperative intelligence,CI),指"个体智能"相互协调共生的群体协同智能。

· "分布智能"(distributed intelligence,DI),如广域信息网、分散大系统的分布式智能。

"人工智能"学科自 1956 年诞生以来,在起伏、曲折的科学征途上不断前进、发展,从狭义人工智能走向广义人工智能,从个体人工智能到群体人工智能,从集中式人工智能到分布式人工智能,在理论算法研究和应用技术开发方面都取得了重大进展。如果说当年"人工智能"学科的诞生是生物科学技术与信息科学技术、系统科学技术的一次成功的结合,那么可以认为,现在"智能科学技术"领域的兴起是在信息化、网络化时代又一次新的多学科交融。

1981 年,中国人工智能学会(Chinese Association for Artificial Intelligence,CAAI)正式成立,25 年来,从艰苦创业到成长壮大,从学习跟踪到自主研发,团结我国广大学者,在"人工智能"的研究开发及应用方面取得了显著的进展,促进了"智能科学技术"的发展。在华夏文化与东方哲学影响下,我国智能科学技术的研究、开发及应用,在学术思想与科学算法上,具有综合性、整体性、协调性的特色,在理论算法研究与应用技术开发方面,取得了具有创新性、开拓性的成果。"智能化"已成为当前新技术、新产品的发展方向和显著标志。

为了适时总结、交流、宣传我国学者在"智能科学技术"领域的研究开发及应用成果,中国人工智能学会与科学出版社合作编辑出版"智能科学技术著作丛书"。需要强调的是,这套丛书将优先出版那些有助于将科学技术转化为生产力以及对社会和国民经济建设有重大作用和应用前景的著作。

我们相信，有广大智能科学技术工作者的积极参与和大力支持，以及编委们的共同努力，"智能科学技术著作丛书"将为繁荣我国智能科学技术事业、增强自主创新能力、建设创新型国家做出应有的贡献。

祝"智能科学技术著作丛书"出版，特赋贺诗一首：

智能科技领域广

人机集成智能强

群体智能协同好

智能创新更辉煌

涂序彦

中国人工智能学会荣誉理事长

2005 年 12 月 18 日

前　言

无人飞行器一般指无人驾驶的航空航天飞行器,因其具有独特优势,在民用和军事领域得到广泛应用。随着人工智能的日益发展,大量智能化无人系统装备应运而生,未来战争将呈现出信息化、无人化、集群化、智能化、自主化等特点。无人飞行器集群的灵感和思想来源于自然界生物群体的智能自组织行为,它们通常"倾巢而出""蜂拥而至""以小博大""齐心协力",往往让敌手"防不胜防",这种"分散兵力,集中火力"的集群协同作战模式将极大程度地改变未来战争的形态,已成为世界军事强国发展和竞争的新热点。

无人飞行器种类繁多,包括无人机、旋翼飞行器、导弹、高超声速飞行器、变体飞行器等,通过制导与控制技术实现基本的稳定飞行、航路或目标跟踪,通过集群协同可以执行情报搜索、侦察警戒、电子干扰、通信中继、战斗评估、战场突围、饱和攻击等众多作战任务,获得远超于单个飞行器作战平台的作战效能。无人飞行器集群协同作战以多智能体协同控制理论为基础,以无人系统科学与技术为支撑,是一项提升武器装备作战效能的颠覆性技术。

近年来,美国国防部、空军、海军等机构不断规划和出台无人飞行器集群作战相关的计划项目,极大地推动了无人飞行器的制导控制和集群智能协同控制技术的发展。然而,无人飞行器集群智能技术具有丰富的理论内涵和广泛的应用前景,它的理论发展还不够完善,工程应用仍有待推进。本书的作者在国家自然科学基金项目(61973158)等课题的支持下,在国内率先开展了无人飞行器技术领域的研究,在无人飞行器制导与控制、协同任务规划、编队飞行、集群作战等方面取得了较大的研究进展,并进行了相关飞行试验验证。本书既是对上述研究成果的系统性总结,也有对国内外相关理论与技术的发展概述。

全书共9章,具体内容安排如下。

第1章绪论,主要概述了无人飞行器的种类,阐述了无人飞行器制导与控制、无人集群智能协同控制、集群作战应用的基本概念以及国内的发展历程和现状。

第2章固定翼无人机制导与控制,主要建立了固定翼无人机的数学模型,阐述了几种典型的飞行控制方法,研究了故障诊断与容错控制、大迎角超机动飞行、自动着舰/回收、空中加油以及短距起飞垂直降落等制导与控制关键技术。

第3章旋翼无人飞行器制导与控制,主要描述了单旋翼无人直升机、多旋翼无人飞行器、倾转旋翼无人飞行器、共轴双旋翼无人直升机、旋翼/涵道风扇无人直升机等旋翼无人飞行器的基本飞行原理和飞行控制方法。

第 4 章导弹制导与控制，主要建立了导弹系统的数学建模，阐述了导弹制导与控制系统原理，并着重研究了目标检测与跟踪、武器目标分配与多导弹协同制导等关键技术。

第 5 章高超声速无人飞行器制导与控制，主要建立了高超声速无人飞行器的数学建模，研究了飞发一体参数化建模方法，并阐述了轨迹优化和飞行控制的基本原理和方法。

第 6 章变体无人飞行器制导与控制，主要介绍了变体飞行器的基本概念与原理，概述了几种典型的变形结构和材料，并重点研究了常规变体飞行器、可变翼空天飞行器、变后掠翼空天飞行器的建模与控制方法。

第 7 章无人飞行器集群智能协同控制，主要阐述了集群自组织系统的模型框架，介绍了集群智能协同任务规划算法，以及集群信息感知与交互机理，并着重研究了集群运动控制原理和方法。

第 8 章无人飞行器集群智能协同作战，主要研究了无人飞行器集群智能协同作战的几个典型任务，包括协同点目标侦察、面目标侦察、对地打击、突防打击、饱和攻击和空战对抗等。

第 9 章无人系统集群智能跨域协同，主要阐述了跨域协同作战概念，介绍了跨域无人系统的基本原理，研究了跨域协同指挥与控制技术，概述了典型的跨域协同任务模式。

值此出版之际，作者衷心地感谢孙聪院士、姜斌教授、陈谋教授、段海滨教授、龙腾教授、徐胜元教授、李世华教授、牛轶峰教授、王祥科教授、董希旺教授、张志冰研究员、孙绍山研究员、王波兰研究员、丁勇飞研究员、王会霞研究员、龚华军教授、昂海松教授、陆宇平教授、彭聪教授等专家的热心指导和帮助。本书的出版也离不开研究生的辛勤付出，特别感谢文梁栋、唐桢、薛艺璇、宇文成、张丹萌、陆晓安、陈棪、刘攀、刘悦、季雨璇、刘亮、赵启、陈挚、陈冠宇、邹雨春、李晓轩、王凯、徐文莹、樊有容等同学的研究贡献和帮助。此外，本书引用了国内外许多专家学者的研究成果，在此深表感谢。

目前，无人飞行器制导控制与集群智能的相关理论与技术尚未成熟，本书的出版旨在抛砖引玉，促进控制科学与工程、无人系统科学与技术、航空宇航科学与技术、兵器科学与技术等相关学科理论的不断发展，同时也为航空航天工程领域的专家同行提供参考借鉴。

尽管作者倾尽全力，但是由于写作水平和时间所限，书中难免会有疏漏之处，恳请各位专家和广大读者批评指正，不胜感激。

作 者

2023 年 11 月

目　　录

彩图

第1章 绪 论

1.1 无人飞行器

1.1.1 基本概念

无人系统一般指无人驾驶、有动力并可携带有效载荷完成预定任务的系统。无人系统主要包括无人飞行器系统(unmanned aerial system，UAS)、无人车(unmanned ground vehicle，UGV)、无人海上航行器(unmanned maritime vehicle，UMV)、无人空间飞行器(unmanned outer space vehicle，UOSV)等。UAS 可以包括无人机(unmanned aerial vehicle，UAV)、无人直升机(unmanned helicopter，UH)等各种无人驾驶的航空飞行器。UMV 包括无人水面艇(unmanned surface vehicle，USV)、无人水下航行器(unmanned undersea vehicle，UUV)、水下无人系统(undersea unmanned system，UUS)等。按照环境介质不同，无人系统可以划分为无人飞行系统、无人地面系统、无人水面系统和无人水下系统。无人系统的主要优势在于无人化、小型化、自主化、多样化、低成本化等。

无人飞行器主要指固定翼无人机、旋翼无人飞行器、高超声速无人飞行器、变体无人飞行器和导弹等。与有人飞行器相比，它们更适合执行"枯燥、肮脏和危险"(dull，dirty and dangerous，3D)的任务。智能无人飞行器通常采用人工智能技术，模仿人类思维，具备态势感知、信息融合、自主决策、组网协同能力，可实现自主、高动态与分布式协同任务。无人飞行器的典型应用主要包括：情报、监视和侦察(intelligence，surveillance，and reconnaissance，ISR)，搜索与救援，通信中继，目标打击，作战力量保护，电子战，海战，陆战，空战，协同作战，运输等。

未来战场中的不确定高动态环境和多目标强耦合任务决定了无人飞行器朝着以下方向发展。

(1)智能化。它是无人飞行器适应未来复杂战场环境和态势的需要。智能无人飞行器通常具备环境态势感知及信息获取与处理、高动态环境自适应与自主决策、分布式集群智能协同等能力。美国 X-47B 试验型无人战斗机(unmanned combat air vehicle，UCAV)先后进行了成功试飞、航母起降和自主空中加油，成为一款具备监视、情报收集和战场打击多功能的典型军用智能无人飞行器。

(2)自主化。它是无人飞行器实现平台无人化和任务多样化的需要。无人飞行器的自主性没有统一的定义，内涵可以包括自主控制、自主决策、自主学习、自主识别、自主修复、自主协同等。无人飞行器自主性的提升，有赖于飞行器平台、通信、计算机处理器、有效载荷等关键技术的发展。飞行器平台技术主要包括机体布局、结构和材料、飞行控制、推进系统等，主要目标是提高飞行器的可靠性、生存能力和控制成本。通信技术主要包括数据链和以网络为中心的通信技术，重点解决带宽、频率和信息流的适应性和可控性问题。计算机处理器重点考虑计算速度问题，未来计算机可能会逐步使用光学、生物化学、量子干涉仪和分子电子学处理器。有效载荷技术主要包括传感器、通信中继、武器系统等。随着无人飞行器装备的发展以及新一代人工智能的深入应用，未来无人飞行器的自主性将进一步得到提升。

（3）集群化。无人飞行器集群可以扩展单机作战能力并提高整体作战效能，具有更佳的战场生存能力和任务完成能力，可以完成在复杂战场环境下的协同搜索、感知、定位、跟踪、察打、对抗、干扰等任务。无人飞行器集群作战的基本特点是：各组成单元具有小型化、分散化、能互联、自主或半自主等特性，采用分布式组织架构和灵活协同方式，具备指挥、控制、通信、情报、监视、侦察、攻击等能力。集群作战是 21 世纪最具实用性和战略性的关键技术之一。

1.1.2　固定翼无人机

固定翼无人机是一种由动力装置产生前进的推力或拉力、固定机翼产生升力、气动舵面偏转来控制飞行的无人飞行器。

固定翼无人机的一般分类如下。

（1）按用途划分，可以分为军用和民用无人机。军用无人机主要包括战术侦察无人机、战略无人侦察机、无人战斗机、无人轰炸机、无人攻击机、舰载无人机、察打一体化无人机、支援保障无人机、无人靶机、通信中继无人机、预警无人机、雷达诱饵无人机和电子对抗无人机等。军用无人机还可根据航程、活动半径、续航时间和飞行高度分为战术无人机和战略无人机两大类；按作战任务可分为侦察无人机、电子战无人机、通信中继无人机、攻击无人机和训练靶机等。民用无人机主要包括民用通信中继无人机、气象探测无人机、灾害监测无人机、农药喷洒无人机、地质勘测无人机、地图测绘无人机、交通管制无人机和边境控制无人机等。

（2）按尺寸大小划分，可以分为微型无人机、小型无人机、轻型无人机、中型无人机、大型无人机等，目前应用的无人机涵盖了从 35m 甚至更大翼展的高空长航时飞机到仅有 40mm 翼展的超微型无人机。一般来讲，微型无人机的质量不超 5kg，小型无人机在 20kg 以内，轻型无人机在 200kg 以内，中型无人机在 4000kg 以内，大型无人机在 4000kg 以上。

（3）按能源与动力类型划分，可以分为螺旋桨式无人机、喷气式无人机、电动无人机、太阳能无人机、燃料电池无人机等。

(4)按飞行速度划分，可以分为低速无人机、高速无人机、亚声速无人机、超声速无人机、高超声速无人机。低速无人机的飞行速度低于 10m/s，高速无人机的飞行速度在 50m/s 以上，亚声速无人机的飞行速度低于声速，超声速无人机的飞行速度高于声速，高超声速无人机的飞行速度是 5 倍声速以上。

(5)按飞行航程划分，可以分为近程无人机、短程无人机、中程无人机和远程无人机。近程无人机的航程在 10～30km，短程无人机的航程在 30～70km，中程无人机的航程在 70～500km，远程无人机的航程在 500km 以上。其中，远程无人机一般是指长航时无人机(long endurance UAV)，即续航时间在 8 小时以上的无人机，通常以最经济的速度飞行。长航时无人机一般包括高空和中空 31 长航时无人机。高空长航时无人机飞行高度一般在 15km 以上，续航时间在 24 小时以上。中空长航时无人机飞行高度在 5～15km，续航时间可达 24 小时。

(6)按飞行高度划分，可以分为低空无人机、中空无人机、高空无人机、近空间无人机等。低空无人机的升限在 5km 以下，中空无人机的升限在 5～15km，高空无人机的升限在 15～20km，近空间无人机的升限在 20～100km。

1917 年，英国研制出世界上第一架无人机，此后主要有美国、以色列、苏联/俄罗斯、英国、中国等国家研制和生产无人机，早期无人机主要用作靶机。20 世纪末，随着信息化技术、轻量化/小型化任务载荷技术、卫星通信技术、复合材料结构技术、新型能源与高效动力技术的迅猛发展，各种类型和功能的无人机不断涌现，应用领域也不断拓展，代表机型有美国的"捕食者"(Predator)中空长航时察打一体化无人机、"猎人"(Hunter)战术无人机、"黑寡妇"(Black Widow)微型无人机，以色列的"侦察兵"(Scout)多用途战术无人机、"先锋"(Pioneer)短/中程监视和情报搜集无人机等。进入 21 世纪，无人机在现代战争中发挥越来越重要的作用，它集众多高新技术于一体，不仅用于战略战术侦察、毁伤评估，还用于电子对抗、投放武器、战场压制等多种任务，代表机型有美国的"幻影"(Shadow)系列多用途无人机、"全球鹰"(Global Hawk)高空远程无人机、X-47B 隐身无人机，欧洲国家联合研制的"神经元"(Neuron)无人作战飞机，英国的"雷神"(Taranis)无人作战飞机。

我国对无人机的研制始于 20 世纪 50 年代。1958 年，西北工业大学成功试飞了代号为"04"的小型无人机，开创了我国无人机事业的先河。1959 年，北京航空航天大学成功试飞了"北京 5 号"无人机，开拓了中国无人机技术的新篇章。1968 年，南京航空航天大学成功试飞了"长空-1"高亚声速靶机，1976 年完成定型飞行试验，1979 年投入批量生产。1972 年，北京航空航天大学首飞"长虹-1"高空多用途无人驾驶飞机，可用于军事侦察、高空摄影、靶机或地质勘测、大气采样等科学研究。1994 年，西安爱生技术集团完成研制 ASN-206 多用途无人机，军事用途包括昼夜空中侦察、监视、目标定位、巡逻等，民用用途包括航空摄影、地球物理探矿、灾情监测、海岸缉私等。2000 年左右，中国航天空气动力技术研究院进军无人机领域，陆续研制了"彩虹"系列无人机,实现了侦察打击一体化功能,打破了传统军事强国的技术封锁。2006 年,在第六届中国国际航空航天博览会上展出了中国航空工业第一集团公司自主设计的"翔龙"高空高速长航时无人侦察机。2007 年,成都飞机设计研究所研制的"翼龙"无人侦察机完成首飞,它是中低空军民两用、长航时多用途无人机,并于 2015 年首次完成编队飞行。2013 年,沈阳飞机设计研究所设计的"利剑"隐身无人攻击机成功完成首飞,标志着我国进入无人机研发领域的世界顶尖行列。2021 年,第十三届中国国际航空航天博览会上分别亮相了中国航天科技集团有限公司的"彩虹-6"大型高空高速长航时多用途无人机、"飞鸿"系列无人机以及中国航空工业集团有限公司的"无侦-7"大型无人侦察机。

1.1.3　旋翼无人飞行器

旋翼无人飞行器是一种通过地面无线电遥控或自主控制飞行,主要依靠旋翼旋转产生气动力,能够实现前飞、侧飞、倒飞、悬停、垂直起降等飞行模态的无人飞行器。旋翼无人飞行器主要包括无人直升机、多旋翼(multicopter/multirotor)飞行器、垂直起降(vertical take-off and landing, VTOL)飞行器、倾转旋翼(tilt rotor)飞行器等。

无人直升机由直升机本体、导航与控制系统、综合无线电系统和任务载荷设备等组成。国外典型机型有美国航空环境公司的"空中背包"(Sky Tote)无人直升机,美国霍尼韦尔公司的涵道风扇式无人直升机等。国外公开的舰载无人直升机主要有"火力侦察兵"(Fire Scout)、"S-100"、"QH-50"和"CL-327"等型号。国内对旋翼无人飞行器的研究起步于 20 世纪 80 年代。1996 年,南京航空航天大学研制的"翔鸟"无人直升机首飞成功。2002 年,南京航空航天大学和上海雏鹰科技有限公司共同研制的 LE110 无人驾驶直升机完成首次试飞,并于 2005 年交付使用。2010年,珠海航展上展出了北京航空航天大学研发的 FH-1 和 FH-2 无人直升机。2011年,西安飞行自动控制研究所、中国电子科技集团第十研究所等单位联合研制的 V-750 无人直升机进行了首飞,是当时国内最大的多用途无人直升机平台。2020 年,中国航空工业直升机设计研究所自主研制 AR-500C 无人直升机首飞成功,填补了我国高原型无人直升机领域的空白。

多旋翼飞行器一般指具有 3 个以上旋翼轴的无人驾驶旋翼飞行器。多旋翼飞行器种类繁多,按轴数来分,可以分为三轴、四轴、六轴、八轴等,按旋翼布局来分,可以分为 X 型、Y 型、+型、*型等。多旋翼飞行器因其结构简单紧凑、控制简单可靠、飞行灵巧多变等优点,在民用领域和军用领域应用日益广泛,也是目前比较流行的消费级无人机。

垂直起降飞行器既具有固定翼飞行器的较大飞行速度、航程、载荷和机动性能,又具有旋翼飞行器减少甚至摆脱对机场跑道的依赖等优点。VTOL 飞行器主要有推力矢量固定翼型、倾转旋翼型和尾座型,具有悬停、巡航飞行、减速过渡、垂直下降等多种飞行状态。美国诺思罗普·格鲁曼公司曾研制过一款飞翼式垂直起降无人机，成都飞机设计研究所自主研制了 VD-200 尾座式垂直起降无人机。

倾转旋翼飞行器是一种将固定翼飞机和直升机融为一体的飞行器，一般由机身、旋翼、机翼、发动机短舱、传动机构、机载增稳系统和起落装置等组成。倾转旋翼无人飞行器既具有无人直升机的垂直起降和空中悬停能力，又具有螺旋桨无人机的高速巡航能力。主要机型有美国贝尔直升机公司的"鹰眼"(Eagle Eye)无人倾转旋翼机、以色列航空航天工业公司的"黑豹"(Panther)倾转旋翼无人机、德国 AeroLution 公司的 Songbird 1400 倾转四旋翼布局无人机等，国内相关高校和研究机构也研制了一些倾转旋翼无人机。

1.1.4 导弹

火箭是依靠火箭发动机推进的飞行器，根据不同用途装有不同有效载荷。当有效载荷为战斗部时，即为火箭武器，它分为两大类：一类是无控火箭武器，如火箭弹；另一类是可控火箭武器，即导弹。导弹是一种装有战斗部，依靠自身动力推进，由制导系统导引和控制飞向目标的飞行武器。导弹系统一般由弹体、制导系统、引战系统、推进系统、电气系统以及载荷设备等组成。

导弹可以分为弹道导弹、防空导弹、飞航导弹。防空导弹按发射平台可以分为地空、舰空和空空导弹。飞航导弹可以分为反舰、对地和巡航导弹。导弹还可以分为面面导弹(surface to surface missile, SSM)、面空导弹(surface to air missile, SAM)、空面导弹(air to surface missile, ASM)和空空导弹(air to air missile, AAM)。其中，面面导弹包括地地导弹、舰地导弹、地舰导弹、舰舰导弹等；面空导弹主要有地空导弹、舰空导弹、潜空导弹；空面导弹包括空地导弹、空舰导弹和空潜导弹；空空导弹包括近距格斗导弹、全天攻击导弹。导弹也可分为战术导弹和战略导弹。战略导弹一般采用火箭发动机，携带大规模杀伤性武器，通常有很长的射程，用于对付已知的固定战略目标。战术导弹通常用于摧毁单个军事实体或坦克、战斗机、舰艇等。

第二次世界大战后，美国的导弹研制发展迅速，已经列装了 AIM 系列空空导弹、AGM 系列空面导弹、"战斧"系列巡航导弹、"民兵"系列洲际弹道导弹、"标准"系列防空导弹等武器装备，拥有最完整的导弹谱系，当前正不断推进精确打击、高超声速、分布式网络化跨域协同、分层协同防御等先进技术。20 世纪 50 年代末期至今，我国研制了"上游""海鹰""鹰击"等系列反舰导弹，"巨浪"系列潜射弹道导弹，"红旗"系列防空导弹，"霹雳"系列空空导弹，"长剑"系列巡航导弹，"东风"系列弹道导弹。

为了适应未来战场，导弹武器装备正向一体化、自主化、协同化、智能化方向发展。

（1）一体化。它主要体现在导弹设备的一体化、气动/推进的一体化、制导/控制的一体化、防空/反导的一体化等方面，能够提高导弹武器系统的综合效能。

（2）自主化。它是指导弹能够自主地完成目标探测、识别、跟踪和打击等各个阶段，从而实现自主感知、分析、控制与决策。美国的远程反舰导弹（long range anti-ship missile，LRASM）能够实现自动目标识别、突防与在线决策。

（3）协同化。它是指同构或者异构的多枚导弹实施协同作战，关键技术包括协同任务规划、协同制导、数据链通信、饱和攻击等。大规模武器系统的协同作战即为集群作战。

（4）智能化。它是将人工智能应用于整个作战过程，主要体现在战场环境适应、态势感知与判断、健康管理与容错、在线任务规划、目标识别与命中点选择、智能突防、多弹协同等方面。

特别地，智能化是导弹武器技术的重要发展趋势。导弹武器的智能化特征通常表现如下[1]：

（1）信息感知综合化，利用信息融合进行状态、特征或属性融合，提升对环境的认知与理解，实时获得动态准确、全局态势的信息；

（2）决策自主化，基于态势评估自适应地进行动态最优决策，实时优化作战效能，最终达到"发射后不管"的自主能力；

（3）作战协同化，采用多弹协同作战，在陆、海、空、天、电磁的五维空间中发挥集群优势，提高攻击能力，形成智能集群式新质作战能力。

导弹武器的智能化关键技术主要包括[1]：

（1）多源信息智能处理，解决智能化信息融合、动态数据挖掘以及智能化推理等关键问题，获得实时、准确、完整的目标情报；

（2）目标属性与命中部位智能识别，引入人工智能和计算机视觉技术，能够更加准确地进行目标检测、分类与识别；

（3）低保障条件下的目标识别，因为小样本目标的识别难度较大，所以借助生成对抗网络、迁移学习等新一代人工智能很强的学习与泛化能力，实现低保障条件下的智能识别；

（4）智能抗干扰，引入深度学习使导弹在对抗过程中具备快速表征、学习和分析复杂信号特征的能力；

（5）智能自主决策，基于态势动态评估，驱动自主目标分配和智能协同航迹规划；

（6）协同飞行控制，多智能体协同控制理论能够应用于多弹协同飞行，自主地完成编队决策与管理，提高了综合作战效能；

（7）故障诊断与容错控制，基于知识的故障诊断与主动容错控制能够更好地实现故障的自主检测、诊断与容错，提高系统的可靠性和适应性。

1.1.5 高超声速无人飞行器

临近空间是指距离地面 20~100km 的空域。临近空间飞行器一般指能在近空间持续飞行的飞行器、亚轨道飞行器或高超声速巡航飞行器。

高超声速飞行器是一种飞行马赫数 (Ma) 为 5 以上的在大气层或跨大气层飞行的飞行器,主要包括高超声速巡航导弹、空天飞行器等。空天飞行器是跨大气层飞行器中的一种,能够在地面、平流层、临近空间以及近地轨道之间快速穿梭,携带有效载荷执行空天任务。

高超声速飞行器可以划分为以下几种。

(1)按气动外形,可以分为升力体、乘波体和轴对称旋成体几类。升力体外形没有机翼等结构,靠三维机身形成的升力进行稳定飞行,可消除机身本身产生的附加阻力和机翼与机身之间的干扰阻力,从而能在较低速度下获得较高升阻比,主要应用于亚轨道飞行器、空天往返飞机等,如美国的 X-33 空天飞机。乘波体是指流线型构型,前缘具有附体激波,不用机翼产生升力,而是靠压缩升力和激波升力飞行,如美国的 X-43A 和 X-51A 飞行器。轴对称旋成体的机身由一根母线绕对称轴旋转而成,典型特征是大长细比和小展弦比,主要有美国波音公司试飞的高超声速导弹和兰利研究中心的带翼锥形体 Winged-Cone 模型。

(2)按有无动力以及不同动力装置,可以分为无动力型(滑翔飞行器)、航空动力型(高空高速侦察机)、超燃冲压动力型(高超声速巡航飞行器)、火箭动力型(亚轨道飞行器)、组合循环动力型等几类。还可以分为火箭推进式、吸气式和组合推进式几类。火箭推进式以火箭发动机为动力,火箭发动机是最成熟的空天动力,主要用于早期的高超声速飞行器或者空天飞机中,如美国的 X-15、X-37B 等。吸气式以冲压发动机为动力,不需要自带氧化剂,如美国的 X-43A、X-51A 等。组合推进式采用多种类型推进系统组合循环,使得发动机工作在最经济模式下,主要有火箭基组合循环(rocket based combined cycle,RBCC)推进系统和涡轮基组合循环(turbine based combined cycle,TBCC)推进系统等。

(3)按飞行器功能,可以分为高超声速再入滑翔飞行器、高超声速巡航飞行器和可重复使用运载器几类。再入飞行器指从空间再入大气层执行任务的飞行器,主要是弹道导弹弹头,如美国的 X-20、HTV-2 等,弹道主要有滑翔跳跃式的桑格尔弹道和助推再入式的钱学森弹道。高超声速巡航飞行器是在大气层内巡航飞行的高超声速飞行器,以超燃冲压发动机为动力,主要包括高超声速飞机和高超声速巡航导弹,如美国的 X-43A、X-51A 等。空天往返飞行器指可以在空间巡飞往返回收、能够重复使用的高超声速飞行器。2007 年,美国洛克希德·马丁公司提出了新型战略隐身多用途无人机概念——SR-72。可重复使用运载器主要是指执行天地往返任务的空间运载工具,包括航天飞机和空天飞机,如美国的 X-37B 等。

　　空天飞行器是一种集航空、航天技术之优势，常采用组合动力，具有自由进出空间、按需返回地面、可重复使用等特点的载人/无人飞行器。空天飞行器一般采用吸气式组合动力发动机，能够实现水平起降，自由往返于稠密大气、临近空间和近地轨道的天地往返飞行器。代表性机型有美国的 X-30、X-33 等。组合动力飞行器既能满足天地往返运输需求，又能作为武器投送平台，甚至可以成为机动对抗平台，虽然仍旧面临诸多技术挑战，但是它关系到国家战略安全，已成为世界航空航天大国竞争的新焦点。

　　高超声速技术的突破已成为航空航天科技史上又一个跨时代的里程碑。高超声速飞行器的飞行速度快、突防能力强、机动性高，具有一般飞行器所不具有的独特优势，将拓展战场空间、提升突防与打击能力，对传统的防御系统、作战模式都有着颠覆性的影响。美国、俄罗斯、法国、德国、日本、印度、澳大利亚等在 20 世纪 90 年代已陆续取得了技术上的重大突破，并相继进行了地面和飞行试验。美国的高超声速飞行器的型号项目主要包括美国国防部高级研究计划局（Defense Advanced Research Projects Agency，DARPA）以及空军联合主管的"高超声速吸气式武器概念"（hypersonic air-breathing weapon concept，HAWC）和"战术助推滑翔"（tactical boost glide，TBG）两个战术级高超声速导弹演示验证项目、美国国防部"常规快速全球打击"（conventional prompt global strike，CPGS）项目、"先进全速域发动机"（advanced full range engine，AFRE）项目等。俄罗斯已经装备了"匕首""锆石""先锋"等高超声速武器。我国十分重视高超声速飞行器基础理论和技术的研究。2002 年，国家自然科学基金委员会专门设立"空天飞行器的若干重大基础问题"重大研究计划，为空天飞行器的发展奠定技术创新基础。2007 年，国家自然科学基金委员会又设立"近空间飞行器的关键基础科学问题"重大研究计划，为国家相关技术的形成与发展提供理论与方法基础源泉。2012 年，我国建成了 $9Ma$ JF12 高超声速激波风洞。2018 年，由中国航天科技集团第十一研究院研制的"星空-2号"乘波体飞行器试飞成功。2019 年，国庆阅兵中展示了"东风-17"弹道导弹，它能配备乘波体高超声速滑翔弹头。

1.1.6　变体无人飞行器

　　广义的变体飞行器主要指飞机使用了襟翼、减速板等形式。狭义的变体飞行器是指通过改变飞行器的翼面后掠角、展弦比、翼型厚度、后缘弯度等来实现不同气动构型。变体飞行器综合应用新型智能材料、传感器、作动器等技术，通过改变飞行器外形来改善和优化气动性能，实现增大升力、减小阻力和扩展包线，以适应不同的飞行环境，完成各种飞行任务。

　　机翼变形技术是变体飞行器的关键技术之一，机翼变形的最大目的是通过主动改变机翼外形，获得最佳的气动外形。它先后经历了结构变化、形状调整、智能变形的技术变革，按照机翼变形的尺度可分为三类：

(1) 小尺度变形，即对机翼局部的改变，如鼓包、扰流等；

(2) 中尺度变形，即对机翼翼型的改变，如变弯度、变厚度、扭转等；

(3) 大尺度变形，即对机翼整体的改变，如伸缩、折叠、后掠等。

与传统常规飞行器相比，变体飞行器具有诸多优势：

(1) 通过结构变形来改善飞行器的气动性能，即使对于高超声速飞行器，也能够保证良好的气动特性；

(2) 通过机翼变形可以引入新的操纵机构，从而增强飞行器的操纵及控制能力；

(3) 能够实现多种飞行任务需求，并且可以保证在飞行中具有优化的气动性能；

(4) 能够保证飞行器在跨高度、跨马赫数飞行环境下也都具有良好的作战能力；

(5) 能够降低飞行器的飞行能耗，增加航程，并提高稳定飞行的能力。

典型的变体无人飞行器包括如下。

(1) 变后掠无人机。变后掠翼的研究开始于 20 世纪 40 年代，但直到 20 世纪 60 年代，才设计出实用的变后掠翼飞机，使飞行器兼顾了低速起降和高速巡航之间的飞行任务需求。然而，由于操纵技术和材料的限制，同时又因为变形机构多出额外的质量，变后掠翼飞机后来被采用电传操纵技术的随控布局固定翼飞机所替代。2003 年，美国马里兰大学设计了变后掠翼机构，使无人机能够在侦察盘旋时以小后掠角飞行，在发现潜在目标需要快速打击时增大后掠角。

(2) 变翼展无人机。1929 年，美国飞机设计师 Burnelli 设计并首飞了 GX-3 飞机，开创了伸缩机翼的新领域。大展长的机翼有良好的减阻增程性能和动力效率，但是缺乏机动性，并且适用的巡航速度比较低。相反，小展长的飞机虽然气动效率差，但是有快速的机动能力。2004 年，美国弗吉尼亚理工大学设计了一款变展长变体无人机，该无人机可以通过一个气体致动器使得展长最多增加 38%，通过组合后掠和展长的变化，机翼的展弦比能够改变 131%。

(3) 折叠翼无人机。当前主流的折叠翼飞机是由洛克希德·马丁公司提出的折叠机翼变体飞机。与变后掠和变展长等常规变体飞行器相比，这种飞机在变形过程中既有机翼展长的变化，同时也有机翼后掠角等参数的变化，因而折叠翼形式的变体飞行器更能够通过改变机翼外形来完成多种飞行器任务，实现飞行效率的最大化，具有很好的可行性和实用性。

(4) 变形翼高超声速飞行器。导弹的气动外形将向着可变形化、智能化、自适应化发展，变形技术应用到导弹的典型代表有美国雷神 (Raytheon) 公司参与研制的变形翼导弹，它将现有"战斧"导弹的传统翼改为可变展长的伸缩翼，并验证了良好的可靠性。智能变形技术与高超声速飞行技术的结合，对于促进武器系统的更新换代具有重要意义。高超声速滑翔飞行器既具有弹道导弹射程远、飞行速度快的长处，又具有巡航导弹高精度、多用途、多目标的优势，若采用变形技术，可以提高机动能力，使高超声速飞行器具有很强的突防能力，进一步提高了飞行器的作战效能。

总体来看，变体飞行器的发展主要经历了两个阶段：一是采用机械方式完成变形，主要有变展长、变弦长、斜变形和变后掠等变形方式；二是采用智能材料或结构完成变形。随着空气动力学、飞行控制、计算机、智能结构、智能材料以及精密驱动等学科的快速发展，世界军事强国相继开展了不同层面的相关研究并取得了快速发展。美国提出了系列化的智能可变形飞行器研究计划。1980 年左右，美国国家航空航天局（National Aeronautics and Space Administration，NASA）和空军联合开展了任务自适应机翼（mission adaptive wing，MAW）项目，属于先进战斗机技术综合（advanced fighter technology integration，AFTI）计划的一部分，旨在通过自适应地弯曲和扭转机翼实现气动性能的优化，通过对验证机 F-111 进行大量的飞行测试，发现该技术可以有效降低飞行器的飞行阻力。20 世纪 80 年代，NASA 与罗克韦尔公司合作开展了主动柔性机翼（active flexible wing，AFW）计划，该计划利用柔性机翼的扭转来代替传统控制面实现飞行器的姿态控制，可以有效降低飞行阻力、减小飞行器的自重并改善飞行器的气动弹性特性。20 世纪 90 年代，NASA 开展了多学科交叉的飞机变形计划（aircraft morphing program，AMP）项目，该项目的首个计划是美国空军研究实验室的"主动气动弹性机翼"（active aeroelastic wing，AAW）设计，通过改造 F/A-18 战斗机，利用柔性机翼蒙皮材料提高飞行器的机动性和自适应性，并降低机翼 10%～20%的自重。2003 年左右，DARPA 开展了"变体飞行器结构"（morphing aircraft structures，MAS）计划，旨在通过集成各种先进技术设计一种多用途飞行器。我国也十分关注变体飞行器技术，在结构设计、材料改进、控制分析等方面取得了很大突破。南京航空航天大学针对变体航空飞行器和变体空天飞行器，进行了气动建模、先进飞行控制、飞发一体化等关键技术研究。

1.2　制导与控制

1.2.1　自主控制

自主性和无人飞行器技术的进步将彻底改变作战概念，成为一个重要的力量倍增器。自主性将显著提高无人飞行器的效率和效能。无人飞行器迭代涉及高度的人机交互，引入更高自主性的技术和策略，可以减少人力负担和对全时高速通信链路的依赖，同时缩短决策循环周期。

自主性定义为一个实体根据对世界、自身和形势的理解，独立制定和选择不同行动方案以实现目标的能力。早期的无人飞行器通常只表现出自动化能力，但人工智能技术的进步允许开发具有更高自主能力的无人飞行器。未来无人飞行器将扩展更广泛的自主范围，从远程控制和自动化系统到支持任务所需的接近完全自主的无人系统。

美国国防部公布的《无人飞行器系统路线图（2005—2030 年）》，将无人飞行器的自主控制等级从低到高划分为如下 10 级：远程引导、实时健康/诊断、适应故障和飞行条件、机载航路重规划、团队协调、团队战术重规划、团队战术目标、分布式控制、团队战略目标、完全自主集群，如图 1-1 所示[2]。图中 UCAR 是指无人作战武装旋翼飞机，J-UCAS 是指联合无人作战空中系统，ER/MP 是指增程/多用途。

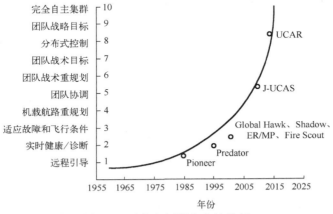

图 1-1 无人飞行器自主性等级

自主控制是一种应对环境动态变化的有效手段，适用于执行长期远程任务。2004 年，美国华盛顿大学建立了一个关注知识水平的无人机自主控制结构，如图 1-2 所示[3]。自主控制基于环境变量（全域状态）的测量值，通过控制飞行器做出有效的环境和任务响应。

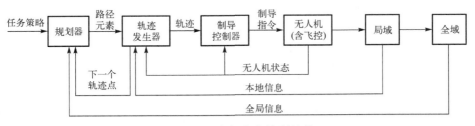

图 1-2 无人机自主控制结构

1.2.2 制导

无人飞行器的制导系统有时又称为导引系统，或制导控制系统，它一般由探测系统、制导与控制计算装置、执行机构等组成。制导系统通过探测系统测量弹目相对运动信息，选择合适的导引律计算制导指令，再由飞行控制系统选择合适的控制策略计算姿控指令，发给执行机构驱动操纵面控制飞行器飞向目标。

无人飞行器的制导方式一般分为如下三类。

(1)自主制导。发射前预先规定程序和外界固定的参考点，作为基准引导导弹，又分为惯性制导、天文制导、多普勒制导等。

(2)寻的制导。导引头感受目标辐射或者反射的能量，自动形成制导指令，又分为主动制导、半主动制导、被动制导，也可以分为红外制导、雷达制导等。

(3)遥控制导。制导站进行测量和计算，形成制导指令发送给导弹，又分为指令制导、波束制导等。

导弹的导引系统用来搜索和识别目标，并确定弹目相对位置、速度和姿态等信息。目标的探测可以分为主动探测(如雷达、激光、红外等)和被动探测(如可见光、热红外成像、被动声呐等)两大类。精确制导武器将成为未来战争中的主战武器之一，在军事打击行动中的应用越来越多。光电探测制导具有分辨能力强、命中精度高等优势，已成为精确制导武器的重要制导方式，它主要包括以下几点[4]。

(1)电视制导。探测器面阵规模较大，系统角分辨率高，制导精度高，如美国的AGM-62制导炸弹等。

(2)红外成像制导。包括中、长波制冷和长波非制冷等体制，实现人在回路或自动识别等多种模式，如美国"战斧"Block Ⅳ 巡航导弹、AGM-158C 远程反舰导弹等。

(3)激光制导。包括激光半主动制导、激光驾束制导和激光主动成像制导等，如美国洛克希德·马丁公司的低成本自主攻击系统(low cost autonomous attack system，LOCAAS)项目研发了激光成像雷达导引头。

(4)双模和多模复合制导。以红外成像与激光、毫米波雷达复合为代表，利于增强探测系统目标辨识、全天候作战和抗干扰能力，如美国的 RIM-116 防空导弹采用了被动雷达/红外复合制导方式。

光电探测技术新兴发展了多/高光谱探测、偏振成像、激光三维成像、光量子雷达探测、复合探测、智能探测与识别等先进技术。然而，精确制导武器面临的战场环境比较复杂，光电探测制导技术在复杂战场环境下的适应性、智能化、效费比等仍然存在诸多挑战。

导引算法又称为导引规律，它基于弹目相对运动信息，引导飞行器飞行并攻击目标。经典导引算法有多种，如平行接近法、追踪法和比例导引法等。

(1)平行接近法。它是一种要求控制目标线始终在空间保持平行移动的导引方法。要求视线角为常值，需用过载总是比目标过载小，弹道弯曲程度比目标航迹弯曲程度小，机动性可以小于目标。在目标直线飞行情况下，只要速度比保持为常数，那么飞行器无论从什么方向攻击目标，飞行弹道一般都是直线。然而，它在工程上较难实现，它要求制导系统实时精确地测量目标和导弹的速度和前置角，并严格保持平行接近。

(2)追踪法。它是一种要求控制飞行器速度向量始终指向目标的导引方法，也是最早提出的一种导引方法。要求飞行器速度矢量始终对准目标，即飞行器速度矢量的前置角始终等于 0，弹道比较弯曲。它在工程上实现简单，但是存在严重缺陷，例如，飞行器总要绕到目标的后面去追击目标，这样曲率过大，法向过载较大，机动性要求高。

(3) 比例导引法。它是一种要求控制飞行器速度矢量转动角速度与目标线转动角速度成比例的导引方法。如果比例系数为 1，即飞行器前置角为 0，就是追踪法。如果比例系数为 1，前置角为常数，就是常值前置角法。如果比例系数趋于无穷，目标线只是平行移动，就是平行接近法。它的弹道性质介于追踪法和平行接近法之间，具有信息量小、结构简单、易于工程实现以及对不同机动目标适应能力较强等优点，也是目前应用最广的制导方法。目前，根据不同的应用条件出现了多种不同形式，包括纯比例导引、真比例导引、理想比例导引、广义比例导引、增广比例导引和偏置比例导引等。

20 世纪 80 年代，制导控制一体化(integrated guidance and control，IGC) 设计思想被提出，区别于传统的基于谱分离设计思想，它有效地利用制导与控制的耦合关系，根据相对运动信息直接解算出控制指令，有助于提高轨迹响应的速度和精度，得到了广泛的研究和应用，从而产生了一系列先进的现代制导方法。现代制导方法建立在现代控制理论和微分对策理论的基础上，主要包括线性最优法、自适应法、微分对策法以及非线性控制法等。线性最优法是利用最优控制理论把制导看作带有终端约束的控制器设计。最优法结构灵活且引导信号多，对目标加速度估计误差和剩余飞行时间估计误差灵敏度高，对测量元件要求较高，但是较大的信息测量或估计误差会使其性能变差。自适应法的实际引导信息随实际参数和外界条件的变化而变化，以消除系统模型及外界环境条件的不确定因素带来的影响，因而可以提高制导精度。微分对策法是以微分对策理论为基础的最优制导法，采用极大值原理求解微分对策制导律的同时还需要解边值问题，实现起来较为困难。因此，往往采用求解过程比较简单的奇异摄动理论和可达集理论来研究制导律，但仍然需要较多的测量信息和目标估计信息。非线性控制理论应用到制导算法领域的有微分几何、反馈线性化和滑模变结构等方法。

1.2.3 飞行控制

无人飞行器的飞行控制系统主要实现姿态控制、高度控制和航迹控制等飞行模态。控制系统的主要任务是使无人飞行器能够以一定的速度和姿态自动地按预定航线飞行。经典控制方法理论成熟，物理意义明确，易于工程设计与实现，在实际工程中得到了广泛应用，如 PID(proportional-integral-differential) 控制方法。随着无人飞行器对控制性能的要求越来越高以及机载计算机性能的不断提升，出现了很多先进的飞行控制方法。

（1）最优控制。它在现代控制理论中最为成熟、应用最为广泛。最优问题的传统求解方法主要有极大值原理法、动态规划法、李雅普诺夫法和矩阵配方法等。线性二次型最优控制方法是最基本的现代控制方法。当飞行器受到白噪声描述的阵风干扰时，线性二次型调节器方法可以利用。在系统受随机噪声影响或状态不能直接测量的情况下，线性二次型高斯（linear quadratic Gauss，LQG）最优控制方法可以用来处理有限维线性系统的反馈控制设计。然而状态观测器的引入使最优控制器表现出稳定裕度缺乏的特性。为解决这个问题，在系统输入端通过动态调节器，采用回路传递恢复技术。最优控制问题的求解也可以基于信息融合思想，采用融合估计方法，根据该被估计量的所有信息，通过一定准则下的信息融合方法获得被估计量的最优估计，即为信息融合估计。若决策量是控制量，根据控制量的所有信息，包括被控对象信息、执行机构信息、测量信息、系统期望输入输出信息等，通过信息融合方法求取最优控制量，即为信息融合控制[5]。最优控制在美国的 F-8、F-16、F/A-18等有人机以及无人机、导弹等无人飞行器上都有研究应用。

（2）鲁棒控制。它有助于扩大飞行包线和飞行机动性，尤其是大机动、大迎角飞行状态下，无人飞行器系统本身具有非线性、多变量、强耦合以及对外界扰动和参数摄动较敏感等特点，常规线性控制方法将非线性刚体运动方程近似为线性定常方程，所得结果往往不是控制系统的最优工作点，存在建模误差和非建模动态等问题。鲁棒控制方法在给定模型误差上限的情况下，设计反馈控制律，以保证系统稳定性和性能指标。鲁棒控制方法虽然能解决飞行器的不确定性干扰问题，但它的缺点是需要给出标称模型和模型不确定性特征，且控制系统鲁棒性以牺牲系统闭环性能为代价。H_∞ 控制理论适合于处理含参数摄动和外界扰动系统的鲁棒控制问题。鲁棒控制在美国的 F-16 等有人机以及无人直升机、导弹、变体/柔性飞行器等无人飞行器上都有应用研究。

（3）自适应控制。它在解决受控对象系统参数未知、系统存在不确定性、系统发生结构损伤和执行器故障情况下的控制问题具有独特优势。系统的不确定性可能是由系统的部件损坏、执行器或传感器故障、载荷变化以及外部干扰等因素引起。在满足一定假设条件下，能够使不确定系统稳定并具有渐近跟踪性能。自适应控制理论日趋完善，除了经典的模型参考自适应控制和自校正控制之外，还提出了无导数模型参考自适应控制、复合模型参考自适应控制、基于最优控制修正的自适应控制、自适应反步控制、自适应动态面控制等。模型参考自适应控制，具有快速自适应性而容易引起高增益控制，导致高频振荡，在系统存在严重不确定性的场合如结构损伤引起系统动态特性突变，此时高自适应增益有助于快速减小跟踪误差，但是也容易激发未建模动态，影响自适应控制的稳定性，因此存在稳定性和自适应性的矛盾。为此，也提出了基于最小化跟踪误差 L_2 范数的最优控制、L_1 自适应控制等方法，对高频和未建模动态具有鲁棒性。自适应控制在飞行器控制领域得到了广泛的应用，如美国的 F-15 战斗机、

F/A-18 舰载机(carrier-based aircraft)、无人机、高超声速飞行器等。

(4)非线性动态逆控制。它通常先利用逆系统,将对象补偿成为线性解耦的一种规范化系统——伪线性系统,再应用线性系统理论完成系统的综合。该方法有输入状态反馈线性化和输入输出反馈线性化形式。美国霍尼韦尔公司与洛克希德·马丁公司合作为 X-35 飞机设计了非线性动态逆控制器,随后洛克希德·马丁公司也为 F-35 战斗机设计了非线性动态逆控制器。该方法在导弹、倾转旋翼无人机等无人飞行器领域也得到了应用研究。

(5)滑模变结构控制。它是带有滑动模态的变结构控制,也是一种非线性不连续控制方法。变结构控制器的作用在于使被控系统的状态轨迹在滑动模态上运动并于有限时间内最终趋于原点,控制性能取决于滑模切换面且与外界干扰无关,使得系统对不确定参数和匹配干扰不敏感,具有很强的鲁棒性。然而,滑模控制本质上的不连续特性会引起系统的抖振,为此提出了二阶滑模超螺旋算法、高阶滑模控制方法以及将滑模控制与干扰观测器相结合的方法。滑模控制已成为处理不确定系统的重要方法,正受到越来越多的重视,已在高超声速飞行器、战斗机、导弹等各种飞行器上得到应用研究。

(6)智能控制。它包括神经网络控制、模糊控制、深度学习和强化学习(reinforcement learning,RL)等方法,优点在于不依赖被控对象的精确数学模型,适合解决非线性、强耦合时变、滞后等复杂系统控制问题。神经网络控制模拟人脑结构机理以及人的知识经验,通常利用常规控制器作为内回路用于稳定系统,神经网络用于补偿系统的非线性或不确定特性,对飞行条件的变化具有自适应性,对系统故障具有容错性。然而,它的缺陷在于内回路常规控制器须保证信号有界,神经网络才能达到较好的跟踪性能。模糊控制模拟人类的自然思维过程,基于模糊集合论、模糊语言变量和模糊逻辑推理,优点在于不用数值而用语言式的模糊变量对被控系统进行描述,缺点在于不能较好地适应受控对象动力学特征变化、环境特征变化,因此需要与自适应控制等方法相结合。深度学习即深层的神经网络,适用于高维数据的控制系统,目前的研究主要集中于自主导航、目标识别、系统辨识、控制策略等方面。强化学习的基本思想是智能体与环境的交互过程中根据反馈得到的奖励不断调整策略以实现最佳决策,具有自主学习能力,在无人系统的自主控制领域有广泛的应用前景。

近些年,神经网络自适应控制在各类有人/无人飞行器领域得到越来越多的应用研究,也是无人飞行器智能控制的重要发展趋势。美国西弗吉尼亚大学设计了一种基于动态逆和自适应神经网络的智能容错飞行控制系统,原理框图如图 1-3 所示[6]。动态逆算法主要产生加速度指令,再通过控制分配转换为操纵面指令,自适应神经网络根据未预测的行为或故障引起的行为变化调节控制系统,并在 WVU YF-22 无人验证机上进行了飞行测试。

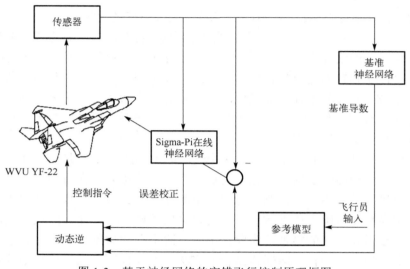

图 1-3　基于神经网络的容错飞行控制原理框图

1.3　集群智能协同控制

1.3.1　自组织系统集群智能

1989 年，Beni 和 Wang 首次提出了集群智能（swarm intelligence）的概念，最早源于自然界中的生物群体行为研究，诸如蜜蜂、蚂蚁、鸟群、狼群、鱼群、菌群等生物种群都存在大规模群体运动场景，通过个体之间简单的信息交互和自主决策，呈现出协调、有序的某种群体行为。

集群智能是人工智能领域的一个分支，它是指分布式自组织系统中智能体的集体行为。集群是由大量的低/非智能个体组成，依据个体规则，在组成群体后涌现出异常复杂的集群智能行为。简而言之，集群智能是个体通过规则相互作用时群体表现出的涌现行为。自组织策略和智能体独立工作是集群智能的两个重要特征，自组织策略建立了由个体组成的系统，对局部刺激做出反应，并可能共同行动以执行全局任务，而智能体独立地工作可以避免集中监督。这些特征使得模拟自然界中昆虫或动物群体的集体行为成为可能。

集群自组织是一种普遍存在的自然现象，由大量自主个体组成的群体在移动过程中形成各种各样协调有序的集体运动模式，可以针对外部环境作用迅速地改变当前自身的运动状态，这种在群体层面上呈现出有序的协同运动和协作行为的集体运动模式，表现出了分布式特性、自组织性、协作性和群体的稳定性以及对环境的适应能力。生物群体是一个自组织系统，从昆虫群体到哺乳动物群都是如此，候鸟迁徙、蚁穴形成、萤火虫同步闪烁、狼群围猎等都具有自组织特性。

自组织过程是一个自下而上的进化过程,不受周围环境或其他外部系统的控制,而是在系统内部进行复杂的发展,系统的全局演变仅从系统的低级个体之间的交互中产生。如果不存在统一的外部指令,系统按照某种相互默契的规则,各尽其职而又协调合作,自动地形成有序结构,即自组织,使集群在内在机制的驱动下,从无序到有序,从简单到复杂。自组织系统即为由对局部刺激(自身的观察值或其他个体状态)做出单独反应的简单个体组成,实现分工且共同行动,使得整个系统更有效地实现期望的一个或多个目标。其中的个体应为智能体,即能够自己做决定、对环境做出反应和进行交流。智能体与其他智能体、环境和其他系统的交互才能形成组织。

自组织系统由许多较低级别的个体组成,利用通信产生相互作用,能够产生优于个体的行为,个体通过观察其他个体的行为进行决策,具有局部感知和通信能力,个体不具备全局感知的能力,只能作为独立个体执行任务而并非群体行为的辅助。集群自组织系统的行为种类通常包括两类:第一种行为是指智能体响应环境和内部状态的行为,不考虑其他智能体如何受其影响,也称为局部行为或本地行为;第二种行为是集群中所有智能体之间相互作用的结果,即涌现行为。根据美国空军技术学院的相关技术资料,基于美国典型的集群自组织行为包括以下几种。

(1)聚集(clustering):自组织系统中智能体移动到中心位置或者集中位置,可以高效地对外界环境的变化做出反应,亦称聚类或聚合。生物群体动物群体中的企鹅抱团取暖现象、无人飞行器的饱和攻击都是聚集行为。

(2)结群(schooling):自组织系统中智能体显示出同步和协调运动与速度匹配行为。这种现象在鱼群和鸟群中尤为明显,可以有利于避免捕食和群体狩猎。无人飞行器的协同防御(如导弹防御)就是一种结群行为。

(3)搜寻(foraging):昆虫群体都有觅食行为,例如,蚁群行进途中留下信息素是为了寻找到目标位置的最短路径,这是一种隐式通信,而蜂群跳舞是为了向其他觅食者传达目标位置,这是一种显式通信。无人飞行器的侦察与打击即为一种搜寻行为。如果无人飞行器具有较强的感知能力,则可以直接通过显式通信来进行协同;如果无人飞行器的数量较大或感知能力较弱,则可以通过隐式通信来进行协同。

(4)共识主动性(stigmergy):最初用于解释自然界白蚁的筑巢行为,这些几乎没有智慧的生物,居然创立了精致的信息系统,并建造了复杂的建筑结构。通过观察发现,在蚂蚁的大脑或者基因里,并没有关于巢穴的计划、组织和控制机制,蚂蚁之间甚至没有直接的交流,蚁巢的精致框架和复杂结构,完全是每只蚂蚁识别其他蚂蚁留下的生物激素和存留物后,达成共识和直接行动的结果。

(5)涌现(emergence):涌现行为是一种有趣或有益的群体行为,它产生于看似简单的规则和个体之间互动的现象。个体能涌现出一致并且有多种运动状态的原因,就在于自组织过程。自组织过程阐明了一个系统在全局层面下涌现出来的特征与局部层面下个体间交互作用之间的关系。个体之间的交互作用促成了整个群体行为的涌现，而且这个涌现出来的群体行为与每个个体的个体行为有很大区别。

（6）信息素（pheromone）：当蚂蚁从一个活跃的资源返回到它的巢穴时，它的下腹与地面摩擦，留下气味痕迹，即为信息素。随着时间的推移，信息素聚集在这条小径上，其他蚂蚁就被协助导航到目标。该智能行为已被广泛应用于求解各种优化问题。

（7）内部层级演化（evolution of internal hierarchy）：当两个智能体相遇时，它们可能会"打架"，胜利者会得到利益，而失败者会失去利益，然后靠近胜利者。随着时间的推移，等级制度和群体首领开始出现。基于这种机制，有助于建立无人飞行器集群的自组网（ad-hoc），层级结构有助于适应环境变化和任务管理。

1.3.2　集群协同控制

为了寻求无人飞行器系统效能的整体优化提升，采用多架无人飞行器之间的功能互补和行动协调，可以使无人飞行器的性能优势最大化，因此无人飞行器的应用模式已逐步从单平台发展到多平台协同。无人飞行器集群是一个自组织系统，自主控制需要用到自组织方法。集群自组织系统的涌现特性允许单个智能体在微观尺度上的简单行为，并在宏观尺度上塑造群体的复杂行为。为了研究集群自组织系统，衍生出了协同控制理论，它指多智能体系统（multi-agent system，MAS）通过协调控制，在运用中产生协同作用和合作行为。智能协同控制技术应用的关键在于对不断变化的目标和环境条件的鲁棒性控制，对任务目标的理解有助于对抗性欺骗的博弈控制，以及用于管理不确定性、任务需求和性能目标的态势感知控制。

无人飞行器集群的协同控制架构主要基于自组织系统、多智能体系统等理论与方法，通过层次分解一般划分为决策层、规划层和控制层。此外，它也可以划分为如下三个相互连接的层：支持无人飞行器基本操作和机载硬件资源的物理层；实现安全导航、避碰、路径规划、搜索、目标识别、目标跟踪等任务的功能层；对不确定环境态势感知和信息传递的感知层。

1. 任务规划

无人飞行器集群完成各种复杂任务需要制定有效的任务策略，并对集群进行精确的控制。通常，集群任务规划可细分为任务分配层、路径规划层和航迹生成层，包含任务下达、任务综合分析、任务分组、子任务管理、子任务路径规划、子任务轨迹生成和集群任务区等各个模块，各部分协同合作共同完成集群任务。

集群任务具有多约束、快时变、强不确定及高复杂等特点。对于集群任务规划问题，任务复杂度并非单一地随着智能体数量增多而线性增大，更多地体现在环境、策略、控制、功能异构等任务复杂度上，包含任务的多样性、实时性、不确定性等复杂需求。

任务规划主要包含任务分配和航迹规划两个步骤。

1) 任务分配

它是基于任务需求以及无人飞行器数量，综合考虑飞行性能和携带资源种类，将待执行的任务合理分配给各无人飞行器，实现任务的合理调度并达到任务效能最优化。因此，无人飞行器集群的任务分配是多约束的复杂组合优化问题。在任务分配建模方面，常用的模型包括混合整数线性规划模型、动态网络流优化模型、多维多选择背包模型等。任务分配策略主要包括集中式和分布式两种架构。集中式任务分配主要有：①最优化方法，如穷举、线性规划、图论等方法；②启发式方法，如粒子群优化 (particle swarm optimization，PSO) 算法、蚁群优化 (ant colony optimization，ACO) 算法、人工蜂群 (artificial bee colony，ABC) 算法、混合蛙跳算法 (shuffled frog leaping algorithm，SFLA)、遗传算法 (genetic algorithm，GA) 等。分布式任务分配主要有：①多智能体决策理论，如马尔可夫决策、博弈论、贝叶斯决策等方法；②类市场机制，如合同网协议 (contract net protocol，CNP)、一致性拍卖算法 (consensus-based auction algorithm) 等。无人飞行器集群协同任务分配问题正从传统的同构集群对应单一任务转向异构集群对应多类型任务发展。由于真实环境下任务的复杂性，结合任务的异构特征建立准确的任务分配模型，采用合适的算法显得至关重要。

武器目标分配 (weapon-target assignment，WTA) 是一种特殊的任务分配问题，有时也简称为火力分配或目标分配。WTA 问题是军事领域的一个经典资源分配问题，目标是将多件武器最优地分配给多个目标，从而使预期剩余目标值最小化。静态 WTA 问题是一个经典的非线性组合优化问题，在运筹学领域有较长的研究历史。动态 WTA 问题旨在利用获得的实时态势信息，随着时间的推移，迭代优化武器分配，以改善交战效能。WTA 问题是一个经典组合优化问题，常用算法主要有：①传统算法，主要包括隐枚举法、分支定界法、割平面法、动态规划法、对策理论等；②智能算法，主要包含禁忌搜索算法、模拟退火算法、神经网络算法及遗传算法等；③混合算法，是将上述两种以上的算法结合起来对 WTA 问题进行求解。由于实际问题通常具有随机性和动态性，多数传统方法难以适用，而动态规划方法会随着武器和目标数量的增加，使得决策空间呈指数增长。

2) 航迹规划

它是生成在任务期间引导无人飞行器从起点到终点的路径，在满足航迹可飞、航迹安全、飞行机动性能、飞行时间、油耗指标等约束条件的情况下，追求总体任务效能最大化和任务成本最小化，提高无人飞行器的作战效能和生存能力。航迹规划和任务分配往往是耦合的，该问题可视为多维多选择背包问题。航迹规划可以分为整体规划和局部规划，也可以分为离线规划和在线规划。航迹规划方法主要有

Voronoi 图法、A^*算法、Dijkstra 算法、Dubins 曲线法、动态规划、快速搜索随机树（rapid-exploration random tree，RRT）、人工势场法、概率图方法以及现代智能优化算法。

协同航迹规划要考虑集群整体效能最优、时间协同、功能协同和任务协同等要素，并通过协同变量或者函数来实现，同时也要考虑防撞、避障等约束。针对含多无人飞行器、多目标、复杂地形、雷达威胁等要素的协同航迹规划问题，主要解决两个问题：一是遍历各个任务点的航迹规划，这要考虑代价和威胁；二是遍历各个任务点的先后顺序，这要考虑任务优先级、访问时间和飞行器访问能力的限制。该组合数学问题，即为带时间窗的无人飞行器协同航迹规划问题。协同航迹规划方法主要有并行 A^*算法、多目标智能优化算法、人工势场法、集群自组织法等。

2003 年，以色列 Rafael 公司开发了一种高自主无人机的智能自主任务控制系统，如图 1-4 所示[7]。该控制系统包含：①整个任务周期内目标导向、态势感知和事件驱动的反应性任务和系统管理；②飞行计划修订和重规划；③事件和态势推理；④上下文敏感的事件驱动应急管理和异常处理；⑤优化资源管理；⑥协调单无人机与其他无人机的协同运行。它是一种管理、指挥、数据处理、决策和控制集成的三级功能架构，自顶向下包括任务组织和管理级、任务协调和任务间冲突解决级以及飞行器和任务系统的监督和协调级。

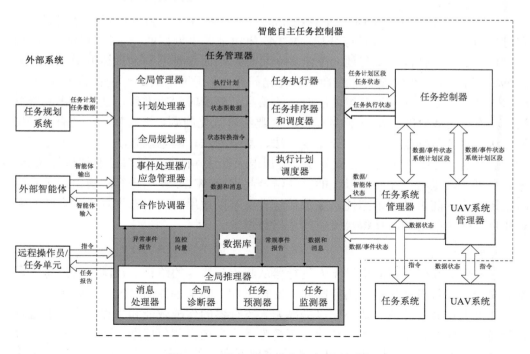

图 1-4　无人机智能自主任务控制系统

2011 年，美国康涅狄格大学提出了一种无人机任务规划分层架构，如图 1-5 所示[8]。该架构可应用于军事（武器投递、反恐、ISR）和民用（森林火灾探测）领域。

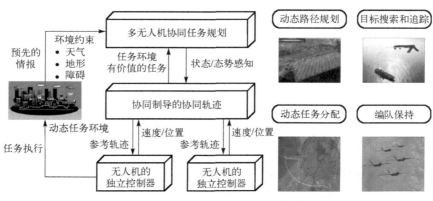

图 1-5 无人机任务规划分层架构

2. 集群通信

无人飞行器集群通信实现飞行器之间的信息分享和协同。集群通信质量的优劣直接影响集群任务的执行。用于评估通信网络的性能指标主要包括以下几点[9]。

(1) 吞吐量。吞吐量是对单位时间内成功传输的数据包数量的度量，是网络适应所提供负载程度的指标。当数据传输量较低且网络不经常使用时，吞吐量自然较低。当网络由于过度的需求而变得高度拥挤时，吞吐量也可能很低。

(2) 发送的数据包数量。单位时间内发送的数据包数量是吞吐量的补充度量。由于所有数据包都是广播的，因此可以接收同一数据包的多个副本，将这些信息与吞吐量结合起来可以给出平均有多少无人飞行器参与通信活动的指示。

(3) 冲突次数。当接收器位于多个发射器的范围内时，会发生网络冲突，从而导致多个消息相互干扰，接收器无法理解。较高的冲突次数代表网络的运行效率较低。

(4) 端到端时延。从源发送数据到目标接收数据之间的时间延迟称为端到端时延或单向延迟。它度量一个节点向另一个节点发送消息所需的时间。高延迟由高网络拥塞引起，削弱了集群的通信能力，可能会增加任务时间。

通信技术的主要参数包括如下。

(1) 通信网络。通信网络有多个子参数，介质访问控制协议和路由协议影响信息在网络中的传播方式。

(2) 数据速率。数据速率决定数据从一个节点发送到另一个节点的速度，更快的数据速率可以提高网络的吞吐量，从而提高集群的协作和搜索效率。

(3) 帧大小。帧大小取决于所包含的条目数量以及数据包中包含的其他数据，帧大小决定无人飞行器之间的传输时间。

（4）通信信道。通信信道也有许多组成部分，如使用的频率、衰减、传输功率或距离、天线方向图和误码率。

（5）通信范围。通信范围由发射功率和接收器灵敏度等参数确定。较大的通信范围可能使更多节点接收单个传输，但它也可能限制发射机范围内其他节点进行的传输数量。

当前，无人飞行器通常采用两种通信架构：基于基础设施的集群架构和基于 ad-hoc 的集群架构。前者也可称为以基站为中心的通信组网。后者是将无线自组网技术引入无人飞行器集群，它不依赖于基础设施，无需路由器或接入点，基于动态路由算法动态分配节点。近年来，移动自组网、车载自组网技术已经拓展到无人飞行器网络通信中，形成飞行自组网（flying ad-hoc network，FANET）。

此外，确保集群内的数据通信安全对于实现集群目标至关重要，同时也面临极大挑战。2016 年，美国海军研究生院（Naval Postgraduate School，NPS）研究了大规模无人机集群通信问题，高级加密标准是美国国家安全局授权的加密算法之一，在集群体系结构中分析了高级加密标准的各种模式，包括伽罗瓦/计数器模式和带有密码块链消息认证码的计数器模式，给出了这些认证加密算法对网络吞吐量和处理器性能的影响，还研究了另一种认证加密方案——ChaCha20-Poly1305。无人机的各种信息通道如图 1-6 所示[10]。在 ad-hoc 模式下使用 IEEE 802.11n 进行通信，Wi-Fi 无线传送有一个在 20MHz 信道上工作的单空域数码流，允许最大数据速率为 72.2Mbit/s。每条信息都被广播给其他的无人机，所有信息都使用 Internet 协议版本 4（IPv4）之上的用户数据报协议（user datagram protocol，UDP），这种协议是单跳、无路由、无连接的。通过使用传输控制协议（transmission control protocol，TCP），实施路由协议或通过直接链路通信提高可靠性，但这也将增加网络上的延迟和拥塞，使得大型集群无法承受。

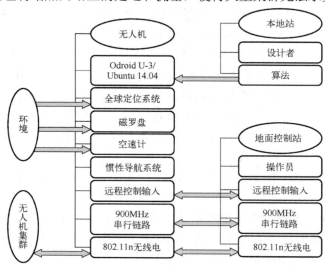

图 1-6　大规模无人机集群通信路径

3. 协同制导

随着敌方防御系统的干扰和拦截能力的提升，无人飞行器单平台作战已经无法满足现代战争的作战要求。为了适应未来战争的需求，借鉴自然界生物中的集群现象，例如，狼群围捕猎物增加捕食成功率，斑马群体聚集产生视觉错误提高生存率，鸟群人字形飞行队伍减少飞行阻力，这些现象都证明了群体行为的优势。协同制导通过多无人飞行器之间建立通信拓扑网络，互相分享目标信息，提升无人飞行器集群的打击能力和作战效果。无人飞行器集群协同制导可以实现时间协同、空间协同、功能协同和平台协同，通过时间协同可以实现同时或分时打击目标，通过角度协同也可以实现从多个方位对目标进行攻击，显著削弱了敌方的防御能力。协同制导技术既可以用于无人飞行器集群攻击，也可以用于集群防御，是集群协同作战领域的关键技术之一。

根据协调信息获取来源的不同，协同制导方法可以分为以下几点。

(1)独立式协同制导。独立式协同制导的基本特征是仅仅依靠自身状态信息来确定协调信息，无人飞行器之间不存在任何通信，各自的状态信息不能为其他任何无人飞行器所感知和利用，协同作战效果能够实现，依靠的是各无人飞行器的制导律协调信息中存在某一约束的预设相同期望值，在协调信息的调节下促使各无人飞行器的状态信息共同趋向该期望值，最终实现状态一致。

(2)综合式协同制导。综合式协同制导的基本特征是每个无人飞行器的协调信息融入了除自身以外的状态信息，即相邻或所有参与协同的无人飞行器状态信息，通过一定的综合方式来共同确定协调信息，这种协同方式能够根据其他无人飞行器的实时状态相应地调整自身的控制指令，以实现飞行过程中的动态协同。

根据协调信息形成和配置的方式不同，综合式协同制导又可以分为以下几点。

(1)集中式协同制导。集中式方法可以利用双层协同制导结构，底层引导控制，上层协调控制，这种包含底层制导律和上层协调算法的协同制导方法结构简单且具有解析解，因此具有一定的实际应用价值。

(2)分布式协同制导。分布式方法是指通过相邻无人飞行器之间的局部通信，渐近实现对协同目标认知一致的协同制导方法。分布式协同制导不再要求有一个集中协调单元，通信要求低，抵御外界干扰能力强，鲁棒性、可扩展性和协同效果好，是协同制导未来发展的主要方向。

协同制导规律的设计通常需要综合考虑攻击时间、攻击角度、路径点、弹间通信距离、弹着时间约束、终端角度约束、弹着时间和终端角度同时约束等多种约束。

2006 年，韩国高级科学技术学院提出了用于反舰导弹齐射攻击的碰撞时间可控制导(impact-time-control guidance，ITCG)方法，它在传统最优制导回路基础上增加了一个碰撞时间调整回路，结合了比例导引和冲击时间误差反馈。随后，他们又提出了一种碰撞时间和角度可控制导（impact-time-and-angle-control guidance，ITACG）方法，它包括一个反馈回路和一个附加控制指令，前者用于在零脱靶量的情况下实现所需的碰撞角度，后者用于控制碰撞时间[11]。2010 年，英国克兰菲尔德大学基于英国国防部和法国国防采办局的"导弹材料和部件-创新和技术伙伴关系"项目，开展了应用于区域防空和不确定性目标机动的多导弹协同制导策略研究，提出了最早拦截几何制导律（earliest intercept geometry guidance law，EIGGL）和拦截几何制导律（intercept geometry guidance law，IGGL），原理框图如图 1-7 所示[12]。2017 年，以色列理工学院采用线性二次型最优控制方法设计三种协同制导律，不仅寻求脱靶量和制导指令的积分平方最小化，还惩罚了制导指令的易变性，从而减小了不同导弹对同一机动目标的相对视角的变化，并且齐射导弹之间使用了定向天线进行通信[13]。2020 年，美国得克萨斯大学阿灵顿分校研究了无人机集群追击、包围和捕获另一无人机集群的协同制导问题[14]。

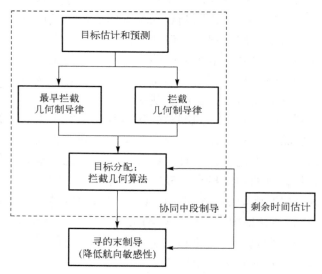

图 1-7　导弹协同制导原理框图

4. 编队控制

多无人飞行器编队飞行是指两架及以上无人飞行器在执行任务的飞行过程中，生成、保持或变换特定队形，以及遇到突发情况时变换和重构队形，以实现协调运动。

多无人飞行器编队飞行的优越性主要体现在以下几个方面。

（1）编队飞行可以扩大侦察和搜索范围，提供更准确和更丰富的情报/信息支援，同时也可以扩大攻击范围或者提高攻击能力，形成更大的杀伤力。

（2）编队飞行可以通过内部成员的有效协同，提高任务执行效率和抗突发事件能力。

(3)紧密编队飞行可以获得更优气动性能,减小飞行阻力,降低油耗,增加航程。

无人飞行器编队控制要解决的关键问题包括以下几点。

(1)队形集结。无人飞行器从各个位置向指定位置飞行,整个过程称为队形集结,队形集结又包括紧密集结和松散集结,整个过程中涉及无人飞行器上层编队协同规划和底层单机航迹控制,队形集结直接影响到后续编队飞行的效率。队形集结的关键问题如下:①集结效率问题,无人飞行器集群执行任务时,集结效率直接影响到任务成功率,影响因素主要包括油耗、规划路径、集结时间、无人飞行器数量等,因此要求在最短的时间内,油耗最少,规划出最优路径,来完成最多数量的无人飞行器集结,该问题主要涉及集结目标点选取、航迹规划和轨迹跟踪控制等技术;②碰撞问题,多无人飞行器集结时,势必要考虑编队内部成员之间的防撞,利用航迹规划可以设计出最优且避免碰撞的飞行航线;③一致协同问题,启发于对生物集群行为的观察和研究,无人飞行器编队飞行要求集结时间最短的同时,通常还要求各无人飞行器在完成集结时刻的姿态和速度一致。

(2)队形保持。当编队集结完毕后,需要进行队形保持控制,队形保持效果主要依赖于编队控制策略。队形保持的关键问题如下:①快速跟踪响应问题,以长僚机编队飞行为例,飞行过程中长机需根据当前情况做出反应,如执行转弯、爬高等常规或机动动作,则僚机也需要快速跟踪长机指令,并执行相应的动作保持队形稳定;②气动耦合扰动抑制问题,在紧密编队飞行中,飞行器尾涡流对周围飞行器的影响不可忽略,但若加以利用,尾涡流反而能减小周围飞行器的阻力,降低油耗,自动飞行控制系统需要解决气流扰动抑制问题,才能保持最优紧密编队飞行;③未知扰动下的自适应控制问题,无人飞行器编队飞行时,会遇到各种各样的外界扰动,这些因素都会影响队形稳定,甚至发生相互碰撞等危害。

(3)队形重构。在无人飞行器编队飞行过程中,当任务需求或飞行环境发生变化时,如飞行器在执行任务时遭遇敌方打击、飞行器出现故障和遇到紧急障碍物等情况,需要采取队形变换等方式构成新编队队形。队形重构的关键问题如下:①重构位置与时间优化问题,在队形重构过程中,存在诸多条件约束问题,因此需要分配或优化各无人飞行器的目标位置以及规划飞行航迹来解决;②避障决策与控制问题,当遇到障碍物或者需躲避对方雷达、敌机时,无人飞行器编队往往需要进行重构,因此需要在线实时优化重构运动轨迹,并且完成轨迹跟踪控制;③队形变换逻辑问题,当某架无人飞行器遇到故障从而脱离编队,或者有新无人飞行器加入编队时,通常也需要对队形进行重构。

无人飞行器编队组织结构主要包括以下几点。

(1)长机-僚机(leader-follower)法:该策略指长机按指令飞行,长机行为决定了编队总体状态,而僚机以长机信息和预定编队为基准,不断修正自身位置以实现编队队形控制。

（2）虚拟结构（virtual structure）法：该策略通常将虚拟几何中心设为虚拟长机，要求所有无人飞行器都按照某种几何结构跟随虚拟长机。

（3）基于行为（behavior-based）法：该策略受启发于生物群体集体运动，是一种分布式可协调决策的高效率行为，具有编队保持、避障、防撞等能力。

早在 1963 年，美国海军已经实现了两架 QF-9 无人机编队飞行。20 世纪 70 年代中期，美国陆军导弹司令部与 IBM（International Business Machines）公司合作开发了一个无人机编队控制系统，能够同时控制多架无人机编队飞行，采用了经典控制策略。2004 年，在欧洲航空航天研究发展局的资助下，意大利比萨大学开展了无人机编队协同控制技术研究，进行了分布式马蹄形涡流气动建模和编队动力学建模，设计了基于最优控制和鲁棒控制的编队控制器，研究了基于虚拟长机和图论的最优通信模式，以及通信失败后的通信拓扑重构，设计了模糊轨迹制导控制器。2005 年，联合无人作战飞行器 X-45A 采用了一种基于虚拟长机分布式控制策略的编队控制算法，它是美国 DARPA、空军、海军和波音公司研发的一款自主无人原型飞机。

2005 年，美国空军实验室在 AFOSR/DoD EPSCoR 项目中开发并实现了 YF-22 无人机的编队飞行，无人机主从编队飞行控制原理框图如图 1-8 所示[15]。僚机需要通过数据通信系统来获知长机的位置和速度信息，考虑了两种通信方案：一种是长机向地面站发送位置/速度信息，地面站将信息转发给两个僚机，使用地面站的优势主要在于可以使用更高的发射功率，并在选择天线时提供更多自由度；另一种是长机直接向僚机发送信息，这种配置更灵活，因为它不需要地面站，然而，选择合适的机载天线非常重要。编队控制问题可以归类为目标跟踪问题，而不是传统的轨迹跟踪问题，控制输入包括油门、升降舵、副翼和方向舵的偏转角，而状态误差反馈包括内部状态变量误差（如角速率和欧拉角误差）以及长机和僚机之间的轨迹状态变量误差（如前向距离、横向距离和垂直距离）。

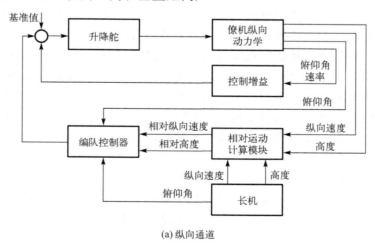

(a) 纵向通道

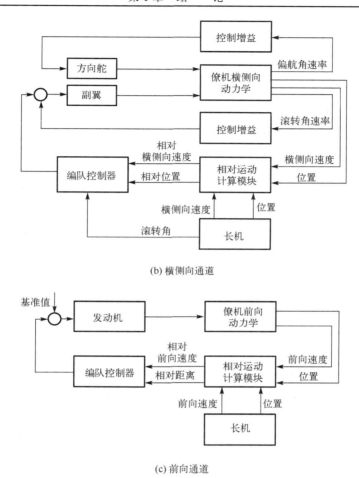

(b) 横侧向通道

(c) 前向通道

图 1-8　无人机编队飞行控制原理框图

5. 集群控制

集群控制即控制集群自组织系统的协调运动，有时又称为集群运动控制。相对编队控制概念而言，集群控制概念更加宽广一些，主要体现在智能体规模更大、控制目标更宽泛，因此编队控制是集群控制的一种特例。集群运动控制通常基于生物群体的自组织系统理论来设计。1986 年，美国的 Reynolds 提出了著名的 Boid 模型，它包含动作选择、转向和运动等三级结构，以及内聚、分离和对齐等三种行为规则。后来，他进一步开发了具有更广泛行为的扩展模型，涵盖了搜索与逃离、追逐与躲避、偏移追击、到达、障碍回避、巡航、路径跟随、障碍跟随、流场跟随、未对准防撞和引导者跟随等行为规则。基于自组织系统理论的集群行为模型被美国空军、海军研究机构广泛采用，用来控制无人飞行器系统的集群运动。典型模型包括以下几种。

（1）Lotspeich 模型[16]。2003 年，为了研究无人机集群自主产生涌现行为并完成任务的方法，美国空军技术学院的 Lotspeich 设计了一种集群智能模型，该模型建立了包括聚集、分离、威胁躲避和目标搜寻在内的行为规则，并设计了自适应集群算法，调整每个智能体的简单规则，实现所需的涌现行为，该算法利用局部状态信息，根据智能体的当前位置，影响每个智能体的整体行为。最后，开发了一种集群体系结构，验证了该模型以协作方式控制无人机的能力。该研究成果能够使无人飞行器规避威胁、自主穿越作战空间，并将高分辨率融合数据传输给作战人员，因此在协同广域搜索弹药控制中具有较好的应用前景。

（2）Kadrovach 模型[17]。2003 年，为了研究无人机的通信和编队稳定性问题，美国空军技术学院的 Kadrovach 设计了一种基于改进 Boid 模型的集群智能模型，并为集群传感器系统开发了一种新的 ad-hoc 数据网络通信方法，提出了三种适用于集群传感器网络的网络通信协议，包括定向扩散协议、地理路由协议和泛洪协议，并提供了一个评估通信协议性能的过程。所开发的集群网络建模过程为基于集群的传感器网络复杂动力学研究提供了一种新方法。

（3）Lua 模型[18]。2003 年，为了研究多无人机对目标的战术同步多点攻击问题，北达科他州立大学的 Lua 设计了一种集群智能模型。该模型建立了基于行为的分布式控制体系结构，主要包括传感器、执行器和动作行为模块。每个飞行器都有一组简单的响应行为，使其能够避开障碍物，搜索和感知目标，围绕目标旋转和攻击。它不依赖于远程全球通信和关于战场的先验信息，并展示了复杂的目标攻击行为。

（4）Milam 模型[19]。2004 年，为了研究采用一个控制器来引导无人机集群到达预定目标位置，美国空军技术学院的 Milam 设计了一种集群智能模型。该模型利用避撞、聚集和目标搜索行为计算加速度矢量，但依赖于对无人机的当前速度和所有无人机的平均速度等信息感知。模型分为高等级和低等级无人机模型，前者带有飞行控制系统，使用遗传规划等进化算法，不断进化控制程序以控制无人机运动，遗传算法的输出说明了采取什么行动来改变无人机的速度；后者的目标函数定义了集群行为的特定期望特征，即无人机保持紧密集群避免碰撞，并朝着指定的目标移动。

（5）Price 模型[20]。2006 年，为了研究同构/异构多无人机协同搜索和攻击问题，美国空军技术学院的 Price 设计了一种集群智能模型。基于进化机制的集群自组织行为，无人机集群能够实现自身结构和行为的不断演化，最后产生对环境和任务的自适应能力。他设计了无人机集群系统的离线进化系统，建立了高等级自组织模型和低等级自组织模型，实现了分离、避障和边界回避、速度匹配、阈值聚集、阈值分离、加权目标吸引、平面目标吸引、阈值目标躲避、绕目标飞行等复杂行为。

（6）Nowak 模型[21]。2008 年，为了研究自组织协同控制及其无人机集群对抗应用，美国空军技术学院的 Nowak 设计了一种集群智能模型。研究了在对敌作战环境下的无人机集群自组织行为，设计了一种基于遗传算法的无人机集群控制模型，该模型基于抽象的马尔可夫结构,即部分可观测的马尔可夫决策过程(Markov decision process,MDP),自组织特征、仿生攻击概念、进化计算(多目标遗传算法、差分进化)和环境意识反馈在该模型中得到了实现,最后进行了无人机编队飞行和目标攻击的试验研究。这种自组织方法动态演化出一种对抗通信和协同控制分布式体系结构,可以应用于各种大规模集群自主系统的研究与开发。

(7)Revill 模型[22]。2016 年,美国海军研究生院的 Revill 设计了一种集群智能模型。使用 Monterey Phoenix 建模软件对集群系统自组织行为进行建模,将系统行为分组为不同的、可重用的、类似智能体的可能参与者行为模型,并将参与者交互建模为单独约束。这种方法能够利用这些模型中的每一个其他可能的参与者行为计算参与者行为的每一个可能变化,从而生成一组详尽的可能场景或事件跟踪。通过对这些事件跟踪的人工检查或半自动检查,可以发现不期望的行为和故障模式,从而使任务规划人员能够用必要的故障保护行为来抵消这些未经请求的行为。

传统的无人飞行器集群战术框架多数依赖于集中控制,这些框架过分依赖完美的通信,从而限制了集群的速度和灵活性。为了克服这些限制,必须探索新的战略框架,以快速训练无人飞行器算法,使其能有效地分散执行,从而重新平衡由此产生的人类−自主团队的分工问题。2016 年,美国海军研究生院利用开源和低成本商业资源以及内部开发的具备定制使能技术的开放式体系结构,进行了 50 架无人机的自主发射、飞行和着陆的实际测试[23]。2018 年,美国海军研究生院提出了一种分布式训练集群智能算法,利用战争游戏和机器学习技术的协同作用,为优化无人飞行器决策提供了一个强大的框架[24]。2018 年,美国空军技术学院开发了一个使用低成本的商用现货组件的集群架构分层软件模式,共分为四层:实现自组网的通信层,共享遥测和其他数据的消息层,支配行为和存储数据的自主层,以及控制飞行器感知环境和行动的平台层,如表 1-1 所示[25]。这种分层体系结构在实现上提供了灵活性:每一层都是模块化的,不与任何特定的硬件或软件项目绑定,各层协同工作,感知环境,确定行动过程,并执行任务。通过机载计算机实现了 Reynolds 集群规则的增强版本,并通过 Wi-Fi 网状自组织网络提供 UDP 多播消息。实验结果表明,这种集群控制结构鲁棒性强,可以实现不同的集群算法和任务。

表 1-1 集群架构分层软件模式

目的	分层	组成部分
感知与行动	平台层	飞行器平台、自动驾驶仪、导航传感器、其他传感器
决策	自主层	AI/脚本、基本行为、集群任务
交互	消息层	遥测、传感器数据
	通信层	自组织网络

集群运动也可以基于为解决复杂大规模系统建模问题而提出的 MAS 理论来实现。1986 年，美国麻省理工学院的 Minsky 提出了智能体的概念，智能体一般指对环境能够进行感知、学习和反应的实体。MAS 即为由多个相互作用的智能体组成的系统，具有自组织、自适应、自主管理等能力，也能实现集群智能涌现。由于它常引入生物群体的集群智能行为，因此有时也称为"自组织系统"。此外，它也常引入图论、矩阵论以及动态系统理论知识。多智能体协同控制研究主要涉及结群、编队控制和一致性问题。2005 年，美国斯坦福大学提出了基于 MAS 理论的多飞行器相互追逐和逃避博弈方法。2012 年，美国海军研究生院基于 MAS 理论构建了一个红蓝双方攻防对抗模型，并验证了分布式协同控制技术的有效性[26]。2012 年，美国杜克大学提出了一种统一的 MAS 建模和控制方法，该方法综合借鉴了生物系统群体行为和图论，可以应用于面向任务的无人飞行器集群等多智能体系统[27]。

1.4　集群智能作战应用

1.4.1　集群作战概念

集群作战是一种基于群体智能协同控制的新型作战手段，该群体可以由同构或者异构的智能体组成，也可以由同域或者跨域的智能体组成。由大规模、低成本、微小型的无人飞行器构成的集群作战也被称为"蜂群"作战。

2014 年，美国国防部宣布开始实施国防创新行动，集中发展对潜在对手具有威慑力的军事力量，确保持续的军事技术优势，被称为第三次"抵消战略"，该战略具有如下特点[28]：一是聚焦于形成六大作战能力，包括分布式、远程打击能力，利用作战距离、精确性及速度把握并维持先机的能力，利用分散、新型的作战防护样式加强生存能力，大规模集群数量优势能力，发展新型分布式机动和近距离作战能力，适应复杂网络攻击和电子战环境下的更强作战能力；二是重点发展颠覆性作战能力，引发新一轮军事变革，具体体现在从战场空间形态上向分布式发展，从作战时间进程上向高动态发展，从作战运筹过程上向智能化发展。

美国在第三次"抵消战略"军事思想的指导下，开始探索研究应对未来智能化作战概念和装备发展体系。2015 年，美国空军发布了《空军未来作战概念》，提出了无人机集群与高超声速空地导弹协同作战的设想，飞行员驾驶运输机，将大规模高亚声速无人机集群投放到作战区域，利用小型廉价无人机进行集群突防，通过自杀式攻击完成对敌方探测和火力通道的饱和攻击，进而掩护高超声速导弹攻击敌方高能激光防御系统。《空军未来作战概念》与《美国空军战略总规划》共同指导美国空军的兵棋推演、实验和分析工作。美国诺思罗普·格鲁曼公司提出了以无人作战飞机 X-47B 组成集群，实现自组织协同作战的概念。2016 年，美国空军发布了

《2016—2036 年小型无人机系统飞行规划》，详细阐述了"蜂群""编队""忠诚僚机"三种集群作战概念。"蜂群"是指相互独立的小型无人机组成的智能集群，通过自主通信进行集群协同作战，增强无人机的情报传送和响应能力，提高整体的作战效率，是"机与机"的控制。"编队"包括无人机之间的编队和无人机与有人机之间的编队，远程操作人员或有人机飞行员可以对无人机及其载荷进行指挥与控制，是"人与人"的控制。"忠诚僚机"是指无人机与有人机组成的编队，其中有人机作为长机，无人机作为僚机为长机提供弹药扩充，将易被敌方探测到的任务分配给无人机执行，以降低有人机被探测到的风险，无人机还用作远程传感器，以增强长机对环境和目标的感知能力，是"人与机"的控制。集群武器要在未来战场上显现作战优势，必须在技术可行性和作战使用概念之间建立联系。2018 年，美国陆军指挥与参谋学院探讨了集群武器技术上的成熟性、部队如何使用集群武器在战场上获得作战优势等问题[29]。与非集群武器相比，集群武器是一种武器网络，涌现行为使集群体战概念和优势成为可能，微观和宏观尺度之间存在着相互依赖关系，微观尺度上的个体行为塑造了整个集群在宏观尺度上的行为。

近些年，美国国防部、空军、海军等机构开展了一些无人飞行器集群技术验证项目，主要包括以下几点。

（1）对敌防空压制/摧毁（suppression of enemy air defenses/destruction of enemy air defenses，SEAD/DEAD）集群作战项目。对敌防空压制是一种用于压制敌方陆基防空火力（地对空导弹和防空高射炮）的军事行动。2013 年左右，美国空军和雷神公司基于微型空射诱饵、微型空射诱饵-干扰型、高速反辐射导弹升级版以及联合防区外武器，实现了 SEAD/DEAD 的空射集群作战样式。2014 年，美国海军研究生院设想了红蓝双方在争议岛屿附近海域发生小规模冲突，蓝方计划对红方空军基地进行秘密战略打击，以有效地削弱红方的防御反空、进攻反空能力。这次打击由一个有人机和无人机组成的小组执行，作战设想如图 1-9 所示，图中数字表示了各个作战阶段。第 1 阶段——发射和集结，发射后有人机和无人机转移到确定的集合点，并完成有人机和无人机之间的空中连接，无人机的控制权从地面控制站移交给有人机。第 2 阶段——进入目标区域，四架有人机与八架无人机在空中成功连接后，开始向目标隐蔽进入，无人机被有人机引导至防空识别区深处的目标，无人机自动定位和识别目标，并生成目标解，这是通过无人机之间的信息共享和协同感知来实现的，也使用机载传感器自主执行威胁规避，在整个进入瞄准阶段，视频实时反馈传回有人机。第 3 阶段——目标交战，无人机能够深入防空识别区，有人机通过来自无人机的实时视频信号进行目标定位、识别和指认，当无人机在目标范围内且目标已被确定时，由有人机发出武器释放指令，ISR 无人机将为有人机提供视频，以进行作战评估并确认目标是否被摧毁。第 4 阶段——离开和回收，无人机的控制权移交给地面控制，以进行无人机回收。

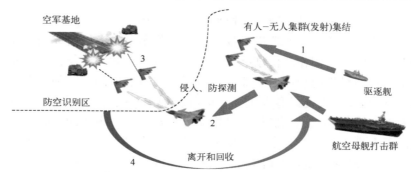

图 1-9 有人机/无人机协同作战设想图

(2) 拒止环境中协同作战(collaborative operations in denied environment，CODE)项目。2014 年，美国 DARPA 提出该项目，旨在通过开发先进算法和软件，扩展无人飞行器在对抗/拒止作战空间与地面和海上高机动目标展开动态远程交战的能力。2018 年，美国 DARPA 报道，在亚利桑那州尤马试验场测试了装备 CODE 的无人飞行器在"反介入/区域拒止"(anti-access/area denial，A2/AD)环境下适应和响应意外威胁的能力，所建议的拒止环境下协同作战开放式架构如图 1-10 所示。

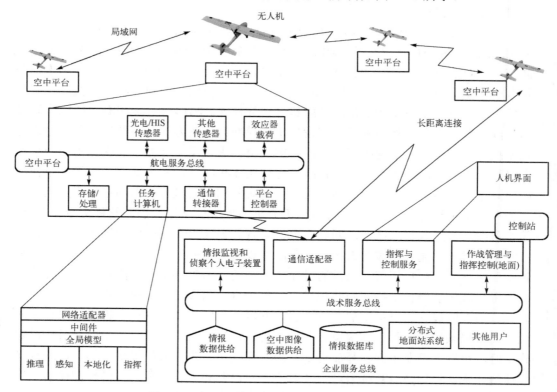

图 1-10 拒止环境下集群协同作战开放式架构

（3）"山鹑"（Perdix）微型无人机集群作战项目。2012 年左右，美国国防部战略能力办公室主持了"山鹑"微型无人机高速发射演示项目，微型无人机被装在胶囊型容器中，高速发射时尾部的减速伞自动打开用于辅助姿态稳定，可以自主寻找集群内其他无人机组成蜂群，并与战斗机的红外诱饵弹实施混装，装备微型战斗部时，可作为轻型巡飞弹大规模杀伤目标。2016 年，美国海军的 3 架 F/A-18F 战斗机在空中投放了 103 架"山鹑"无人机，演示了集群集结、自适应编队飞行、包围攻击、绕圈盘旋等行为，如图 1-11 所示。

图 1-11 "山鹑"无人机集群作战演示

（4）"小精灵"（Gremlins）小型无人机集群作战项目。2015 年，美国 DARPA 公布"小精灵"项目，寻求强对抗环境下空射型低成本小型无人机集群技术及系统解决方案。为此美国 Dynetics 公司研制了低成本、可重复使用的"小精灵"无人机，实现了 C-130 运输机等平台的空中发射、空中组网和空中回收，并能够与其他有人平台协同执行情报、监视和侦察，电子战，突防等任务。2021 年，美国 DARPA 宣布，在犹他州达格威试验场由一架 C-130 在空中成功回收了一架"小精灵"无人机，两架无人机还成功地执行了编队飞行和安全功能测试，如图 1-12 所示。

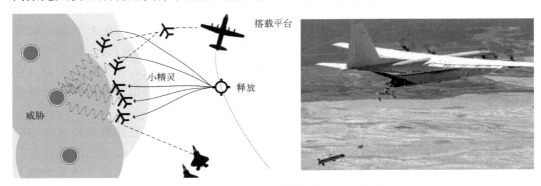

图 1-12 "小精灵"无人机集群作战演示

（5）低成本无人机集群作战技术（low-cost UAV swarming technology，LOCUST）

项目。2015 年，美国海军研究办公室主持了 LOCUST 项目研究，实现无人机快速发射并进行集群作战，利用近距射频网络共享态势信息，通过自适应组网及自主协调，执行协同攻击与防御任务。LOCUST 项目利用雷神公司的"郊狼"（Coyote）巡飞弹，可在陆、空、水面和水下平台发射。2016 年，美国海军实现了 30 枚"郊狼"巡飞弹的快速发射和自主编队飞行的技术验证。根据美国海军研究生院的相关报告，美国波音公司的 P-8A 反潜巡逻机可与装有磁探传感器的"郊狼"巡飞弹协同开展高空反潜任务，如图 1-13 所示。

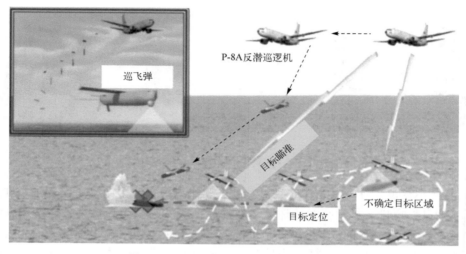

图 1-13　"郊狼"无人机集群作战演示

（6）进攻性集群使能战术（offensive swarm-enabled tactics，OFFSET）项目。2017 年，美国 DARPA 发布了 OFFSET 项目，聚焦于开放式软件与系统架构、博弈软件设计与基于博弈的社群开发、沉浸式交互技术以及分布式无人系统集成算法，用于开发并测试城市作战的异构无人系统集群战术，如图 1-14 所示。2022 年 1 月的美国《防务世界》网站报道，由雷神 BBN（Bolt、Beranek 和 Newman）公司领导的技术团队开发的蜂群使能技术能够使单个操作员控制数十架无人机，无人机蜂群由 130 个物理无人机平台和 30 个模拟无人机平台组成，由操作员在城市的室内外环境进行了试验。

（7）有人/无人协同作战项目。2015 年美国 DARPA 提出了系统集成技术与实验系统（system of systems integration technology and experimentation，SoSITE）计划。SoSITE 计划旨在实现一个体系结构框架，该框架能够评估和展示集成各种系统能力的潜在作战效益，以提高在复杂竞争环境中的任务成功率。利用这种体系架构，美军能够将任务分散到不同的飞行器，如战斗机、特种飞机、无人飞行器和集群等，并且该架构能够进行动态扩展，有利于对后续的技术进行集成，结构如图 1-15 所示。

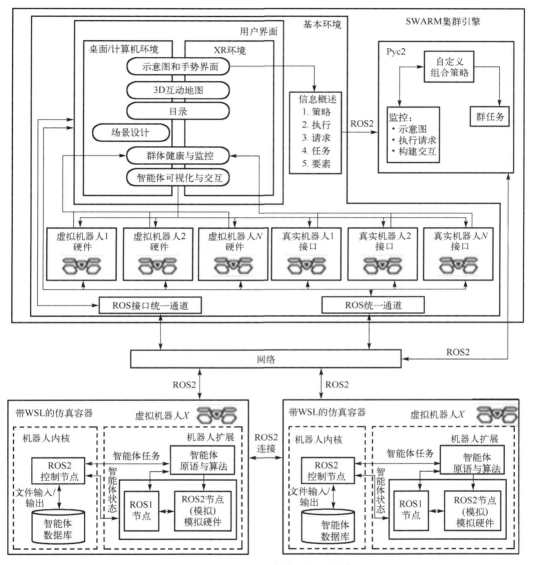

图 1-14 异构集群系统协同架构

无人飞行器集群作战具有广泛的应用前景，可以完成边境巡逻、战场环境监视、部队移动路线绘制、与移动军事单位进行实时信息传输、通过提供机载网络扩展通信等任务；可以实现战场突防，穿透敌军支援区，提高生存能力，围猎移动目标，或进行饱和攻击；可以实现战场区域外围防御以及分层防御；还可以建立广域监视网络，可以使用射频和视觉传感器在区域内搜索威胁和目标。

人类的作战形式相继经历了冷兵器、热兵器、机械化和信息化时代，正逐步朝

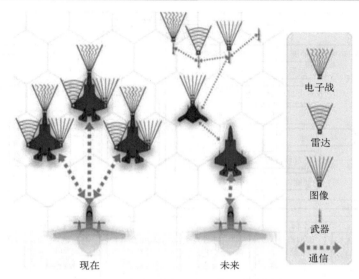

电子战

雷达

图像

武器

通信

现在　　　　　　　　　未来

图 1-15　有人/无人飞行器协同体系结构

智能化方向发展。信息化作战已经初步实现了天、空、地、海、网电多维一体体系对抗，初步体现了多军种联合协同作战能力。智能化作战是在信息化作战基础上，引入人工智能技术，实现陆、海、空、天、网电及认知领域的一体化全域作战，智能化主要包括感知多源化、认知融合化、决策智能化、控制自主化、作战协同化及保障全局化。

1.4.2　协同侦察与监视

　　21 世纪初的阿富汗战争、伊拉克战争经验表明，无人飞行器在战时环境中扮演越来越重要的地位和拥有越来越广泛的用途。无人飞行器非常适合于军事领域的情报、监视和侦察任务，准确及时地了解军事情况对于有效规划和利用资源至关重要。

　　情报、监视和侦察即收集、分析和传播作战空间信息的任务，对传感器、资产、处理、开发和传播系统的规划和操作进行同步和集成，以直接支持当前和未来操作的活动。侦察是收集感兴趣区域或目标的具体信息，通常是在一瞬间或短时间内进行的。监视是在一段特定时间内保持对感兴趣区域或目标的持续观察，通常比侦察时间长。情报是从监视和侦察等行动中获得的知识和信息。通过多无人飞行器之间的协同控制，可以避免障碍物遮挡，从而实现对移动目标的持续监视，也可以增加传感器探测的覆盖范围，从而提供更广阔的视野。

　　无人飞行器集群协同侦察与监视的关键技术主要包括以下几点。

　　(1)协同指挥控制体系结构。2009 年，美国空军技术学院提出了一种用于执行情报、监视和侦察任务的无人机协同作战概念体系结构，使用了美国国防部体系结构框架(department of defense architecture framework，DoDAF)的子集来创建和记录该结构[30]。

(2)协同运动控制。小型无人机已成为美国国防部海外应急行动中监视和侦察任务的一部分，与 MQ-1"捕食者"和 MQ-9"猛禽"等大型无人机相比，小型无人机更便宜，更容易部署在机动地面部队中，如 RQ-11"乌鸦"，它们往往手动抛射，用于即时短程监视，可以在不增加地面站和所需操作员数量的情况下，使用多架无人飞行器完成更广泛区域的监视任务。无人飞行器需要利用协同运动控制算法，从而在聚集、巡逻、监视、中继等不同任务之间切换[31]。

(3)高效通信。大量的战场实时数据需要在有限的通信资源上传输，相互冲突的特性使得在通信资源有限的体系结构中，需要高效的通信系统处理来自指挥和控制系统、侦察数据、卫星数据等传感器的大量数据信息，美国支持这项研究的潜在通信系统有基于联合作战空间信息圈(joint battlespace infosphere，JBI)、网络嵌入式软件技术(network embedded software technology，NEST)等。

(4)异构任务分配。2019 年，美国西点军校开发了一个异构无人机集群系统，结构如图 1-16 所示[32]。辐射探测器集成在小型四旋翼无人机上，而摄像机集成在小型固定翼无人机上，通过提供该地区的辐射梯度热图和实时视频监控，帮助进行核爆炸后的法医收集和分析工作。为了实现对群体的分布式控制，提出了一种顺序贪婪任务分配算法，并在美国国防威胁压制局(Defense Threat Reduction Agency，DTRA)赞助的爱达荷州国家实验室对该系统进行了演示验证。

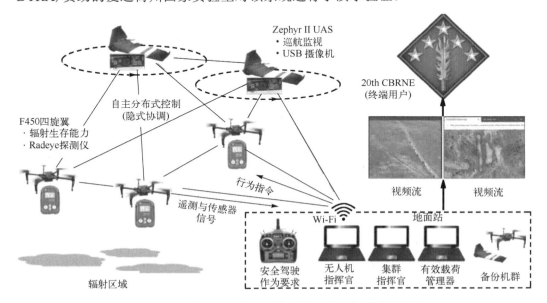

图 1-16 辐射和图像数据采集无人飞行器集群系统结构

1.4.3 协同搜索与攻击

《中国航天报》报道，2019 年 9 月，沙特东北部的炼油厂和油田遭到无人机、导弹集群的突然袭击，其中先由长航时无人机进行空中侦察，再由携带电子压制设备的无人机进行电子压制，而携带精确制导导弹的无人机负责攻击，最后侦察无人机对目标进行了毁伤评估。国外《新科学家》(New Scientist) 杂志报道，2021 年 5 月，以色列国防军首次使用了人工智能引导巡飞弹集群攻击加沙地带，搜索并摧毁了数十个隐藏在复杂地形中的目标。因此，无人飞行器集群的协同作战任务除了传统的情报、监视和侦察活动之外，已经进一步拓展到目标搜索、识别、跟踪、攻击等任务。无人飞行器对大范围区域进行覆盖搜索，发现目标后对其进行指示与定位，是完成后续作战任务的基础与前提。随着微型无人飞行器、目标识别系统和通信系统的发展，无论针对搜索还是交战任务，无人飞行器集群都能实现更加高效的作战性能。

目标搜索问题主要包括静态目标搜索、移动目标搜索、最优搜索密度和最优搜索路径等问题。协同搜索以运筹学中的搜索论为理论基础，将最大化目标发现概率作为求解目标，为各无人飞行器规划搜索航迹。协同搜索的性能评价主要包括搜索速度(搜索时间度量)和搜索效率(搜索冗余度量)两方面，这依赖于无人飞行器的数量、速度、传感器性能、目标特性等要素。实际战场环境复杂多变，目标可能出现在任务区域中的任何区域，因此需要无人飞行器具备在线决策能力。针对动态目标的搜索问题，可以采用基于概率图、信息素图等搜索图的方法构造二维离散地图，描述目标和环境信息，也可将视觉与其他探测信息结合来辅助搜索，并进行实时更新。

集群协同攻击可以分为同构与异构两种方式。同构集群一般由性能、携带载荷完全相同的无人飞行器构成，而异构集群由性能、携带载荷存在差异的无人飞行器构成。对于异构集群系统，也可以分解为多个同构的子系统，分别进行任务规划，通过设计同构子系统之间的协作方式，实现异构协同攻击。

无人飞行器协同搜索与攻击的关键技术主要包括以下几点。

(1)协同搜索与攻击任务模型。影响协同搜索性能的不确定参数有很多，如目标数目和类型、杂波密度、战斗部杀伤能力和战场地形等。除上述因素外，目标优先次序、任务限制、搜索模式和目标机动性等不确定因素也增加了搜索任务的复杂性。在一个典型的搜索和摧毁任务中，部署多个无人飞行器相互协作执行搜索任务，当检测到目标时，分配另一个无人飞行器来摧毁目标。有时为了彻底摧毁目标，可能需要不同类型和数量的资源，这就涉及多无人飞行器的资源分配问题。为了确定满足目标资源需求并提高任务绩效，需要增加额外的约束，如最小化摧毁目标的时间、最小化联盟规模和同时打击目标等。搜索和摧毁任务的性能一般以完全摧毁所有目标所花费的时间来衡量，具体取决于所采用的搜索和攻击任务分配策略，而搜索和攻击策略又往往具有一定的耦合性。

(2) 自主目标识别与攻击决策。1998 年左右，美国空军研究实验室提出了自主广域搜索弹药(autonomous wide area search munitions)概念，将搜索过程从飞机或监视传感器分散到更多的小型智能弹药上，在较短距离内使用高分辨率导引头，并装备自动目标捕获算法，能够做出自主目标攻击决策，因此在定位和打击广泛分散、高度机动的地面目标方面显示出巨大的潜力。2003 年，美国空军技术学院开发了自主广域搜索弹药分布式协同控制的仿真验证环境，基于应用概率理论的系统分析方法，涉及真实目标和虚假目标均匀分布、正态分布和泊松分布的六种广域搜索和交战场景[33]。智能弹药与导弹甚至无人机非常相似，是一种带搜索和攻击能力的自杀式武器，它不局限于搜索能力，也带有目标识别、跟踪和攻击任务。

(3) 协同搜索策略。集群搜索策略可以使用阶梯搜索模式、方形展开搜索模式或方形收缩搜索模式。2001 年，美国空军研究实验室联合其他单位研究了以搜索、分类、攻击和执行战斗损伤评估为任务的智能弹药集群的网络流优化问题，本质上是解决飞行器集群的最优资源和任务分配，从而指定每个弹药选择打击、协助目标分类或继续搜索。2002 年，美国辛辛那提大学研究了多无人机自主目标搜索的协同控制策略，假设区域内有关于目标分布的先验知识，采用基于动态规划的搜索算法，生成接近最优的目标跟踪轨迹，以便多无人机在一个给定区域内协同搜索目标。2018 年，美国海军学院提出了一种多无人飞行器集群自主探测与跟踪策略，它能够在飞行器的续航能力约束下，在指定的搜索区域内持续搜索和跟踪高动态、不确定的多个目标，当飞行器的电池电量降至预定阈值以下时，飞行器返回基站充电之后再重新发射到任务中[34]。

(4) 实时通信。美国空军技术学院研发了多无人机协同搜索系统，无人机的数量、速度、给定时间感知的区域、目标数量和搜索区域边界是影响通过通信信道发送多少数据的参数，这些节点之间的信息流影响协同搜索的决策。如果更多的无人机能够有效地进行通信，那么就有可能在不耗尽可用通信资源的情况下添加无人机，使得更快地完成协同搜索任务。自主广域搜索弹药协同作战中，每种弹药的自主目标识别覆盖范围有限，因此弹药之间需要通过一个基于射频或红外线频谱的通信系统来共享信息。在通信范围内满足一定接近要求的其他武器也会聚集在目标上并实施攻击，而超出射程的弹药将继续搜索另一个目标。

(5) 异构分布式协同。2007 年，麻省理工学院在美国海军研究办公室的资助下，研究了一种多传感器平台协同定位和跟踪非合作目标的新方法[35]。2007 年，美国海军研究生院提出了一个低成本的战术无人机协同作战方案，战术无人战斗机可以作为传感器节点部署，是网络中心战行动中全球信息网格的一部分，"猎人"无人机自带高分辨率传感器和通信设备，作为"母船"或无人机的空中指挥中心，并携带一个或多个"杀手"无人机，"杀手"无人机携带传感器、弹头或两者的有效载荷，

"猎人"无人机获取目标后，将目标信息传输给"杀手"无人机去执行攻击任务，该方案旨在增强地面部队的信息收集和自主精确打击能力，如图 1-17 所示[36]。

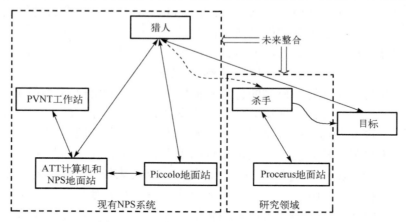

图 1-17　战术无人机的协同作战方案图

(6) 饱和攻击。20 世纪六七十年代，苏联针对美国航母编队提出了饱和攻击战术的概念，它是指攻击方为了实现突防并有效打击敌方高价值目标的战术目的，采用连续进袭、大密度、不同阵位和多角度的进攻策略，使敌方防空系统在该时间段内陷入过载状态，即使严密的防空系统也可能近乎崩溃，从而容易出现漏洞，此时集群的突防概率将显著提升，从而实现低价值无人机打击高价值目标的目的。1997年，美国陆军提出了"网火"导弹武器系统，该武器系统包含巡逻打击导弹和精确打击导弹，巡逻打击导弹率先进行发射并高空巡查，锁定并收集目标信息，下一步精确打击导弹接收信息对目标发动攻击。2005 年，美国海军研究生院基于 Lua 模型设计了集群控制结构，无人机集群一字排开飞向目标区域，一旦探测到目标，就飞抵与目标保持一个安全距离的包围圈上，然后等距离绕圈飞行，饱和攻击指令下达后，从第一架无人机开始依次发动攻击，仿真结果如图 1-18 所示[37]。

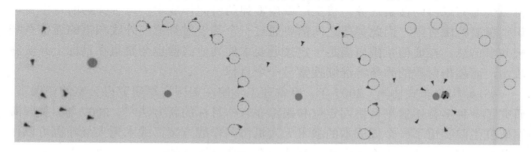

图 1-18　无人机集群饱和攻击效果

(7) 雷达干扰与欺骗。2018 年，美国哈里斯公司研发了无人机集群协同波束形成技术，使多无人机网络能够以更具弹性的方式干扰或欺骗雷达目标，强化学习用于优化每个输入参数的权重，遗传算法与线性优化算法相结合，形成了一种基于博弈论的遗传线性优化方法，这种基于博弈论的智能决策为无人机协同工作实现了最佳性能，无人机定位决策既考虑到给定网络节点的即时需求，也考虑到网络的整体需求，总体技术架构如图 1-19 所示[38]。

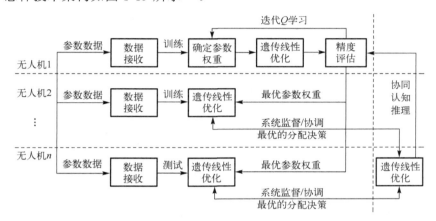

图 1-19　无人机集群的协同波束形成原理框图

1.4.4　协同空战对抗

20 世纪末，美国空军提出了"发现-锁定-跟踪-交战"的战斗杀伤链(kill chain)概念，用来构建空军未来的能力，之后演变为一个更为全面的杀伤链，即"发现-锁定-跟踪-瞄准-交战-评估"，再后来已经扩展到包括情报生成过程，以形成"预见-发现-锁定-跟踪-瞄准-交战-评估"，这种闭环链路反映了联合作战体系信息流的运行机理，是信息化战争形态下 OODA(observe,orient,decision,act)环的实践运用。2000 年，美国 DARPA 启动了无人机集群空中战役研究计划，提出了一种基于生物群体智能行为的自组织空战方法。2002 年，美国联合部队司令部(Joint Forces Command，JFCOM)的"阿尔法计划"对无人机集群作战的效能进行了研究，将装有传感器和武器载荷的 100 架无人机与现有作战单位进行了比较。

无人飞行器集群协同空战对抗是指一群无人飞行器对另一群飞行器空中遭遇并展开自组织协同交战，融合态势感知、目标分配、作战决策动态过程，实现攻击敌机、威胁躲避、支援友机、战术协同，使在最大化对敌杀伤、对敌态势、瓦解敌方意图和最小化自身损失等方面取得最佳的综合效益。无人飞行器集群空中对抗中，无人飞行器个体是直接动作发出和执行者，个体不断与环境进行交互并相互作用，促使对抗过程不断演化。战场态势随着时空不断变化，信息多元化、不完全、不确定，每架无人飞行器必须根据实时态势进行决策，因此对抗过程是一个复杂的动态随机过程。

无人飞行器集群协同空战对抗的关键技术主要包括以下几点。

(1)态势感知与智能融合。态势感知技术将给出敌方的战术意图、威胁程度以及双方的胜算大小。它是一个动态推理过程,引入人工智能学习算法,用于处理数据和减少任务/环境不确定性,还能够评估不确定性对各项任务的影响,积极引导学习过程。

(2)协同目标智能分配。目标分配技术以态势感知信息为基础,合理计算目标和火力的分配方案,充分发挥集群的整体效能,达到最大化杀伤效果且最小化损伤风险,从而获得最大的空战效益。2012年,美国海军研究生院开发了红蓝双方无人机集群对抗模型,以最优的集中式任务分配方法为基准,对隐性协调、基于市场、基于隐性市场、固定分配等四种分布式任务分配算法的效率和有效性进行了检验,同时也分析了防御者数量、飞行速度和武器系统性能对交战结果的影响。

(3)作战策略的选择与博弈。作战决策技术即无人飞行器依据实时的敌方态势、友机态势及自身飞行状态、武器状况等因素,制定某种对抗规则,采取某种机动和攻击策略,与对方展开空中博弈。作战决策方法的选择对空战结果有着重要影响。2013年,美国海军研究生院基于多智能体三维仿真软件MASON,研究了无人机集群双方对抗问题,设计了一个无人飞行器集群通用作战模型,红蓝双方的无人机型号相同,基于一套规则来约束行为,如友机并肩作战、避免与友机碰撞、探测与攻击敌机等,将交战过程抽象为马尔可夫过程,探讨了不同初始位置分布、攻击防御偏好因子等因素对交战结果的影响,如图1-20所示[39]。

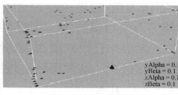
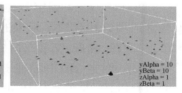

(a) 集中位置分布　　　　　　　　(b) 两侧分散　　　　　　　　(c) 空间均匀分布

图 1-20　无人机集群的初始态势

(4)集群自组织架构。自组织系统理论受到基于模型的系统工程、机器人学、人工智能、生物学和计算机科学等学科的启发。集群自组织架构是一种模块化的集群行为"剧本",可以进行组装和排序,使集群能够执行各种任务。集群自组织架构通常包含集群任务、集群战术、集群规则、集群算法、集群数据等组成要素。2016年,美国海军研究生院研究了无人飞行器集群系统的理论和设计开发框架,以集群对抗为例,战术之间的进程由图1-21所示的8种任务状态转换来控制[40]。在飞行前检查完成后,集群发射进入入侵状态并到达指定的航路点,集群到达就绪状态。当集群接收到搜索策略指令,就进入搜索状态。集群会一直保持搜索状态,直到发现目标后进入追踪状态。集群一旦获得目标编号和攻击授权就进入攻击状态。当目标被销毁后，如果集群接收到离开策略指令，则进入离开状态；反之，重新回到搜索状态。如果集群在搜索或追踪状态中感知到威胁，它会转换到逃离状态。如果飞行器在处于除攻击状态之外的其他任务状态或者电量不足时，将转换到离开状态。

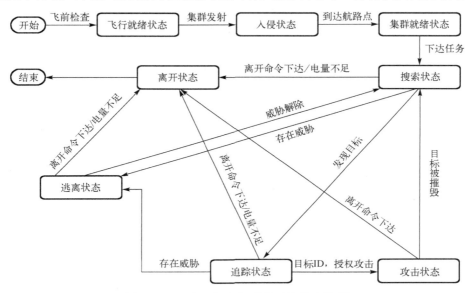

图 1-21 无人飞行器集群的对抗状态流程

1.4.5 协同防御与反集群

2000 年美国"科尔"导弹驱逐舰遇袭事件和 2008 年美国与伊朗在霍尔木兹海峡的海军争端以来，人们对不对称战争的认识得到了提高，开始重视研究集群攻击下如何保护自身高价值单元的防御策略。现代防御手段如近程防空导弹、速射炮、激光武器等，虽然能够抵御少数来袭导弹、无人机、直升机等，但是面对集群攻击，拦截能力仍显不足。集群对抗集群、炮射导弹武器系统、高功率微波武器、等离子体武器、电磁脉冲弹等将是反无人飞行器集群的重要手段。

无人飞行器集群防御系统一般由大量无人飞行器组成，无人飞行器可以配备弹药、导弹等武器，或者自身就是自杀式武器，能够在飞行中摧毁敌方飞行器，以保护己方的资产或者高价值单元。

(1)集群目标探测与跟踪。目标探测与跟踪有着广泛的应用，主要有基于雷达信号、基于声呐信号以及基于机器视觉信号等手段，涉及数据关联、信号滤波、信息融合等技术。相比于单目标的探测与控制，多目标探测与跟踪更具有挑战性，受到传感器自身特性、传感器系统结构配置、环境遮挡、通信延时或中断以及运动传感器/目标等因素影响。2012 年，美国海军研究生院探索了集群多目标跟踪问题，提出了多自主飞行器分布式跟踪多目标飞行器的通用框架，其中每个飞行器检测到目标后，通过 K-均值聚类算法生成轨迹，提供目标状态的估计，现有轨迹之间的数据关联使用增广次优联合概率数据关联算法和扩展的 Munkres 算法，应用卡尔曼滤波器对轨迹进行细化，以计算状态误差估计及其协方差[41]。

(2) 协同制导。追踪制导和比例制导是导弹应用中常用的两种制导方法。当防御系统面对集群攻击者时，追踪制导律不会以基本形式工作，因为有多个视线矢量，而不是只有一个，为此所有的视线矢量都被组合成一个有效的矢量，防御者将使用这个矢量来改变航向；对于比例制导，需要为防御者提供一个单独的航向指令，便于跟踪集群攻击者移动，同时优先考虑最近威胁，一种为多个攻击者实现比例制导的方法是计算防御者视场中集群攻击者的质心位置及速度，并应用比例制导拦截该运动质心。

(3) 集群防御战术。集群对抗集群是通常采用的防御手段，与导弹和有人机相比，集群防御具有成本低的优势，与反导弹和局部干扰防御相比，集群防御提供了对峙防御。2018 年，美国佐治亚大学研究了一种用自主无人机集群对抗敌方无人机集群饱和攻击的战术策略，作为纵深防御战略的一部分，在模拟环境下的蒙特卡罗分析来衡量几种自主战术（"俯冲轰炸机""贪婪射手""追逃者""简单牧人""贪婪聚合""放牧贪婪聚合""强化学习"等），并进行了 10 对 10 对抗飞行实验[42]。2018 年，美国海军研究生院设计了低成本小型无人机反集群导弹的子弹药，采用从一辆运载工具部署多枚子弹的作战策略，该研究代表了在低成本小型无人机反集群武器可行性方面的重大进展[43]。

无人飞行器集群防御的典型应用场景有保护舰船、军事基地等高价值目标，它们有的静止，有的移动缓慢，无人飞行器正是它们的主要防御目标，因此需要装备各种防御系统。

2012 年，美国海军研究生院研究了导弹驱逐舰防御无人机集群攻击问题，基于宙斯盾武器系统（Aegis weapon system，AWS），构建了反无人飞行器集群方案，功能层次结构如图 1-22 所示[44]。集群协同防御的主要步骤包括如下。①探测目标。搜索空中目标、跟踪目标、消除杂波，以及识别目标是敌是友。搜索目标是指在空中以物理或电子方式搜索目标的行为。一旦检测到空中目标，系统就开始跟踪目标动作。然后，系统使用目标的运动特征来确定检测到的目标类型。一旦确认检测到的目标类型，系统就会确定该目标是友机还是敌机。②控制目标。一旦检测到是敌机，系统会通过执行以下步骤来控制目标：确定敌方目标的数量；确定敌方目标的优先级；确定目标是否可以交战；规划交战；评估交战。③对抗目标。一旦收到交战命令，交战系统一方面将等待目标分配，然后执行交战；另一方面是尽量降低目标在舰船附近被击中或被引爆的可能性。

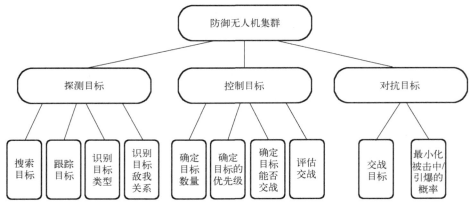

图 1-22 无人机集群防御的功能层次结构

导弹驱逐舰的协同防御系统结构如图 1-23 所示[44]。现有宙斯盾武器系统的四个主要组件是宙斯盾指挥与决策系统、宙斯盾显示系统、宙斯盾武器控制系统和 AN/SPY-1 空域探测系统。空域探测系统负责搜索、跟踪、识别空中目标，目标识别信息传递给宙斯盾指挥与决策系统和威慑系统，跟踪数据传递给宙斯盾指挥与决

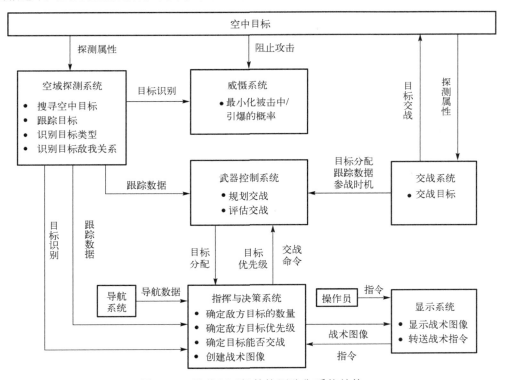

图 1-23 导弹驱逐舰的协同防御系统结构

策系统和宙斯盾武器控制系统，宙斯盾指挥与决策系统负责确定敌对目标数量、优先顺序等，并创建导弹驱逐舰环境的战术图像。目的不是直接涉及敌方无人飞行器对抗，而是协助提供人机交互所需的要素，操作员与显示系统接口，并提供必要的指令，这些指令被中继回到宙斯盾指挥与决策系统，如果包含交战命令，则将被转发到宙斯盾武器控制系统。然而，系统可能被置于自动模式，自动生成接战订单，宙斯盾武器控制系统通过使用目标的优先级和与舰船的距离来安排交战，这些信息都是从跟踪数据中获得的，威慑系统负责最大限度地减少目标击中或引爆船只附近的机会，空域探测系统提供的目标识别用于确定何时启动威慑系统。

2017年，美国海军研究生院针对军事基地的防御问题，开发了基于智能体的无人飞行器集群防御仿真模型，攻击者由迫击炮、狙击手和无人机组成，防御者由无人机和基地本身组成，无人机部分或全部装备有炸弹，攻击者试图利用树木覆盖等隐蔽路线靠近射击位置，然后轮番攻击基地，而防御型无人机展开搜索寻找敌人，并根据发现、识别和成功瞄准敌人的概率进行交战[45]。

文献[46]详细总结了无人机集群协同作战的研究进展，同时深入研究了集群协同控制与决策关键技术，本书在此基础上进行了进一步的拓展和深入研究。总之，随着无人飞行器自主水平的提高以及人工智能技术的发展，采用深度学习、强化学习等新一代人工智能技术，从大量战场数据中挖掘作战规律与模式，用于求解复杂的大规模无人飞行器集群作战问题，将成为未来的重要发展趋势。

参 考 文 献

[1] 程进, 齐航, 袁健全, 等. 关于导弹武器智能化发展的思考[J]. 航空兵器, 2019, 26(1): 20-24.

[2] CAMBONE S. Unmanned aircraft systems roadmap 2005-2030[R]. Washington: United States Department of Defense Office of the Secretary of Defense, 2005.

[3] RUBIO J S, VAGNERS J, RYDSYK R. Adaptive path planning for autonomous UAV oceanic search missions[C]. AIAA 1st Intelligent Systems Technical Conference, Chicago, 2004.

[4] 宋闯, 姜鹏, 段磊, 等. 新型光电探测技术在精确制导武器上的应用研究[J]. 红外与激光工程, 2020, 49(6): 218-227.

[5] 王志胜, 姜斌, 甄子洋. 融合估计与融合控制[M]. 北京: 科学出版社, 2009.

[6] GU Y. Design and flight testing actuator failure accommodation controllers on WVU YF-22 research UAVs[D]. Morgantown: West Virginia University, 2004.

[7] YAVNA A. Hybrid architecture intelligent autonomous mission controller for high autonomy UAV[C]. Proceedings of the 2nd AIAA "Unmanned Unlimited" Systems, Technologies, and Operations, San Diego, 2003.

[8] HAN X, SIDOTI D, AYALA D F M, et al. Multi-objective coordinated path planning for a team

of UAVs in a dynamic environment[C]. Proceedings of the 19th International Command and Control Research and Technology Symposium, Alexandria, 2014.

[9] MORRIS K M. Performance analysis of a cooperative search algorithm for multiple unmanned aerial vehicles under limited communication conditions[D]. Dayton: Air Force Institute of Technology, 2006.

[10] THOMPSON R B. Confidential and authenticated communications in a large fixed-wing UAV swarm[D]. Monterey: Naval Postgraduate School, 2016.

[11] LEE J I, JEON I S, TAHK M J. Guidance law to control impact time and angle[J]. IEEE Transactions on Aerospace and Electronic System, 2007, 43(1): 301-310.

[12] SHIN H S. Study on cooperative missile guidance for area air defence[D]. Cranfield: Cranfield University, 2010.

[13] BALHANCE N, WEISS M, SHIMA T. Cooperative guidance law for intrasalvo tracking[J]. Journal of Guidance, Control, and Dynamics, 2017, 40(1): 1441-1456.

[14] CHAKRAVARTHY A, GHOSE D. Cooperative pursuit guidance to surround intruder swarms using collision cones[J]. Journal of Aerospace Information Systems, 2020, 17(8): 454-469.

[15] NAPOLITANO M R. Development of formation flight control algorithms using 3 YF-22 flying models[R]. Morgantown: West Virginia University, 2005.

[16] LOTSPEICH J T. Distributed control of a swarm of autonomous unmanned aerial vehicles[D]. Dayton: Air Force Institute of Technology, 2003.

[17] KADROVACH T. A communications modeling system for swarm-based sensors[D]. Dayton: Air Force Institute of Technology, 2003.

[18] LUA C A, ALTENBURG K, NYGARD K E. Synchronized multi-point attack by autonomous reactive vehicles with simple local communication[C]. IEEE Swarm Intelligence Symposium, Indianapolis, 2003.

[19] MILAM K M. Evolution of control programs for a swarm of autonomous unmanned aerial vehicles[D]. Dayton: Air Force Institute of Technology, 2004.

[20] PRICE I C. Evolving self-organized behavior for homogeneous and heterogeneous UAV or UCAV swarms[D]. Dayton: Air Force Institute of Technology, 2006.

[21] NOWAK D J. Exploitation of self-organization in UAV swarms for optimization in combat environments[D]. Dayton: Air Force Institute of Technology, 2008.

[22] REVILL M B. UAV swarm behavior modeling for early exposure of failure modes[D]. Monterey: Naval Postgraduate School, 2016.

[23] CHUNG T H, CLEMENT M R, DAY M A, et al. Live-fly, large-scale field experimentation for large numbers of fixed-wing UAVs[C]. IEEE International Conference on Robotics and Automation, Stockholm, 2016.

[24] SCHUETY C W, WILL L E. The American way of swarm: A machine learning strategy for training autonomous systems[D]. Monterey: Naval Postgraduate School, 2018.

[25] ALLEN T J. Design and test of a UAV swarm architecture over a mesh ad hoc network[D]. Dayton: Air Force Institute of Technology, 2018.

[26] DAY M. Multi-agent task negotiation among UAVs to defend against swarm attacks[D]. Monterey: Naval Postgraduate School, 2012.

[27] GARG D P, FRICKE G K. Modeling, analysis, and control of swarming agents in a probabilistic framework[R]. Durham: Duke University, 2012.

[28] 李风雷, 卢昊, 宋闯, 等. 智能化战争与无人系统技术的发展[J]. 无人系统技术, 2018, 1(2): 14-23.

[29] WILLIAMS M S M. Swarm weapons: Demonstrating a swarm intelligent algorithm for parallel attack[D]. Fort Leavenworth: Army Command and General Staff College, 2018.

[30] DIAMOND T T, RUTHERFORD A L, TAYLOR J B. Cooperative unmanned aerial surveillance control system architecture[R]. Dayton: Air Force Institute of Technology, 2009.

[31] SONGER S A. Aerial networking for the implementation of cooperative control on small unmanned aerial systems[D]. Dayton: Air Force Institute of Technology, 2012.

[32] KOPEIKIN A N, HEIDER S A, LARKIN D M, et al. Unmanned aircraft system swarm for radiological and imagery data collection[C]. AIAA SciTech, San Diego, 2019.

[33] SCHULZ C S. Cooperative control simulation validation using applied probability theory[D]. Dayton: Air Force Institute of Technology, 2003.

[34] GAINER J J, DEVRIES L D, KUTZER M D. Persistent target detection and tracking by an autonomous swarm[C]. Proceedings of the ASME 2018 International Design Engineering Technical Conferences and Computers and Information in Engineering Conference, Quebec, 2018.

[35] SCOTT R D. Cooperative tracking for persistent littoral undersea surveillance[R]. Cambridge: Massachusetts Institute of Technology, 2007.

[36] ADRIAN T C H. Design and performance evaluation study of a prototype of a tactical unmanned aerial vehicle[D]. Monterey: Naval Postgraduate School, 2007.

[37] FRANTZ N R. Swarm intelligence for autonomous UAV control[D]. Monterey: Naval Postgraduate School, 2005.

[38] RAHMES M, CHESTER D B, CLOUSE R, et al. Cooperative cognitive electronic warfare UAV game modeling for frequency hopping radar[C]. Proceedings of SPIE Defense Security Conference, Orlando, 2018.

[39] GAERTNER U. UAV swarm tactics: An agent-based simulation and Markov process analysis[D]. Monterey: Naval Postgraduate School, 2013.

[40] KATHLEEN G. A framework for integrating the development of swarm unmanned aerial system doctrine and design[R]. Monterey: Naval Postgraduate School, 2016.

[41] SOYLU U. Multi-target tracking for swarm vs. swarm UAV systems[D]. Monterey: Naval Postgraduate School, 2012.

[42] STRICKLAND L, DAY M A, DEMARCO K J, et al. Responding to unmanned aerial swarm saturation attacks with autonomous counter-swarms[C]. Proceedings of SPIE Defense Security Conference, Orlando, 2018.

[43] LOBO K B. Submunition design for a low-cost small UAS counter-swarm missile[D]. Monterey: Naval Postgraduate School, 2018.

[44] CRANE T. UAV swarm attack: Protection system alternatives for destroyers[D]. Monterey: Naval Postgraduate School, 2012.

[45] PADGETT N E. Defensive swarm: An agent-based modeling analysis[D]. Monterey: Naval Postgraduate School, 2017.

[46] 甄子洋, 江驹, 孙绍山, 等. 无人机集群作战协同控制与决策[M]. 北京: 国防工业出版社, 2022.

第 2 章　固定翼无人机制导与控制

随着计算机、通信和传感器等技术的快速发展，固定翼无人机技术得到了长足发展。制导系统主要解决无人机的航迹或航路点跟踪问题，而飞行控制作为制导系统的内回路既要解决无人机的稳定控制问题，又要实现制导控制功能。

本章将介绍固定翼无人机的数学建模、飞行控制、故障诊断与容错控制、大迎角超机动飞行、自动着舰/回收、空中加油以及短距起飞垂直降落等关键技术的基本原理。

2.1　数学建模分析

2.1.1　动力学与运动学方程组

与一般刚体飞行器相同，固定翼无人机的数学模型由质心移动的动力学与运动学方程以及绕质心转动的动力学与运动学方程组成。

航迹坐标系下，飞行器质心移动的动力学方程与绕质心转动的动力学方程分别表示为

$$
\begin{bmatrix} m\dot{V} \\ mV\cos\mu\dot{\varphi} \\ -mV\dot{\mu} \end{bmatrix} = \begin{bmatrix} T_x\cos\alpha\cos\beta + T_y\sin\beta + T_z\sin\alpha\cos\beta - D - mg\sin\mu \\ T_x(-\cos\alpha\sin\beta\cos\gamma + \sin\alpha\sin\gamma) + T_y\cos\beta\cos\gamma \\ +T_z(-\sin\alpha\sin\beta\cos\gamma - \cos\alpha\sin\gamma) + Y\cos\gamma + L\sin\gamma \\ T_x(-\cos\alpha\sin\beta\sin\gamma - \sin\alpha\cos\gamma) + T_y\cos\beta\sin\gamma + T_z(-\sin\alpha\sin\beta\sin\gamma \\ +\cos\alpha\cos\gamma) + Y\sin\gamma - L\cos\gamma + mg\cos\mu \end{bmatrix}
$$

$$(2\text{-}1)$$

$$
\begin{bmatrix} M_x \\ M_y \\ M_z \end{bmatrix} = \begin{bmatrix} I_x\dot{\omega}_x + I_{xy}(\omega_x\omega_z - \dot{\omega}_y) - I_{zx}(\omega_x\omega_y + \dot{\omega}_z) + I_{yz}(\omega_z^2 - \omega_y^2) + (I_z - I_y)\omega_y\omega_z \\ I_y\dot{\omega}_y - I_{xy}(\omega_y\omega_z + \dot{\omega}_x) + I_{yz}(\omega_x\omega_y - \dot{\omega}_z) + I_{zx}(\omega_x^2 - \omega_z^2) + (I_x - I_z)\omega_x\omega_z \\ I_z\dot{\omega}_z + I_{zx}(\omega_y\omega_z - \dot{\omega}_x) - I_{yz}(\omega_x\omega_z + \dot{\omega}_y) + I_{xy}(\omega_y^2 - \omega_x^2) + (I_y - I_x)\omega_x\omega_y \end{bmatrix} \quad (2\text{-}2)
$$

式中，m、g 分别为飞行器的质量、重力加速度；V、μ、φ、γ、α、β 分别为飞行速度、航迹倾斜角、航迹方位角、航迹滚转角、迎角和侧滑角；T、L、D、Y、M、ω 分别为发动机推力、升力、阻力、侧力、力矩和角速度；I_x、I_y、I_z 为转

动惯量；I_{xy}、I_{yz}、I_{zx} 为惯性积。

航迹坐标系下的飞行器合外力和速度在机体坐标系下的投影分别表示为 $[F_x \quad F_y \quad F_z]$ 和 $[u \quad v \quad w]$。航迹坐标系下的角速度和力矩在机体坐标系下的投影分别表示为 $[\omega_x \quad \omega_y \quad \omega_z] = [p \quad q \quad r]$，$[M_x \quad M_y \quad M_z] = [\overline{L} \quad M \quad N]$，其中 q、p、r 分别为俯仰角速度、滚转角速度、偏航角速度；$\overline{L}$、M、N 分别为滚转力矩、俯仰力矩和偏航力矩。因为无人机通常有一个对称平面，所以 $I_{xy} = I_{yz} = 0$。因此，机体坐标系下，飞行器质心移动的动力学方程与绕质心转动的动力学方程表示为

$$\begin{bmatrix} \dot{u} \\ \dot{v} \\ \dot{w} \end{bmatrix} = \begin{bmatrix} \dfrac{F_x}{m} - (wq - vr) \\ \dfrac{F_y}{m} - (ur - wp) \\ \dfrac{F_z}{m} - (vp - uq) \end{bmatrix} \tag{2-3}$$

$$\begin{cases} \dot{p} = \dfrac{1}{I_x I_z - I_{xz}^2} \{ I_z \overline{L} + I_{xz} N + [I_z(I_y - I_z) - I_{xz}^2]qr + [I_{xz}(I_x - I_y + I_z)]qp \} \\ \dot{q} = \dfrac{1}{I_y}[M - I_{xz}(p^2 - r^2) - (I_x - I_z)pr] \\ \dot{r} = \dfrac{1}{I_x I_z - I_{xz}^2}[I_{xz}\overline{L} + I_x N + (I_{xz}^2 - I_x I_y + I_x^2)pq - (I_x I_{zx} - I_{zx}I_y + I_{zx}I_z)qr] \end{cases} \tag{2-4}$$

航迹坐标系下，飞行器质心移动的运动学方程表示为

$$\begin{bmatrix} \dot{x} \\ \dot{y} \\ \dot{z} \end{bmatrix} = \begin{bmatrix} \cos\mu\cos\varphi & -\sin\varphi & \sin\mu\cos\varphi \\ \cos\mu\sin\varphi & \cos\varphi & \sin\mu\sin\varphi \\ -\sin\mu & 0 & \cos\mu \end{bmatrix} \begin{bmatrix} V \\ 0 \\ 0 \end{bmatrix} = \begin{bmatrix} V\cos\mu\cos\varphi \\ V\cos\mu\sin\varphi \\ -V\sin\mu \end{bmatrix} \tag{2-5}$$

机体坐标系下，飞行器质心移动的运动学方程表示为

$$\begin{bmatrix} \dot{x} \\ \dot{y} \\ \dot{z} \end{bmatrix} = \begin{bmatrix} u\cos\theta\cos\psi + v(\sin\phi\sin\theta\cos\psi - \cos\phi\sin\psi) + w(\sin\phi\sin\psi + \cos\psi\sin\theta\cos\phi) \\ u\cos\theta\sin\psi + v(\sin\phi\sin\theta\sin\psi + \cos\phi\cos\psi) + w(-\sin\phi\cos\psi + \sin\psi\sin\theta\cos\phi) \\ -u\sin\theta + v\sin\phi\cos\theta + w\cos\phi\cos\theta \end{bmatrix} \tag{2-6}$$

式中，θ、ϕ、ψ 分别表示俯仰角、滚转角、偏航角；x、y、z 表示空间位置；$z = -h$，h 为飞行高度。

根据机体坐标系的建立过程，绕质心转动的运动学方程表示为

$$\begin{bmatrix} \dot{\phi} \\ \dot{\theta} \\ \dot{\psi} \end{bmatrix} = \begin{bmatrix} p + q\sin\phi\tan\theta + r\cos\phi\tan\theta \\ q\cos\phi - r\sin\phi \\ \dfrac{q\sin\phi + r\cos\phi}{\cos\theta} \end{bmatrix} \qquad (2\text{-}7)$$

2.1.2 自然特性分析

无人机的飞行性能主要包括以下几点。

(1)定常直线飞行性能，是指无人机在铅垂平面内做定常直线飞行的运动特性。通过建立等速直线飞行的动力学方程，可以分析无人机的定值平飞性能(即最大、最小和可用平飞速度等)和定值下滑性能。

(2)续航与起降性能，包括爬升、巡航和下降三个阶段的航程和航时。航程是指无人机在平静大气中沿预定方向耗尽可用燃油量所飞过的水平距离。起飞和着陆性能包括起飞距离、起飞时间、离地速度、着陆距离、着陆时间、接地速度等特性指标。起飞过程通常包括滑跑、抬前轮、离地、上升、收起落架、收襟翼、加速、上升；着陆过程通常包括匀速下滑、拉平、平飘、接地、两轮滑地、三轮滑地、停止。

(3)机动性能，包括机动性和敏捷性。机动性是指无人机改变飞行速度、飞行高度和飞行方向的能力，通常表述为无人机改变能量、飞行方向、空间位置和机体相对轨迹位置的能力。敏捷性是指无人机转动机动平面和改变机动飞行状态的能力。美国堪萨斯大学飞行力学研究所根据时间量级将敏捷性尺度分为三类：瞬态敏捷性尺度、功能敏捷性尺度和潜力敏捷性尺度。

飞行基本模态是每个实特征根或每对复根代表的一种简单运动。飞机总运动就是由多种模态叠加而成的。实特征根对应的模态表现为非周期的指数型运动；复数值特征根对应的模态表现为周期振荡运动。模态运动的特征参数包括特征值、周期、半衰期、频率、无阻尼自然振荡角频率、阻尼比。

(1)纵向运动可以分解为短周期运动模态和长周期运动模态，即纵向运动的特征多项式具有两个二次因式之积形式。长周期模态对应一对较小的共轭复根，具有振动周期长、衰减较慢的特点，主要反映了速度和航迹的变化，飞机受扰后会引起速度变化，速度与俯仰角成比例变化，迎角变化较小，无操纵情况下，无人机依靠自身的稳定力矩恢复到平衡位置，能力有限，且持续时间可能较长。短周期模态对应一对较大的共轭复根，具有振动周期短、衰减较快的特点，主要发生在扰动消失后的最初阶段，表现为迎角和俯仰角速度的周期性迅速变化，飞行速度基本保持不变。

(2)横侧向运动可以分解为滚转阻尼模态、荷兰滚模态和螺旋模态。滚转阻尼模态对应较大的负实根，表现为迅速衰减的滚转运动。荷兰滚模态对应着一对共轭复根，表现为飞机既滚转又偏航的短周期、小阻尼飞行模态。螺旋模态对应较小的负实根或正根，到扰动运动的后期它才逐渐发挥作用。

飞行的稳定性能包括静稳定性和动稳定性。静稳定性是指无人机在平衡状态受扰后，扰动消失瞬间无须人为操纵干预的情况下恢复原来的飞行状态的能力，由静稳定导数来确定。无人机的静稳定性越小，在受扰运动后的恢复能力越弱。动稳定性是指无人机在平衡状态受扰后，扰动消失后所表现出的能否恢复到原平衡状态的一种全过程运动特性。

飞行的操纵性能是指无人机操纵舵面改变飞行状态的能力。纵向操纵性能表现为平衡单位迎角产生的俯仰力矩所需的升降舵。横侧向操纵性能是指平衡单位侧滑角产生的滚转力矩和偏航力矩所需的副翼舵和方向舵。

2.2　飞　行　控　制

2.2.1　经典控制

无人机飞行控制系统主要实现姿态控制、高度控制、航路控制、速度控制和航向控制等自主飞行模态。无人机的姿态控制不仅可以改善姿态角的稳定质量，还可以保证轨迹控制具有良好的品质。轨迹控制属于无人机的重心控制，在编队飞行、攻击目标、远距离巡航及进场着陆等任务中都要控制飞行轨迹。

无人机飞行控制系统的组成回路主要包括舵回路、姿态稳定回路和轨迹制导回路。一般也分为纵向控制系统和横侧向控制系统，且都由内回路和外回路组成。外回路为轨迹控制回路；内回路为姿态控制回路，用来增加系统的阻尼，进而增加系统姿态的稳定度，同时起姿态控制的作用。经典控制采用单回路设计方法，所设计的飞行控制系统结构如图 2-1 所示。图中 a_z 表示垂向加速度；δ_r、δ_a、δ_T、δ_e 分别表示方向舵偏转角、副翼偏转角、油门开合度、升降舵偏转角；下标 c 表示参考指令。

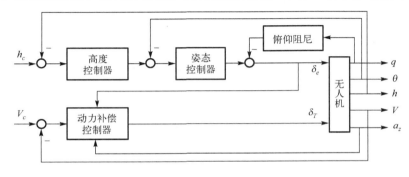

(a) 纵向控制系统

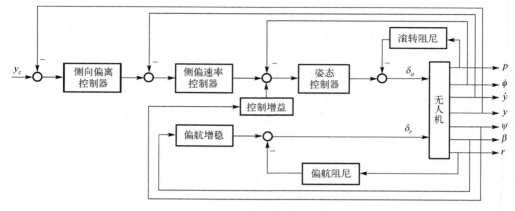

(b) 横侧向控制系统

图 2-1　基于经典控制的飞行控制系统结构

2.2.2　最优控制

20 世纪 50 年代，苏联学者庞特里亚金把最优控制问题描述为具有约束的非古典变分学问题，从而提出了极小值原理。同一时期，美国数学家贝尔曼基于最优性原理提出了动态规划方法，用于求解多级决策过程。最优控制和状态反馈特征根配置是最经典的现代控制方法。最优控制是在给定的对象模型和性能指标函数约束下，寻求一个使性能指标函数达到极大值（或极小值）的控制律。线性二次型最优控制比较常用，它包括最优状态调节器和最优跟踪系统。除了传统的极小值原理，信息融合估计方法也可以求解最优控制问题，该方法基于离散化线性模型，设计使二次型性能指标函数取最小值的最优控制序列[1]。

最优控制在一些实际飞行控制系统中得到了成功应用。无人机的最优飞行控制原理框图如图 2-2 所示。它是一种基于线性系统理论的设计方法，因此需要先对无人机的非线性模型进行配平和线性化处理，再将全量线性模型分解为纵向和横侧向线性模型，最后分别设计纵向和横侧向控制系统。采用最优控制方法，既可以实现姿态的稳定控制，又可以实现轨迹的跟踪控制。

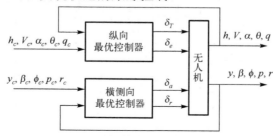

图 2-2　基于最优控制的飞行控制系统结构

2.2.3　预见控制

20 世纪 60 年代，美国麻省理工学院的 Sheridan 教授率先提出了预见控制方法，此后经历了卷积和微分方程法、动态规划方法、最优与鲁棒控制理论、非线性与智能控制理论等发展阶段。预见控制不仅利用系统当前已知信息，还利用系统未来目标值和干扰值来决定当前控制策略，从而改善系统跟踪精度，提高动态响应速度。预见控制与最优跟踪控制的相同之处在于都需要利用未来信息，不同之处在于前者是滚动时域内的局部最优化，属于在线规划，而后者是整体时域内的全局最优化，属于离线规划。与人工智能方法相结合，将有利于弥补传统预见控制方法依赖模型、计算复杂的缺陷。预见控制与工业过程控制领域广泛应用的预测控制既相似又有区别。相似之处在于它们都是利用了未来信息作为前馈，都以性能指标最小化为控制目标。区别之处在于：①前者可以直接利用可预见的系统未来信息，而后者则是通过预测模型预测系统未来信息；②前者一般假设对象模型已知，而后者对模型精度要求不高，有在线校正模型参数功能；③前者一般用全状态反馈控制结构，而后者更多的是输出反馈控制结构；④前者适用于模型已知、动态响应速度要求较快、未来信息已知的系统，而后者更适用于模型不精确、具有受约束和非线性等特性的系统。因此，两者各具优点，两者结合也具有很好的互补性。

文献[2]详细综述了预见控制理论及应用的发展现状。早期出现的预见控制主要基于滤波理论、状态空间方法、多项式线性二次型方法、矩阵分式线性二次型方法等方法，通常以线性二次型函数作为性能指标函数，之后提出了以最小 L_1、L_2、L_∞ 范数跟踪误差作为性能指标函数。将信息融合思想融入预见控制方法，基于系统的所有信息(包括模型信息、参考信息、干扰信息、反馈信息等)，估计出最优的预见控制序列[3]。信息融合预见控制与传统预见控制的异同之处在于：①后者通常采用误差系统设计，前者既可以基于误差系统设计，也可以基于原系统设计，矩阵维数降低使得结构更加简单、计算量更小；②前者推导过程简便且物理意义明确，因为它定义了信息量来表征未来预见信息的权重和作用大小，而后者基于经典数学方法设计，缺乏清晰的物理概念；③两者的渐近特性具有相同的结论，即在控制无约束情况下，最优预见性能指标都趋近于零，即完全消除干扰的影响，达到无静差跟踪，同时两者的最优性能指标、状态反馈系数、预见前馈系数以及脉冲传递函数阵的渐近值均相同。实际应用中由于控制量受限的原因，无静差跟踪往往难以达到。影响预见控制的重要参数是预见步数和权重矩阵。预见步数的增加能提高控制系统的响应速度，减小稳态跟踪误差直至趋于零，同时也会减小在系统动态调节过程中的控制能量，并且较近的未来信息对提高控制性能的作用较大，而较远的未来信息的作用较小，最终信息量趋于饱和。

预见控制特别适用于解决未来参考轨迹已知或部分已知的运动体控制问题，如飞机、导弹、机器人、无人系统、机床等系统。利用预见控制来解决无人机的轨迹跟踪控制问题，将理想轨迹信息分为理想高度和侧偏信息，分别基于无人机的纵向和横侧向动力学模型设计控制律。基于预见控制的无人机轨迹控制系统结构如图 2-3 所示。

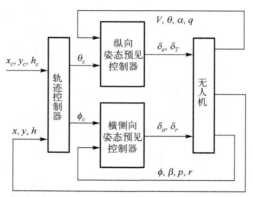

图 2-3　基于预见控制的飞行控制系统结构

2.2.4　滑模控制

20 世纪 50 年代，苏联学者 Emelyanov 提出了滑动模态变结构控制方法。滑模控制是利用控制函数将系统状态量转移至一个预先设定的切换面上并使其稳定的过程，已经成为一种处理不确定系统鲁棒控制问题的典型方法。滑模控制的本质是将具有不同结构的反馈控制系统按照一定逻辑规则进行切换，并使得闭环控制系统具备良好的动态品质。滑动模态可以预先设计且与对象参数及外界扰动无关，具有快速响应、对参数不确定及外界扰动不灵敏、无须在线系统辨识等优点。滑模面包括线性滑模面和非线性滑模面两种类型。变结构控制函数主要有常值控制、函数切换控制、比例切换控制和趋近律控制等形式。滑模控制的缺陷是控制过程中存在抖振问题，抖振的抑制一定程度上是以损失控制精度或鲁棒性为代价的。对于多输入多输出系统，利用趋近律滑模控制方法可以简化切换控制律的求取，并且合适的变结构控制函数可以有效减弱系统的抖振。

基于滑模控制的飞行控制系统通常很难消除舵面抖动，同时可能会增加系统负担和降低可靠性。趋近律、边界层、高阶滑模及模糊滑模等方法能够改善滑模控制的抖振问题。超螺旋控制是一种二阶滑模控制方法，可以产生连续控制，能够保证系统对不确定性的强鲁棒性、有限时间内到达滑模面和快速的控制响应。然而，当直接应用超螺旋控制方法时，需要事先知道系统不确定性的边界，这限制了该方法的应用。自适应超螺旋滑模控制方法可以在系统不确定性上界未知的情况下保证系统的稳定性，它结合了超螺旋滑模控制、参数估计和高阶滑模微分器，理论上能够保证控制系统的稳定性和自适应参数的有界性，并且已在舰载机自动着舰问题中得到了应用研究。

无人机是一种典型的含模型不确定、外部干扰和强耦合特性的非线性系统。在自动着舰/着陆等复杂任务飞行过程中，无人机的纵向运动控制尤为重要，要求具有足够的快速性和鲁棒性。基于自适应超螺旋滑模控制的无人机飞行控制系统结构如图 2-4 所示，它基于反馈线性化模型，分别针对速度和高度回路设计相应的滑模微分器和自适应律。该控制系统可以完全消除有界导数不确定性引起的跟踪误差，通过自适应修正控制参数来保证控制系统的稳定性，通过对不连续项积分，理论上解决了滑模控制固有的抖振问题。

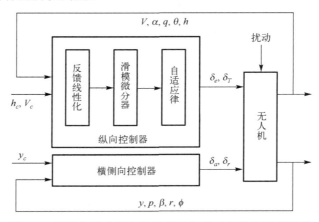

图 2-4　基于自适应超螺旋滑模控制的飞行控制系统结构

2.2.5　动态逆控制

20 世纪 80 年代末，美国明尼苏达大学的 Snell 等提出了基于非线性动态逆的飞行控制方法，用于解决飞机的超机动控制问题。非线性动态逆控制方法通过代数运算选择反馈函数，用期望的动态去消除或取代系统中存在的不完整或不期望动态，即用理想动力学模型代替原始模型，它是一种精确线性化方法。动态逆方法不仅可以消除系统的非线性因素，也能使非线性和线性兼容，实现多变量的解耦控制。然而，它最基本的假设是对象动态能被精确地建模，并且能够被完全对消。对系统精确模型的依赖导致传统动态逆控制方法的鲁棒性不足，为此，出现了增量非线性动态逆控制方法，并得到了广泛应用。它采用增量形式，使得控制律中不显含模型的非线性项，系统动态响应不受参数确定性和外界干扰的影响，从而提高了控制系统的鲁棒性。非线性动态逆控制方法已在美国的 F-18、F-35 等先进战斗机上成功应用。

由于无人机的控制输入量一般少于输出量，飞机模型并不满足动态逆典型设计要求，因此通常利用奇异摄动理论将飞行状态量根据变化快慢进行分组，再对每个回路分别设计控制律。无人机的动态逆飞行控制系统结构如图 2-5 所示，非线性动态逆和时标分离原理相结合，将系统分成 3 个不同频带的子系统，分别设计快回路、较快回路和慢回路的控制律。姿态角速度控制回路是控制系统的快回路，由姿态角速度指令及反馈值逆推出机体坐标系下的力矩值，再由力矩值逆推出舵偏量。姿态角控制回路是控制系统的较快回路，由姿态角指令及反馈值逆推出姿态角速度指令。速度控制回路是控制系统的慢回路，由空速指令及反馈值逆推出油门控制量。

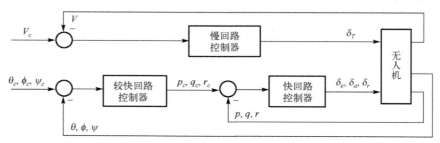

图 2-5　基于动态逆控制的飞行控制系统结构

2.2.6　反步控制

20 世纪 90 年代初，南斯拉夫学者 Kokotovic 等提出了反步控制，又称反演控制。它采用递归设计方法，将复杂非线性系统分解为若干子系统，然后从距离控制输入最远的子系统开始，设计 Lyapunov 函数得到使子系统稳定的虚拟控制律，实现整体系统的全局稳定或跟踪。该方法适用于状态可线性化或具有严格反馈的不确定非线性系统。若被控对象模型中存在不确定参数，则将自适应方法引入反步控制，对未知参数进行估计，即自适应反步控制。

采用自适应反步控制设计飞行控制系统时，需要解决飞行状态及控制输入的受限问题，引入指令滤波器，实现控制状态量和输入量的约束，既可以解决状态受限问题，又能解决"微分膨胀"问题。采用指令滤波器推导出的反演控制被称为带饱和约束的自适应反步控制方法。一种基于反步控制的无人机飞行控制系统结构如图 2-6 所示，该控制系统可以有效地避免作动器饱和状态约束对闭环控制性能的影响，已应用于无人机自动着舰控制。

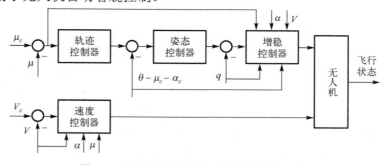

图 2-6　基于反步控制的飞行控制系统结构

2.2.7　自适应控制

20 世纪 50 年代，自适应控制开始得到发展。美国弗吉尼亚大学的陶钢教授针对多输入多输出系统、非光滑非线性系统和不确定故障系统，系统性地提出了自适应控制理论。自适应控制是一种不依赖于被控对象模型，对系统参数时变、外界扰动具有自适应性与鲁棒性的反馈控制方法，具体包括模型参考自适应控制算法、自校正控制算法等。模型参考自适应控制的本质是使受控闭环系统的特性与参考模型特性保持一致。根据是否需要估计系统参数，自适应控制可以分为直接自适应控制和间接自适应控制。根据系统跟踪和反馈信号的不同类别形式，自适应控制可以分为状态反馈状态跟踪、状态反馈输出跟踪和输出反馈输出跟踪等三种形式。若要求闭环系统实现状态跟踪，通常需要设计以状态方程描述的参考模型，理想控制增益矩阵的确定通常需要满足比较苛刻的匹配条件，从而给参考模型以及多变量自适应控制律的设计带来一定的困难。然而，实现闭环系统输出跟踪的假设条件要放宽许多。状态反馈输出跟踪自适应控制律的结构形式比输出反馈输出跟踪自适应控制律更加简便。

单变量自适应控制参照了单回路控制设计方法，可以实现状态/输出跟踪，设计和实现过程较为简单。实际上，针对无人机这类多输入多输出系统，与单变量自适应控制相比，多变量自适应控制具有更高的理论与应用价值，已成为前沿理论研究热点。基于多变量自适应控制的无人机飞行控制系统结构如图 2-7 所示，可以实现状态反馈输出跟踪。多变量自适应控制适用于解决系统模型参数未知、含不确定强扰动以及系统发生故障时的控制问题，能够提高无人机在复杂条件下飞行的安全性，已在自动着舰问题中得到应用研究。

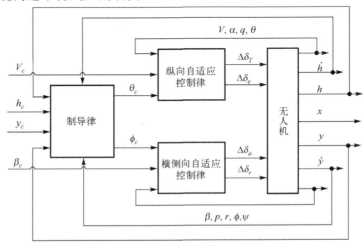

图 2-7　基于自适应控制的飞行控制系统结构

2.2.8　智能控制

智能控制主要用来解决传统控制方法无法解决的控制问题。智能控制的对象一般具有三个特征：不确定的模型、高度非线性和复杂的任务要求。智能控制方法各有优劣，在飞行控制中单一使用难以满足要求，通常采用多种控制手段进行交叉综合。

传统智能控制主要包括神经网络控制、模糊控制、混沌控制、遗传算法、专家控制系统等方法。神经网络控制通过在线不断修正神经元之间的连接权值，能够有效地控制非线性系统和复杂建模系统。神经网络具有很强的非线性函数逼近能力和在线学习能力，因此利用神经网络可以很好地逼近控制系统的非线性未建模动态、外界干扰或故障信号，并进行有效的补偿，提高了控制系统的自适应能力。模糊逻辑控制模拟人的思维方式，通过建立模糊规则集以控制难以精确建模的对象。模糊控制的优点：①无须对象的精确数学模型，适于解决非线性、强耦合时变、滞后等控制问题，有较强的鲁棒性、容错能力；②使用模糊化处理，易于表达不确定事项且便于人机交互，可操作性强。模糊系统可以逼近被控系统中具有不确定性的非线性函数，便于设计控制律。它的缺点在于不能适应系统动力学特征和环境条件的变化，因此需要与自适应方法结合，设计自适应律在线调节模糊系统参数，该自适应模糊控制方法已在舰载机自动着舰任务中得到应用研究。

2016 年，阿尔法围棋（AlphaGo）首次战胜围棋世界冠军李世石，引发广泛关注，此后众多国家纷纷出台了人工智能的相关政策和发展战略规划，促使人工智能再次进入了发展高潮。新一代人工智能技术主要包括深度学习、强化学习、计算机视觉、群体智能、知识图谱等。深度学习属于机器学习领域，通常使用大规模神经网络架构，直接从图像、文字或声音学习执行分类任务。强化学习从控制理论、统计学、心理学等相关学科发展而来，模拟动物与环境之间的试错学习行为，使得智能体在与环境的交互过程中，能够通过学习策略达成回报最大化或实现特定目标。计算机视觉是一种使机器像人类一样能够"看"的智能技术，它赋予了机器自然视觉的能力，即在图像处理过程中额外增加了模式识别等功能。

1. 基于强化学习的失控自动恢复

由于复杂的非线性动力学和潜在扰动条件的巨大变化，无人机在故障或异常情况下的自动恢复一直是一个巨大挑战。强化学习技术应用于模拟数据，离线学习获得自动恢复策略，学习完成后，策略将提供给在线组件，在发生故障或异常飞行的情况下，在线组件将在每次控制更新时进行询问，以确定最佳控制决策，直至恢复原来的状态。自动恢复飞行控制系统结构如图 2-8 所示，它由角速率制动系统和异常姿态恢复系统两部分组成，前者侧重于从高角速率扰动中恢复，后者侧重于从非常规姿态扰动中恢复[4]。

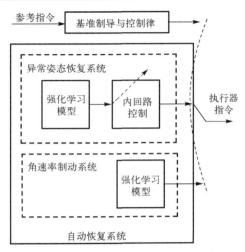

图 2-8 自动恢复飞行控制系统结构

异常姿态恢复飞行控制系统结构如图 2-9 所示，它由反演内回路控制和强化学习模型两部分组成[4]。反演控制是一种先进的非线性控制方法，对不确定性具有很好的鲁棒性，非常适用于非常规姿态的恢复。强化学习过程允许指定复杂的目标函数和约束，包括气动/结构载荷和失速限值等，这恰是传统反馈控制方法难以处理的问题。非线性控制的鲁棒性与强化学习的前瞻性相结合，使飞机系统能够在异常姿态下得到尽快恢复。

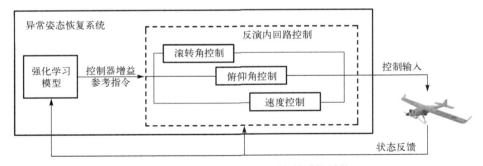

图 2-9 异常姿态恢复飞行控制系统结构

2. 基于分层强化学习的避障飞行

基于强化学习的控制器能够处理未知环境、时变任务和模型不完全已知的运动控制问题，飞行器系统也从该类控制器中获益匪浅，如微型飞行器。然而，强化学习等智能算法的应用面临两个主要问题：首先，由于未经训练的控制器具有不可预测性，因此它的安全性和稳定性得不到保证；其次，智能算法的初始性能可能很低，它们需要经过大量的数据样本进行训练后才能使用。

分层强化学习方法能够将一个复杂的强化学习问题分解成若干子问题，并得以更好地解决问题。它可以改善传统智能算法的局限性，适用于大规模强化学习问题。荷兰代尔夫特理工大学提出了如图 2-10 所示的避障控制器分层管理结构，其将策略空间划分为具有专用子任务的机器组合，从顶部的任务开始，每个任务拆解为多个子任务，最低级别的任务最终将动作作用于环境，与环境进行交互[5]。任务的层级越高，策略域的级别就越高，自身的状态表示也就越粗糙。通过管理层次结构，结合了物理模型和模拟感官输出的粗略知识，解决了未知环境下的无人机避障飞行控制问题，从而提高了无人机的安全性。

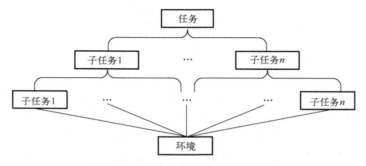

图 2-10　避障控制器分层管理结构

3. 基于深度强化学习的机动飞行

多年来，自主特技飞行一直是一个具有挑战性的控制难题。因为特技飞行需要在飞行包线最边缘高精确控制，所以大多数控制手段难以处理。对于飞行员来说，学会精确控制需要很多年的飞行经验。美国普渡大学将深度强化学习应用于飞行控制领域，设计了一种基于归一化优势函数控制器，结构如图 2-11 所示[6]。归一化优势函数控制器将环境视为黑箱，每次迭代中对神经网络相关联的策略梯度下降优化，将所得奖励值用于更新控制器的参数。控制系统的输入为状态，经过两层隐藏层，每层有数十个神经元，输出为三个状态价值函数，再结合动作计算出优势函数，优势函数与状态价值函数共同组合，可以获得状态-动作价值函数。

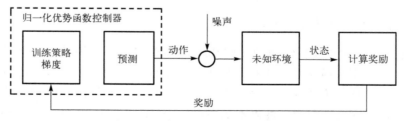

图 2-11　机动飞行控制系统结构

与传统的控制器结构不同，该控制器利用一个简单的统一非线性控制框架控制和协调多执行器的全权限，通过试错模拟实验，探索非线性飞行包线的全范围，并在不需要人工输入的情况下，以小时为单位在很短的时间内自行学习特技飞行动作。该控制器利用飞机的多维状态空间和动作空间来优化特技飞行性能和高度自主飞行能力。通过高保真仿真，证明该控制器能够成功地学习和执行慢滚转和侧飞两种不同的特技飞行动作，并显著缩短了特技飞行学习时间。

2.3　故障诊断与容错控制

2.3.1　故障诊断

故障用来形容系统中的某些部件发生了影响正常性能的变化。无人机系统在长时间运行之后，机体结构、执行器和传感器均有可能由于老化、摩擦或者干扰等影响而发生故障。无人机的主要故障形式包括以下几点。

（1）执行器故障。无人机的升降舵、方向舵、副翼等舵回路以及发动机装置都可能会发生故障。舵回路是随动系统，舵机是执行机构，均容易发生卡死、损伤、松浮等故障。发动机主要由燃料存储仓、喷管、管道以及控制流量的阀门等组成，容易发生流量阀卡死故障。

（2）结构故障。无人机的结构故障主要表现为机身、机翼、尾翼、发动机等部件由疲劳开裂与腐蚀失效造成的故障，它是一种系统性故障。

（3）传感器故障。无人机系统包含了测量位置、速度和姿态信息的各类传感器，传感器故障的发生会导致信号的错误和丢失。

故障诊断一般包括故障检测、故障隔离和故障估计等内容。故障建模是按照先验信息和输入输出关系建立故障的数学模型。故障检测是通过测量和信息处理技术获取反映系统故障的特征描述；故障信息可以直接从输出值提取，也可以从测量值与数学模型解析输出值之间的残差获得。系统的输出和输入经过适当的运算生成残差信号，从系统的残差中检测可能出现的故障，然后利用决策规则判断系统故障。故障隔离与估计是判断故障源的位置，找出故障原因，计算故障的程度及发生时间等参数。故障评价与决策是对故障的危害和严重程度做出评价，进而确定补偿措施。故障重构不仅能够检测和分离故障，而且能够对故障进行估计。传感器输出的含故障信号在被处理后，重构信号将代替实际测量信号加入控制系统。

根据故障特征描述和决策方法的差异，形成了不同的故障诊断方法，大概分为以下几类。

1. 基于信号处理的方法

基于信号处理的方法包括时域分析方法和频域分析方法。时域分析方法有短时傅里叶变换、经验模态分解等，它主要提取峰值、均值、均方根、峰值因子、峭度指标、波形因子等特征信息进行分析。频域分析方法有幅值频谱、小波分析、包络分析、全息谱等，小波分析是比较常用的方法，它可以提取出信号中的低频成分和高频特征。基于信号处理的特征提取是故障诊断中的重要环节，实现简单，但是它依赖专家经验，给诊断系统的实时性与设计成本带来负担。

2. 基于解析模型的方法

基于解析模型的方法有状态估计、等价空间及参数估计等。

常见的应用于飞行控制系统的故障检测方法主要有卡尔曼滤波方法、故障检测滤波器方法、特征结构配置方法、观测器方法、模糊推理方法以及神经网络方法等，其中，基于观测器的故障检测方法得到了广泛关注，主要包括基于线性观测器、鲁棒观测器、滑模观测器、自适应观测器的故障检测等方法，基本思想是通过观测器产生残差以标识是否有故障发生，然后对故障进行故障隔离与重构。

故障检测滤波器的物理概念清晰、实现简单，已得到广泛应用。故障检测滤波器是一种线性滤波器，原理如图 2-12 所示，图中 (A,B,C) 表示线性系统模型。与全维状态观测器的构造相同，但设计要求不同。设计全维状态观测器时，需要使闭环矩阵的特征值具有负实部，以保证观测器稳定。而设计故障检测滤波器时，不仅要保证滤波器的稳定性，同时要求通过残差信号识别故障，还要求改善系统的鲁棒性。在正常工作条件下，滤波器的初始误差会渐渐消除。当系统发生故障时，滤波器将不能准确地反映故障后的系统特性，输出误差将不为零。根据检测滤波器的设计要求，输出误差具有方向性，某个部件的故障对应了一定方向的输出误差，由此进行故障检测。

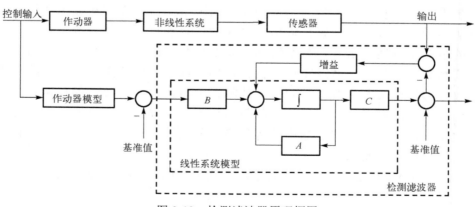

图 2-12　检测滤波器原理框图

针对含未知干扰输入的故障系统，滑模观测器是一种对干扰具有鲁棒性、对故障具有敏感性的残差生成方法。它采用稳定矩阵，将传感器故障等效为执行器故障，基于滑模理论，在有限时间内重构出状态动态变化和偏移的故障，并估计出未知的状态和故障信息。通过重构故障信号，可以直接评估出故障的严重程度，以及辨别故障的种类，从而采取有效的措施消除故障的不良影响。

3. 基于人工智能的方法

基于人工智能的方法主要有神经网络、故障树、专家系统、深度学习、群体智能等。人工智能方法通常基于数据和知识驱动，可以通过模式识别直接预测故障，如神经网络方法，也可以通过学习数据样本获得诊断规则，如蚁群优化算法。

传统基于物理模型和信号处理的故障诊断方法对于复杂系统而言有时效果欠佳，随着大数据、云计算和人工智能技术的快速发展，数据驱动的智能故障诊断技术得到越来越多的应用。深度学习方法能够有效地处理大数据，实现端到端学习，不需要人工提取数据特征，对大样本数据支持较好。深度学习神经网络一般基于反向传播算法和随机梯度下降算法迭代优化代价函数，具有自适应特征提取、可移植性高、改进策略丰富等优点。卷积神经网络（convolutional neural network，CNN）主要由卷积层、池化层和全连接层三部分组成，卷积层和池化层反复交替来提取输入信号特征，全连接层实现对信号特征的分类，原理框图如图 2-13 所示。

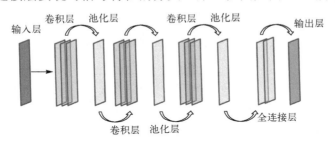

图 2-13　深度学习神经网络原理框图

飞行器系统故障诊断问题通常属于离散优化问题，而蚁群优化算法很适合用于解决这类问题。蚁群优化算法是一种启发式群体智能优化算法，模拟自然界蚂蚁根据候选路径上先前蚂蚁留下信息素浓度的大小来选择一条最优路径。首先需要建立系统故障的特征样本集，经过编码得到数据样本集。实际上，每条样本由若干个条件项组成，它可以作为诊断规则，但是诊断精度可能不高，因为系统发生故障的条件项之间存在一定冗余性或不相关性。蚁群优化算法即用于剔除这些冗余或不相关的条件项，从而优化故障诊断规则。

基于蚁群优化算法的故障诊断原理示意图如图 2-14 所示[7]。食物源代表故障源，路径节点代表故障属性或条件项，路径数值代表故障属性特征值。蚂蚁按批次从蚁巢出发，搜索一条到达食物源的最优路径，路径数值组成的向量代表一条诊断规则。假设故障类别数为 K，故障特征属性个数即条件项数为 m，故障特征向量表示为 $D = (d_1, d_2, \cdots, d_m)$，第 i 个属性的特征值 d_i 取值范围为 $0 \sim n_i$，0 表示该诊断规则不考虑该属性，其他取值含义由检测到的属性特征值经过编码得到。

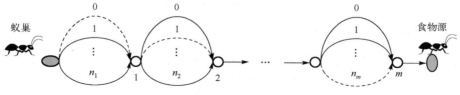

图 2-14　蚁群优化算法原理框图

　　蚂蚁释放的信息素多少是根据其走完一步或整条路径后，对应诊断规则对样本数据进行分类的性能评价函数值来确定的，评价值越高，蚂蚁在经过路径上释放的信息素越多。基于平均原则，信息素可以初始化为

$$\tau_{ij}(0) = \frac{1}{\sum_{i=1}^{m}(n_i + 1)} \tag{2-8}$$

式中，$i = 1 \sim m$；$j = 0 \sim n_i$。信息素的更新公式表示为

$$\tau_{ij}(t+1) = \tau_{ij}(t) + \tau_{ij}(t) f(t) \tag{2-9}$$

式中，f 为蚂蚁走完一条路径后生成的诊断规则的分类性能评价函数值，且

$$f = \frac{n_{\text{TP}}}{n_{\text{TP}} + n_{\text{FN}}} \cdot \frac{n_{\text{TN}}}{n_{\text{FP}} + n_{\text{TN}}} \tag{2-10}$$

式中，n_{TP} 表示属于该类的样本数据被预测成属于该类的样本个数；n_{TN} 表示不属于该类的样本数据被预测成不属于该类的样本个数；n_{FP} 表示属于该类的样本数据被预测成不属于该类的样本个数；n_{FN} 表示不属于该类的样本数据被预测成属于该类的样本个数。等式右侧前一个乘积项称为敏感度，表示属于该类的样本数据被预测成属于该类的比例；后一个乘积项称为明确度，表示不属于该类的样本数据被预测成不属于该类的比例。$f \in [0,1]$，且 f 越接近 1，表示该诊断规则对该类的判断越准确。

　　路径的能见度可由该路径表示的属性特征值的信息熵度量，表示为

$$\eta_{ij} = \frac{\log_2 K - H(W \mid A_i = V_{ij})}{\sum_{i=1}^{m} \sum_{j=1}^{n_i} \log_2 K - H(W \mid A_i = V_{ij})} \tag{2-11}$$

$$H(W \mid A_i = V_{ij}) = -\sum_{w=1}^{K} [P(w \mid A_i = V_{ij}) \log_2 P(w \mid A_i = V_{ij})] \tag{2-12}$$

式中，$H(\cdot)$ 表示属性特征值的熵值；W 表示故障类属性；A_i 表示第 i 个属性；V_{ij} 表示第 i 个属性的第 j 个特征值；$P(w \mid A_i = V_{ij})$ 表示 $A_i = V_{ij}$ 数据属于第 w 类的经验概率。路径上特征值的熵值越大，表示 $A_i = V_{ij}$ 数据在各类中分布越均匀，则通过该特征值确定类别的难度越大，因此，该路径的能见度越低。在同等分类性能条件下，诊断规则中的属性越少，则该规则的泛化能力越强，这正是建立诊断规则时所期待出现的，因此属性特征值取 0 的路径的能见度为最高。

蚂蚁在搜索过程中，根据各条路径上的信息素和能见度，状态转移概率表示为

$$p_{ij}(t) = \frac{\eta_{ij}\tau_{ij}(t)}{\sum\limits_{l=1}^{n_i} \eta_{il}\tau_{il}(t)} \qquad (2\text{-}13)$$

蚁群优化算法在解决一般优化问题时，往往是蚂蚁先走完所有节点后再进行性能评价，但在故障诊断中，会因为条件项过多而容易引起评价值近乎为零，从而导致算法失效。为避免上述问题，每次只派出一只蚂蚁，蚂蚁每经过一段路径，对应的诊断规则考虑添加一个条件项。若能提高分类性能，则该条件项被选中；否则被放弃，此时相当于该段路径的特征值取为 0。蚁群寻优后的故障诊断规则具有规则数和条件项少、诊断精度高、预测成功率高等优点，并且，通过实际应用发现诊断结果具有较高的可靠性。

2.3.2　容错控制

20 世纪 80 年代，美国空军飞行动力学实验室开始实施自修复飞行控制系统计划，并在美国 F-15、F-16 等战斗机上对各项关键技术进行了全面的飞行验证和评估。美国先进战斗机 F-22 已经配备控制重构模式，当作动器故障或液压系统发生故障时，能够自动重构补偿故障。

容错飞行控制系统通常需要一个可重新配置的控制器。无论是系统、传感器或执行器发生故障，可重构控制器都能够使系统达到令人满意的性能。执行器一般采用冗余结构，将物理特性和功能相同的执行器分为一组，通常要求在每一组执行器中至少存在一个执行器能正常工作。在执行器故障的情况下，重构控制器通过使用剩余的控制权限来补偿失效的控制机构，从而实现控制目标。重构控制方法主要有广义逆算法、固定点算法等。

广义逆算法主要有伪逆法、加权伪逆法、级联伪逆法等。伪逆法通过求解一个伪逆矩阵来重新分配操纵面指令，该伪逆矩阵称为控制混合器。伪逆法重构控制的基本原理就是根据故障前后输入输出关系的变化，重新分配控制面偏转指令，使得控制效果基本不变。当飞行控制系统没有故障发生时，控制混合器矩阵是单位矩阵；当飞行控制系统有故障发生时，根据故障模式将控制混合器转换为该故障模态对应

的伪逆矩阵。伪逆法重构控制的最大好处是无须改变现有的飞行控制律，只需在控制律和执行器之间加入一个控制混合器，而这个混合器一般离线完成设计，在飞行过程中根据不同的故障情况切换至不同的工作模式。

容错控制系统主要有两种类型：被动容错控制和主动容错控制。被动容错控制的控制器通常是固定的，不需要故障诊断部分，容错能力有限。而主动容错控制往往利用故障诊断信息，对控制器进行重新配置，以保证飞行安全。主动容错控制可以克服被动容错控制的缺点，一般结构如图 2-15 所示。主动容错控制策略的设计可以分为两个步骤：一是设计故障诊断模块，对未知故障信息进行辨识；二是利用故障信息对控制器进行实时在线重构。主动容错控制系统的控制结构较为复杂，故障诊断模块会诱导故障信息传递时延。

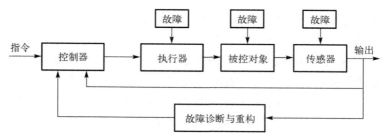

图 2-15　主动容错控制系统结构

故障容易导致系统结构和参数出现不确定性，使所能依据的先验信息减少，只能依据系统输入输出数据提取有效信息，实现控制系统的容错功能。自适应控制方法特别适合处理无人机因结构损伤或执行器故障引起的不确定性问题。自适应容错控制能够自动在线校正相关参数，以补偿、减弱、抑制甚至消除故障的影响。自适应容错飞行控制系统的基本结构如图 2-16 所示。

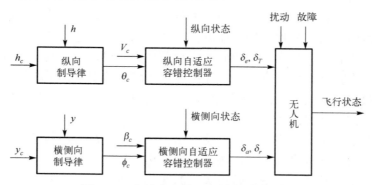

图 2-16　自适应容错飞行控制系统结构

以无人机的结构损伤为例设计自适应容错控制系统。结构损伤会引起无人机的空气动力及其力矩发生突变，导致系统特性的变化。例如，垂尾损伤会导致垂尾的气动焦点和有效面积改变，从而引起无人机的质心、质量、惯性矩、气动特性的突变，这些变化会破坏无人机系统的稳定性。垂尾损伤也可能会带来方向舵的部分损伤、方向舵表面气流中断等问题，使方向舵控制效率受到影响。状态反馈输出跟踪自适应控制通过自适应律在线调节控制器参数，使得飞行控制系统具有主动容错能力。

无人机在结构损伤下的线性化模型表示为

$$\begin{cases} \dot{x}(t) = Ax(t) + Bu(t) + f_0 \\ y(t) = Cx(t) \end{cases} \tag{2-14}$$

式中，f_0 为故障引起的不确定项。为使所有闭环系统信号有界、稳定，并且使输出跟踪参考输入，自适应容错控制律设计为[8]

$$u(t) = K_1^{\mathrm{T}}(t)x(t) + K_2(t)r(t) + k_3(t) \tag{2-15}$$

$$\dot{\Theta}^{\mathrm{T}}(t) = \frac{-D_s \varepsilon(t)\zeta^{\mathrm{T}}(t)}{m^2(t)} \tag{2-16}$$

式中，$r(t)$ 为有界参考输入；$\varepsilon(t)$ 为估计误差；$\zeta(t) = h(s)[\omega](t)$，$h(s) = 1/f_h(s)$，$f_h(s)$ 为稳定首一多项式，且阶数为关联矩阵 $\xi_m(s)$ 阶数，$\omega(t) = [x^{\mathrm{T}}(t), r^{\mathrm{T}}(t), 1]^{\mathrm{T}}$；$\Theta^{\mathrm{T}}(t) = [K_1^{\mathrm{T}}(t), K_2(t), k_3(t)]$；$D_s$ 为对角矩阵；$m(t) = \sqrt{1 + \zeta^{\mathrm{T}}(t)\zeta(t) + \xi^{\mathrm{T}}(t)\xi(t) + \sum_{i=2}^{M} \eta_i^{\mathrm{T}}(t)\eta_i(t)}$，$\xi(t) = \Theta^{\mathrm{T}}(t)\zeta(t) - h(s)[\Theta^{\mathrm{T}}\omega](t)$，$\overline{e}(t) = \xi_m(s)h(s)[e](t) = [\overline{e}_1(t), \cdots, \overline{e}_M(t)]^{\mathrm{T}}$，$e(t)$ 为输出跟踪误差，$\eta_i(t) = [\overline{e}_1(t), \cdots, \overline{e}_{i-1}(t)]^{\mathrm{T}}$，$M$ 为系统输出维数。

2.4　大迎角超机动飞行

2.4.1　大迎角超机动特性分析

先进战斗机一般需要具备超声速巡航能力、超机动能力、战场态势感知能力和隐身能力。大迎角超机动飞行旨在提高战斗机的近距离空中格斗能力，是未来先进战斗机的主要特征之一。超机动能力尤其在空战中具有极其重要的作用，可用于在超视距空战后近距离格斗中的快速发射和回避格斗导弹，从而有效地攻击敌机和保护自己。目前先进战斗机不仅已经实现了"尾冲""眼镜蛇"等简单的机动动作，而且还实现了"Herbst"机动、"猫鼬"等复杂的机动动作。

超机动是指迎角超过失速迎角、气动舵面操纵效率下降甚至失效的情况下完成大角速率机动飞行动作的超常规机动。超机动通过拉大迎角，超过甚至远大于临界失速迎角，突破失速禁区，并绕速度矢量滚转、大角速率机动，从而获得快速机头指向或快速瞄准能力。

大迎角超机动飞行的无人战斗机通常会呈现出如下复杂的气动特性。

(1)非线性非定常气动效应。无人机在大迎角超机动状态下，机翼、机身随迎角和马赫数的增大会出现各种复杂流态，涡的形成、发展、破裂等都会引起气动力和力矩的强非线性和非定常特性。

(2)气动力不对称。无人机在大迎角超机动飞行时，机翼附着气流涡系不对称，引起不对称的气动载荷。

(3)迟滞效应。无人机在失速迎角范围内机动时，上翼面的气流随着迎角的变化，会时而分离或再附，变化过程较慢，容易形成迟滞效应。

在复杂气动特性的影响下，无人战斗机容易产生如下典型的运动特征。

(1)惯性耦合。超机动飞行的无人机往往是绕速度矢量滚转，而不在惯性主轴上，因此出现惯性耦合。

(2)机翼摇晃。无人机在大迎角超机动飞行时，翼面涡的不对称性容易引发机翼摇晃，它是一种非指令的大幅度横滚、小幅度偏航振荡运动。

(3)深失速。无人机随着迎角的增大，升力系数反而减小，即已进入失速状态，若不对其进行纠正再提高攻角，飞机可能会锁定在深失速状态。

(4)尾旋。无人机在大迎角状态下，左右翼的升力差容易引起自转力矩，渐渐丧失航向稳定性，侧滑会加速偏航旋转，同时产生滚转力矩，从而产生滚转、俯仰和偏航方向上的叠加振荡以及持续的偏航旋转运动。

空气动力学建模是飞行器领域的关键技术之一。1911 年，线性空气动力学模型首次被提出。20 世纪 80 年代开始，非定常空气动力建模技术得到重视和发展。大迎角气动力一般划分为静态气动力、振荡运动引起的气动力、尾旋运动引起的气动力和非定常气动力等四部分，分别对应地面风洞实验中的静态六分量天平试验、小振幅强迫振荡试验、旋转天平试验和大振幅强迫振荡试验。从总体上看，大迎角气动力模型有如下三种类型。

(1)准定常气动力模型。无人机大迎角超机动飞行时，仅靠线性气动力建模难以充分反映机动特性，故而引入迎角、侧滑角及其导数等时间滞后量来补偿飞行时间历程中的时间延迟效应。该方法虽然对传统气动导数模型进行了扩展和修正，但是仍难以准确体现无人机在大振幅或高频运动下的飞行特性。

(2)线性非定常气动力模型。1954 年，美国 NASA 艾姆斯研究中心提出用阶跃响应方法建立积分形式的非定常线性气动模型。1994 年，俄罗斯中央空气动力研究院提出使用一阶线性微分方程组表示飞机内部变量。然而，线性非定常气动模型仅适用于小幅运动。

(3)非线性非定常气动力模型。研究人员采用单轴以及多轴协调的大振幅强迫振荡试验，模拟飞机的大迎角机动飞行，获得了常规试验所无法显现的非定常气动现象。典型的非线性非定常气动模型主要包括积分模型、状态空间模型、微分方程模型以及人工智能模型。

无人机在大迎角超机动飞行时，稳定性和操纵性发生急剧变化，气动特性对姿态变化十分敏感，飞机容易进入惯性耦合、机翼摇晃、深失速甚至尾旋等危险状态。常规的空气动力学分析方法已经无法准确分析大迎角状态下的飞机气动特性，可以应用分支分析法（有时也称为分岔或分叉）、相平面法和可达平衡集法分析无人机的大迎角气动特性[9-11]。

1. 分支分析法

由于非线性系统较为复杂，时间响应难以精确求解，分支分析法是对非线性系统的动力学特性进行全局分析的一种数值求解方法。分支分析法主要采用连续算法，得到非线性动力学系统的平衡点或分支面随可变参数变化的过程。

非线性系统的数学模型表示为

$$\dot{x} = f(x, u) \tag{2-17}$$

式中，x、u 分别为状态量、控制量；f 表示非线性映射关系。平衡方程为 $f(x, u) = 0$。若在平衡点 (x_0, u_0) 处有

$$f_x(x_0, u_0) = \left. \frac{\partial f}{\partial x} \right|_{(x_0, u_0)} \neq 0 \tag{2-18}$$

则根据隐函数存在定理可知，存在的唯一解为

$$x(u) = u_0 + \int_{u_0}^{u} P(u) \mathrm{d}u \tag{2-19}$$

式中，$P(u) = \dfrac{\mathrm{d}x}{\mathrm{d}u}$。若 $f_x(x_0, u_0) = 0$，则 (x_0, u_0) 称为非线性系统的奇异点（分叉点）。

奇异点的类型有三种：①叉形分岔，实特征值从复平面的负实轴穿过原点到正实轴；②霍普夫分岔，共轭复根从复平面的左半面穿过虚轴到右半面；③鞍结分岔，特征值沿实轴左右趋于虚轴。奇异点的类型可通过在奇异点处的雅可比矩阵特征值来判断。

采用分支分析法对无人机进行特性分析时，以升降舵为控制参数，方向舵和副翼两个控制变量都保持中立。该方法得到的分支分析图通常包括稳定的分支、不稳定的分支、鞍结分岔点、霍普夫分岔点等。

2. 相平面法

Poincare 于 1885 年提出了相平面法，该方法用于研究非线性系统的稳定性和动态性能。假设非线性系统的数学模型表示为

$$\ddot{x} = f(x, \dot{x}) \tag{2-20}$$

当初始条件不全为零时，系统的运动可以通过解析解 $x(t)$ 和 $\dot{x}(t)$ 描述。以 x 和 $\dot{x}$ 为坐标轴，系统每一个时刻的运动状态都对应于该平面上的一点。当时间 t 发生变化时，这一点也会发生变化，该点在 x-$\dot{x}$ 平面上变化的轨迹，表明了系统状态在一定时间内的演变过程，称为相轨迹。相平面图是由相平面和一系列不同初始状态出发的相轨迹曲线构成的。

该方法可以得到无人机的相轨迹和深失速走廊。不同稳定平衡点的吸引域可以通过这条轨迹进行划分，在这条轨迹的两边，平衡点的吸引域不同。深失速平衡点的吸引域形状像一个走廊，也称为深失速走廊。从深失速走廊内出发的相轨迹最终会收敛到大迎角配平点，锁定在无人机的深失速状态。

3. 可达平衡集法

俄罗斯中央空气流体力学研究院的 Goman 等由动态配平方法发展得到了可达平衡集法。可达平衡集法是一种基于微分方程配平思想的方法，用于评价飞机的机动能力，计算飞机飞行边界。它的基本思想是将约束方程与飞机状态方程共同组成增广矩阵方程，通过求解该增广系统得到约束条件下的状态量。这些状态量构成了稳定平衡集，即飞机可以达到的安全飞行状态集，而状态集以外的状态量即为越界的状态量。

可达平衡集是一种状态受约束的平衡面。飞机方程表示为

$$\dot{x} = f(x, u_1, u_2) \tag{2-21}$$

式中，u_1 为固定控制量；u_2 为连续算法中的连续自由参变量。若以升降舵为连续变量为例，则 $u_1 = [\delta_a, \delta_r]^T$，$u_2 = \delta_e$。分析大迎角特性时，仅靠一个控制量是不够的，需要各控制量的协调作用，并对飞行状态加以约束。此时，可达平衡方程表示为

$$\begin{cases} f(x, u_1, u_2) = 0 \\ y = g(x) \end{cases} \tag{2-22}$$

式中，$g(\cdot)$ 为约束状态方程。若约束状态个数增加，则相应的固定控制量可转化为自由控制量。若稳定状态 x 和控制量 u_1 都在机动约束参数向量 y 的约束下，能够收敛到边界 x 和 u_1 的内部点，则称为可达。反之，则称为机动约束参数向量 y 不可达。

2.4.2　大迎角超机动飞行控制

无人机在大迎角超机动飞行过程中，本身是一个具有严重非线性、激烈快时变、强不确定性、多变量强耦合等特性的复杂对象，复杂环境因素干扰、飞行高度和状态改变以及未建模误差等因素共同构成了无人机系统的不确定因素，导致所建立的数学模型与真实动力学之间存在较大差异。而且，大迎角超机动飞行没有典型的配平状态，

因此以平衡点小扰动线性化和线性控制理论为基础的传统控制方法难以适用。若控制不当，飞机极易出现不可控的偏离现象，进而进入到更加危险且不可控的尾旋状态。

为使无人机具有较好的鲁棒稳定性和期望的飞行品质，研究人员提出了多种非线性控制方法，如非线性动态逆方法，基于逆系统理论，通过逆函数消除无人机系统的非线性，设计直观、灵活。

非线性动态逆方法基于时标分离原理解决了动态逆对系统输入输出数量关系的要求。非线性动态逆飞行控制系统的原理框图如图 2-17 所示，飞行控制系统划分为快慢两个回路，气流角和绕速度轴滚转角构成慢回路变量，姿态角速度构成快回路变量[11]。

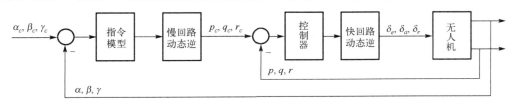

图 2-17　动态逆飞行控制系统结构

此外，非线性动态逆控制要求系统精确建模且飞机状态可精确测量或估计，考虑到建模不确定性及外界干扰等情况，特别是超机动飞行导致的气动参数发生剧烈变化时，动态逆误差会影响控制系统的鲁棒性。为此，基于时标分离原则对动力学模型进行分层，结合超螺旋滑模干扰观测器对系统不确定性进行补偿，由此设计的飞行控制系统结构如图 2-18 所示[12]。

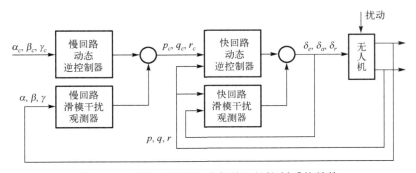

图 2-18　基于观测器的动态逆飞行控制系统结构

2.5　自动着舰/回收

2.5.1　着舰/回收方式

航母是一个国家综合实力的象征。以航母或特殊舰船为起落基地的飞机称为舰载机。航母能够搭载数十甚至上百架不同机种的舰载机，它们与航母形成航母航空联队，具有宽广的作战使命和很强的攻击和生存能力。舰载机包括有人驾驶和无人驾驶舰载机。自 1911 年 1 月，美国飞行员 Eugene Ely 驾驶飞机在美国"宾夕法尼亚号"(USS Pennsylvania)巡洋舰上进行了首次降落，舰载机的发展已走过了百年历史。2011 年 8 月中国海军通过改装苏联"瓦良格号"航母，使我国成为第十个拥有航母的国家。2012 年 9 月，中国首艘可以搭载固定翼飞机的航母——"辽宁舰"加入中国海军序列。2012 年 11 月，歼 15 舰载战斗机在"辽宁舰"上首次成功完成起飞与着舰。2019 年 12 月，我国第一艘国产航母"山东舰"正式交付海军。2022 年 6 月，我国完全自主设计建造的首艘弹射型航母"福建舰"下水开展系泊试验和航行试验。文献[13]概述与总结了有人舰载飞机自动着舰引导与控制关键技术的发展现状。

舰载无人机是一类布置在舰船上的由飞行器、任务设备和舰面系统等装备组成的无人驾驶飞行器，具有成本低、作战使用灵活、可避免人员伤亡等优势，是未来航母和其他舰船的重要武器力量。2013 年，美国 X-47B 无人战斗机着舰成功，标志着舰载无人机时代已经到来。与无人机着陆相比，无人机着舰的区别与难点主要在于：着舰过程没有拉平阶段，着舰平台是一个六自由度运动平台，对下滑轨迹及落点的控制精度要求更高；着舰环境更加复杂且外界干扰更加严重，恶劣的着舰环境更容易引起无人机系统故障。着舰环境、舰尾气流、着舰区紊流、舰船甲板运动等扰动作用都会对无人机着舰产生很大影响，增加了无人机自主着舰难度，严重影响了着舰安全。因此，精确制导与控制技术成为舰载无人机安全着舰/回收的重中之重。无人机自主着舰技术经历了数十年的发展历程，在理论设计、地面验证及工程应用方面都取得了很大进展，文献[14]和[15]对此进行了深入研究和详细综述。

舰载无人机着舰/回收方式种类繁多，典型的着舰/回收方式包括以下几类。

(1)跑道拦阻着舰(runway arrested landing)。1922 年，美国的 Chevalier 少将驾驶一架 Aeromarine 39B 双翼机，首次拦阻着陆于美国海军第一艘专用航母——"兰利号"航母。拦阻着舰源于有人舰载机着舰，主要用于大型舰船。"捕食者"(Predator)、"全球鹰"(Global Hawk)等大型无人机都可以在航母上进行起降。

(2)撞网回收(net recovery)。1986 年，美国"爱荷华州号"(USS Iowa)军舰第一次采用撞网回收方法成功回收 RQ-2"先锋"(Pioneer)无人机。该方法简单且确实可行，更适合于轻型和超轻型无人机，如美国的"银狐"(Silver Fox)无人机等。

(3)降落伞/翼伞回收(parachute/parafoil recovery)。固定翼无人机需要一个最小空速来维持可控飞行，这限制了飞机的机翼升力。伞降回收主要包括三种：①无控降落伞，它辅助机翼升力，主要用于靶机回收，如澳大利亚海军的 Kalkara 无人机等，同时，一些采用常规跑道着舰的陆基无人机也使用降落伞回收作为紧急回收的方法，如"捕食者"无人机等；②翼伞/滑翔伞(parafoil/parasail)，它通常是长方形或者椭圆形的，且自带操纵系统以控制飞行状态；③动态降落伞，来源于一些飞机在着陆之前使用减速伞或者反推力，也来源于过失速机动技术。

（4）绳钩回收（cable hook recovery）。它是无人机在远海（大浪、风、紊流等）条件下实现自动回收的一种有效手段。主要对象是小型固定翼无人机，对于"先锋"无人机这样尺寸的无人机，绳钩回收比撞网回收具有更好的操作性能。

（5）天钩回收（skyhook recovery）。小型无人机常采用飞行中捕获的方法，由此产生了天钩回收方式。在导引装置指引下，机翼翼尖小钩捕获悬挂在回收系统吊杆上的拦阻绳上。拦阻绳连接着吸能缓冲装置，机翼触绳后绳钩回收系统柔和地吸收能量，使无人机回旋减速，从而平稳、准确地实现拦阻回收。美国 Insitu 公司的小型"海上扫描"（SeaScan）无人机和波音公司的"扫描鹰"（ScanEagles）无人机使用了垂直悬浮钢丝天钩回收技术。

（6）过失速回收（post stall landing）。它是一种动态机动的着舰方式，通过一个较陡的向上拉平动作，使无人机在正常迎角下降低速度，在轨迹最高点时达到失速后降落到理想点。该方法须提供一定高度和无障碍的着舰点。以色列 Elbit Systems 公司的 Skylark I 无人机采用过失速、拦阻和天钩等回收方式。

（7）智能飞落着舰（bio-inspired perched landing）。它是一种模拟鸟类飞落着陆的回收方式。着舰过程分为几个阶段：①无人机进场，控制进场速度，通过机动最小化或优化水平和纵向速度，并增加迎角把水平速度转化为垂向速度；②起落架（人工爪）伸展，一旦飞机进入预定位置，扩展起落架便抓住停留处，扩展过程时间最小化，以便减小外部干扰引起的着舰误差，还需要速度匹配，以减小对停留处的碰撞冲击；③吸收碰撞能量，一旦抓爪接触停留处，由于落点的受力与飞机速度和质量有关，此时需要一个受控的力来分散撞击动能；④能量分散之后需要控制飞机的位置和方位，因此系统需要两个控制器。

（8）风向筒回收（wind sock recovery）。风向筒是圆锥形，开口比翼展要大许多，尾部先封闭，当无人机进入后，风向筒具有压缩、内紧特性使无人机减速至停下，然后打开风向筒尾部即可取出无人机。该回收方式时间短、复杂度低、重量轻，但缺陷是无法回收前置螺旋桨无人机。

（9）秋千式吊架回收（trapeze recovery）。它由海上起重机、秋千式吊架、高升力翼组件、拦阻钩等部件组成，适用于舰船回收长航时、大型无人机。

2.5.2　着舰/回收引导系统

自动着舰系统（automatic carrier landing system，ACLS）可以提高舰载机着舰成功率和安全性，对于无人机着舰尤为重要。ACLS 系统通常包含两个子系统：引导系统和飞行控制系统。根据无人机的着舰/回收方式，出现了雷达、卫星、视觉和激光等多种引导系统用于获取理想着舰/回收目标点的位置、速度和姿态信息以及相对运动信息。

20 世纪 60 年代，美国研制了第一代基于雷达引导的自动着舰系统。雷达引导系统的基本结构如图 2-19 所示，舰载子系统由跟踪雷达、稳定平台、高速通用计算机、显示设备、数据链编码/发射机、数据链监控器、飞行轨迹记录仪等部分组成，机载子系统由数据链接收机、接收译码器、飞控耦合器、飞行控制系统、自动油门控制器、雷达增强器等部分组成。

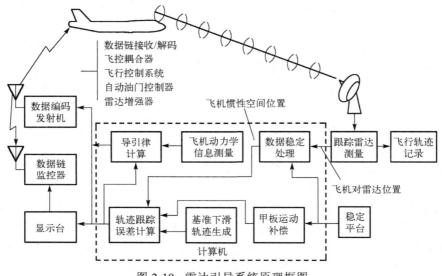

图 2-19　雷达引导系统原理框图

20 世纪 90 年代，美国开始建设基于差分 GPS 的联合精密进近着陆系统 (joint precision approach and landing system，JPALS)。卫星引导系统的原理框图如图 2-20 所示，该系统精度高、不受天气影响、设备简单且便于部署，在引导距离和精度以及抗干扰方面都优于传统的"塔康"(tactical air navigation，TACAN) 系统，在舰面系统的复杂度和着舰流程等方面也优于传统的雷达引导系统。

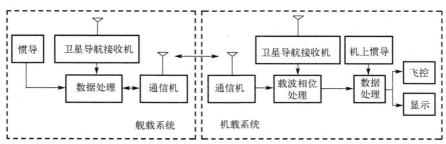

图 2-20　卫星引导系统原理框图

视觉导航具有成本低、适应性强、信息量丰富以及智能化水平高等优势，目前已广泛应用于飞行器或者移动机器人的自主导航。基于视觉的无人机自动着舰引导系统如图 2-21 所示，视觉引导系统由两个图像跟踪分系统组成，置于跑道两侧的图像跟踪系统由摄像机和高精度二轴云台组成，利用图像跟踪技术检测并跟踪无人机，利用两云台俯仰航向角度及云台间的距离，经过几何关系解析计算可确定无人机与舰船的相对空间位置，然后将无人机相对舰船的位置信息发送给无人机，飞行试验结果表明该系统能够满足无人机自动着舰的要求[16]。

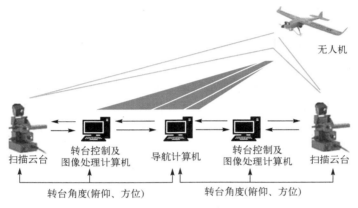

图 2-21　视觉引导系统原理框图

　　无人机着舰/回收制导与控制系统的原理框图如图 2-22 所示。无人机着舰/回收过程中，制导与控制系统首先需要获取着舰/回收目标位置和姿态的运动信息，计算或测量机舰相对运动信息；然后对甲板运动进行预测以实现甲板运动补偿并生成基准下滑轨迹；最后计算轨迹偏差产生制导指令，并转化为姿态指令输入给飞行控制系统控制无人机。

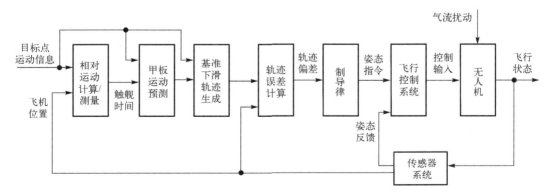

图 2-22　自主着舰/回收制导与控制系统原理框图

无人机自主着舰/回收需要解决的关键制导问题包括以下几点。

（1）着舰轨迹生成与制导律设计。基准轨迹是指综合考虑机舰协同、飞行机动、飞行时间、着舰特殊要求等约束因素，从无人机初始设定位置到目标着舰位置的最优或可行基准运动轨迹。轨迹控制器的设计目标是根据实时测量获得的机舰相对位置，提高系统对基准轨迹的动态跟踪能力和对外界扰动的抑制能力。

（2）舰船甲板运动扰动补偿。由于受海浪、海涌及风的影响，舰体将会产生纵摇、偏航、横摇、上下起伏等形式的甲板运动，舰船上的着舰点成为三自由度的活动点，尤其在采用拦阻着舰、天钩回收、过失速着舰和智能飞落着舰等方式时，增加了无人机着舰的难度。进场航线应保证飞机在碰到舰尾时有一个适当的高度安全裕度。为消除甲板运动扰动的影响，通常在着舰最后阶段加入甲板运动补偿，以保证无人机能够跟踪实际着舰点飞行。

无人机着舰/回收问题可看作一个移动目标的寻的制导。追踪法、平行接近法要求制导系统在每一个瞬间都要准确测量目标位置、飞行速度以及前置角，此制导系统较为复杂。追踪法的制导指令（视线角、航迹角、偏航角）与回收网中心点的高度、宽度以及飞机重心有关。追踪法导引无人机着舰/回收的飞行轨迹比较弯曲，双方速度比受到严格限制，而且只能从舰船后方接近，但它容易实现，所以适用于低速度运动舰船回收使用。在无人机的最后着舰阶段，由于船体振荡，回收窗口速度及加速度都在不断变化，除非能够精确预测着舰目标区域，否则经典导引方法的效果会有所减弱，并不能很好地满足着舰性能要求。视线法是指舰载无人机位置点指向下一个航路点，基准航迹被离散化为航路点序列的一种导引方法。

比例导引法、直接视线法、消除侧偏法等传统制导方法几乎都受限于目标区域的动态变化，如果动态变化预测不准确，引导性能将显著下降。为此，针对甲板着舰区域动态变化难以精确预估的问题，提出了一种基于坐标系动态变化的无人机着舰引导算法[17]：在捕获阶段，新坐标系随无人机空间位置变化而变化，根据无人机初始航向、位置信息确定基准航迹，采用直接视线法获取航迹误差；在跟踪阶段，新坐标系随回收区域变化而变化，考虑甲板运动确定基准航迹，采用坐标系动态变化法得到航迹误差，引导无人机在动态坐标系下实现位置和速度误差为零，并且在着舰跟踪阶段的引导算法中直接引入甲板运动，避免在控制器中加入甲板运动补偿器，降低了飞行控制系统的复杂性。

2.5.3　着舰/回收飞行控制

飞行控制是无人机自主着舰/回收的关键技术，对甲板运动与气流扰动具有补偿或抑制功能，并对飞机系统故障具有容错功能，能够使无人机保持预定速度、稳定姿态及跟踪基准着舰轨迹。因此，无人机着舰控制系统设计具有极大难度，也是控制理论领域的一大热点和挑战。

无人机自主着舰/回收需要解决的关键控制问题包括以下几点。

（1）无人机着舰轨迹精确跟踪控制。舰载无人机受到外界环境干扰以及系统本身参数不确定等影响，要求控制器具备精确的基准轨迹跟踪控制性能。

（2）无人机着舰低速下滑姿态稳定控制。无人机在进场着舰段，随着飞行速度减小，飞行迎角一般都会超过临界迎角，处于速度不稳定区域，使得保持飞行轨迹变得非常困难。为了保持无人机着舰状态下的低速稳定性，提高基准轨迹跟踪精度，须在气动舵面操纵的同时对发动机推力进行协调控制。

（3）甲板风与舰尾气流扰动抑制。通常情况下，无人机从舰尾进场，因为它可以借助舰船自己的速度来减小碰撞速度，不过这需要无人机穿越舰船的尾流场，另外还可能有强侧风或者顺风。与有人机相比，无人机在海上多变环境下对恶劣天气条件的适应能力较弱。因此，研究舰体周围流场分布，设计强鲁棒性控制系统至关重要。

（4）飞机故障情形下的容错控制问题。面对恶劣的着舰环境以及复杂的作战任务，飞机机体损伤、执行器故障或传感器失效都是舰载无人机实际飞行过程中需要考虑的问题。

针对以上关键控制问题，目前典型的着舰控制算法包括以下几种。

（1）预见控制。由于着舰基准下滑轨迹预先已知，因此预见控制适合用于设计无人机着舰控制系统，它将基准下滑轨迹的可预见信息作为前馈信号，使控制信号根据未来目标值变化提前对无人机实施操作，以提高着舰轨迹跟踪精度，减小瞬时控制能量[18-20]。在甲板运动补偿阶段，利用现代滤波方法预测甲板运动，并作为前馈信息送入预见控制系统，能够补偿甲板运动的扰动。舰尾气流若能被准确预测或者测量，也可送入预见控制系统进行补偿。基于预见控制的无人机着舰控制系统结构如图 2-23 所示，基于纵向或横侧向线性化模型，再进行状态增广，预见控制律设计为[21]

$$u(t) = K_X X(t) + \sum_{j=1}^{M_r} K_r(j) r(t+j) \tag{2-23}$$

$$\begin{cases} K_X = -(Q_u + G_u^{\mathrm{T}} O G_u)^{-1} G_u^{\mathrm{T}} O G_X \\ K_r(j) = -(Q_u + G_u^{\mathrm{T}} O G_u)^{-1} G_u^{\mathrm{T}} (G_X + G_u K_X)^{j-1} O G_r \\ O = Q_X + G_X^{\mathrm{T}} O G_X - G_X^{\mathrm{T}} O G_u (Q_u + G_u^{\mathrm{T}} O G_u)^{-1} G_u^{\mathrm{T}} O G_X \end{cases} \tag{2-24}$$

式中，$X = \begin{bmatrix} e \\ \Delta x \end{bmatrix}$；$G_X = \begin{bmatrix} I & -CA \\ 0 & A \end{bmatrix}$；$G_u = \begin{bmatrix} -CB \\ B \end{bmatrix}$；$G_r = \begin{bmatrix} I \\ 0 \end{bmatrix}$；$Q_X$、$Q_u$ 为权重矩阵。

（2）自适应控制。该方法能够在无人机模型不确定的情形下设计飞行控制系统，实现制导与控制一体化，保证闭环系统稳定、所有参数有界以及渐近跟踪性能，因此适合解决无人机在恶劣环境或故障情况下的自主着舰控制问题。无人机是一个多变量非线性系统，然而传统飞行控制系统设计方法通常采用线性化单回路设计法，该方法基于无人机运动特性及多变量系统分散控制原理，设计自适应飞行控制律模

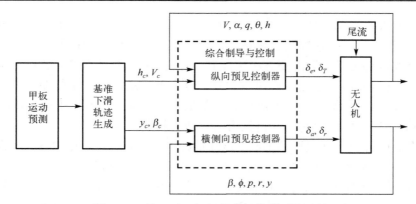

图 2-23　基于预见控制的着舰控制系统结构

块，它将轨迹误差转化为姿态跟踪指令，然后通过自适应控制解决姿态跟踪问题[22]。同样，也可以采用多变量自适应控制理论设计自动着舰制导控制系统，使无人机高精度地跟踪基准下滑轨迹和补偿甲板运动扰动[23,24]。针对舰载无人机发生垂尾损伤故障，状态反馈输出跟踪自适应控制方法可以保证无人机的输出能够跟踪制导律产生的指令信号；针对舰载无人机发生执行器卡死故障，输出反馈输出跟踪自适应控制方法通过自适应律更新控制器参数，可以保证无人机发生升降舵或者副翼卡死时也能够跟踪基准着舰轨迹[25]。自适应容错控制系统的原理结构如图 2-24 所示，针对参数化或非参数化执行器故障，传统飞行控制系统不能保证无人机的闭环稳定性和渐近跟踪，采用基于输出反馈输出跟踪的自适应容错控制算法，引入 σ 修正项以补偿各项不确定干扰和故障，结合基于 PID 的制导律以及基于自回归模型的甲板运动预测与补偿，可以保证无人机的着舰性能，自适应容错控制律设计为[26]

$$u_0(t) = \theta_1^{\mathrm{T}}(t)\omega_1(t) + \theta_2^{\mathrm{T}}(t)\omega_2(t) + \theta_{20}(t)y(t) + \theta_3(t)r(t) + \theta_4(t) \tag{2-25}$$

式中，$\Theta = [\theta_1^{\mathrm{T}}, \theta_2^{\mathrm{T}}, \theta_{20}, \theta_3, \theta_4]^{\mathrm{T}}$ 为控制参数向量。鲁棒自适应律设计为

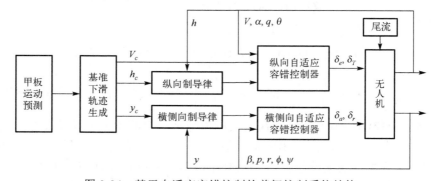

图 2-24　基于自适应容错控制的着舰控制系统结构

$$\begin{cases} \dot{\upsilon}_i(t) = -\dfrac{\varGamma_{\upsilon_i}\varepsilon_i(t)\eta_i(t)}{m^2(t)} - \sigma_{\upsilon i}(t)\varGamma_{\upsilon_i}\upsilon_i(t) \\[3mm] \dot{\varTheta}^{\mathrm{T}}(t) = -\dfrac{D_s\varepsilon(t)\zeta^{\mathrm{T}}(t)}{m^2(t)} - \sigma_{\varTheta}(t)\varTheta^{\mathrm{T}}(t) \\[3mm] \dot{\varPsi}(t) = -\dfrac{\varGamma\varepsilon(t)\xi^{\mathrm{T}}(t)}{m^2(t)} - \sigma_{\varPsi}(t)\varGamma\varPsi(t) \end{cases} \quad (2\text{-}26)$$

其中相关变量参数的具体解释见文献[26]。

(3) 反演控制。该方法可以增强无人机对风干扰的鲁棒性以及对故障的容错飞行能力。2008 年，韩国首尔大学和英国克兰菲尔德大学联合设计了基于视觉引导的无人机撞网回收系统，提出了一种如图 2-25 所示的追踪制导与受约束自适应反演控制结构，并且比较了纯追踪制导、超前追踪制导和伪追踪制导下的回收性能[27]。值得注意的是，它不是控制无人机跟踪常规的基准轨迹下滑撞网，而是利用飞机航路规划和导弹制导技术实现无人机的自主回收。反演控制所依赖的无人机动力学模型信息较少，计算量较小，且能够使无人机在复杂海况下具有较高的自动着舰精度[28]。针对控制输入约束、外部干扰和执行器失效或锁定故障下的舰载无人机着舰容错控制问题，基于饱和约束的自适应反演容错控制是一种有效的方法，它不需要故障检测和隔离，解决了舰载无人机状态受限、执行器故障模式和量值未知的难题[29]。此外，受约束自适应反演控制器中引入基于模糊逻辑的状态观测器，能够有效补偿未建模动态和克服执行器故障影响，提高无人机撞网回收的鲁棒性[30]。

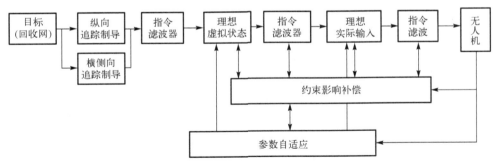

图 2-25　基于追踪制导与自适应反演控制的飞行控制系统结构

(4) 动态逆控制。该方法设计的自动着舰控制系统，可以保证无人机在各种海况和天气条件下的着舰性能和鲁棒性，提高了自动着舰系统性能。2007 年，美国空军技术学院设计了舰载无人机动态逆控制系统，结构如图 2-26 所示，包括两个控制器：一是外回路动态逆控制器，通过过渡动力学模型计算得到期望的俯仰角速率、滚转角速率以及推力值，为内回路提供指令；二是内回路动态逆控制器，计算得到发动机油门开度和气动舵面偏转角[31]。

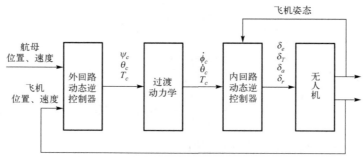

图 2-26　基于动态逆控制的着舰控制系统结构

（5）滑模控制。针对舰载无人机撞网回收的下滑轨迹跟踪控制问题，滑模控制与最优控制相结合的姿态控制回路提高了系统的稳定性，改善了系统的动态性能[32]。为消除对外部干扰不确定上界信息的依赖以及降低舵面的抖动程度，积分滑模着舰飞行控制方法引入了自适应模糊网络对积分滑模切换项进行模糊逼近，在甲板运动、舰尾气流扰动以及传感器导航误差情况下具有强鲁棒性[33]。为提高飞行控制系统对故障的鲁棒性和适应性，可以采用滑模控制设计基准控制系统，再引入自适应方法估计与执行器故障对应的控制参数[34]。自适应超螺旋滑模控制用于设计纵向飞行控制器，能够更好地实现对下滑道的精确跟踪和对舰尾流干扰的有效抑制[35]。

（6）智能控制。该方法包括神经网络、模糊控制及仿生优化算法。智能控制与优化在无人机自主着舰问题中的应用处于起步阶段。澳大利亚墨尔本皇家理工大学研究了利用进化算法、遗传算法解决 Ariel 无人机绳钩回收控制系统的优化问题[36]。进化算法需要目标系统的数学模型以评估控制器的适应度，它根据任务完成度和控制特性来评判。飞行控制系统的 PID 控制参数由进化算法优化得到。

2015 年 4 月，美国的"魔毯"（Magic Carpet）着舰技术首次进行了海上测试，目前该技术已成功应用于 F/A-18 等舰载机，大幅提升了着舰成功率，减轻了飞行员负担。"魔毯"辅助着舰系统的关键技术包括综合直接升力控制、飞行轨迹速率控制、飞行轨迹增量控制和改进平视显示器。舰载机可以通过襟翼通道产生直接升力，提高轨迹跟踪响应能力，考虑到系统强不确定性及环境干扰影响，可以采用自适应模糊控制方法设计直接升力控制器，仿真结果显示该控制策略具有较强的轨迹跟踪能力和抗干扰能力[37]。

将"魔毯"直接力控制技术引入无人机自动着舰问题中，可以实现两种新的着舰控制模式[38,39]：①飞行轨迹速率控制模式，它采用直接升力与轨迹角相结合，该模式下的直接力控制结构如图 2-27 所示，δ_f 表示襟翼舵偏，襟翼作为直接升力的操纵面控制飞行轨迹，平尾作为辅助操纵面，用来维持迎角恒定以及平衡襟翼产生的俯仰力矩，油门用来维持速度恒定，实现动力补偿；②飞行轨迹增量控制模式是在飞行轨迹速率控制模式的基础上增加轨迹增量控制，采用自抗扰控制技术对干扰进行观测和补偿，能够提高无人机着舰的安全性。

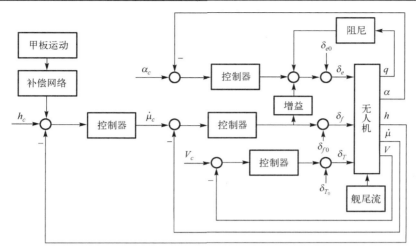

图 2-27　飞行轨迹速率控制模式下的直接力控制系统结构

近年来，南京航空航天大学飞行控制实验室研制了"翔飞"系列小型固定翼无人机，开发了飞行控制系统和卫星引导系统，并进行了自主起降飞行试验，如图 2-28 所示，试验结果表明无人机可以较好地完成起飞、巡航、下滑、触舰、复飞等一系列任务。

图 2-28　移动平台自主起降飞行试验（见彩图）

2.6　空中加油

2.6.1　软式空中加油

空中加油是指在空中由加油机向受油机加注燃油，以提高受油机的续航时间和增大飞行航程。空中加油技术可以减轻机载油量、提升飞行性能以及增加航程，具有重要的军事价值。空中加油过程可以分为会合、对接、加油和解散等四个阶段。

目前主流的空中加油方式有软式（软管浮锚式）和硬式（伸缩桁杆式）两种，前者的主要优点在于可以同时为多架受油机加油，也可以给直升机加油，而缺点是受气流扰动影响较大；后者的主要优点在于加油效率高、不易受气流影响，而缺点是不能同时给多架受油机加油，也不可以给直升机加油。

　　软式空中加油的示意图如图 2-29 所示，在受油机和加油锥套近距离对接时，受油机受到大气湍流、加油尾涡干扰甚至执行机构失效等不确定动态干扰，严重影响空中加油对接和跟踪保持的安全。

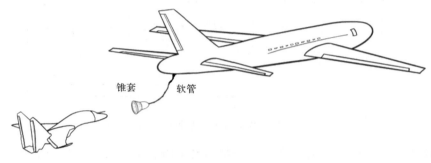

图 2-29　软式空中加油示意图

　　为了研究加油机翼尖涡对受油机和锥套的动力学影响，有必要先建立合适的尾涡模型，用于计算尾涡诱导速度的模型需要获得作用于僚机上任意一点的诱导速度矢量，从而获得尾涡引起的诱导速度分布。加油机-受油机的相对位置关系示意图如图 2-30 所示，工程上常用 Hallock-Burnham 模型来模拟尾涡，表达式为

$$V_\theta = \frac{\Gamma_0}{2\pi r}\frac{r^2}{r^2 + r_c^2} \tag{2-27}$$

$$\Gamma_0 = 4G / (\pi \rho V b) \tag{2-28}$$

$$r_c = 0.5\sqrt{t} \tag{2-29}$$

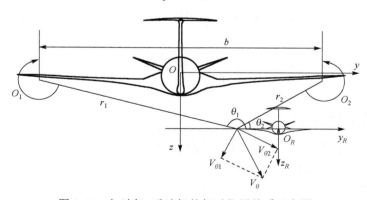

图 2-30　加油机-受油机的相对位置关系示意图

式中，V_θ 为尾涡在该位置产生的切向速度；Γ_0 为尾涡初始强度；r_c 为尾涡的核半径；r 为尾涡速度场中任一位置到尾涡中心的距离；G 为加油机的重力；V 为加油机的空速；b 为加油机的翼展；ρ 为当前高度的空气密度；t 为尾涡已存在的时间。

　　同时，受油机接近加油机过程中，受油机机头部分会出现一种比较强烈的气流，称为艏波。当受油插头安装在受油机侧面时，艏波会对加油锥套产生较强的干扰，从而影响空中加油对接和跟踪精度，因此有必要建立合适的艏波模型。艏波的速度模型可以采用流体力学中的兰金半体模型来描述，即可近似模拟受油机机头附近的气流特性，示意图如图 2-31 所示。假设受油机的机头为一旋转体，忽略受油机的迎角，应用兰金半体模型即可求出在面 O_tBC 上 C 点的艏波风速，位于点 O_t 处有强度为 $Q(Q>0)$ 的点源，同时沿 X_t 方向有速度为 U 的均流，两者经过叠加形成一平面流场，即由均流与点源叠加而成的兰金半体绕流。其中，均流即均匀直线流动，速度分布均匀，在平面极坐标中的流函数为

$$\Psi_1 = Ur\sin\theta \tag{2-30}$$

式中，U 为均流流速，且 $U = V_s + V_{sy}$，V_s 是加油机的速度，V_{sy} 是受油机相对加油机的速度；r 为极径；θ 为极角。点源是流体从一点均匀地流向各方，离开原点相同的径向距离处，流体速度相同，在平面极坐标中的流函数为

$$\Psi_2 = \frac{Q}{2\pi}\theta \tag{2-31}$$

将简单流场的流函数叠加可以获得复杂流场的流函数，兰金半体绕流的流函数为

$$\Psi = Ur\sin\theta + \frac{Q}{2\pi}\theta \tag{2-32}$$

通常认为绕流物体的轮廓线是零流线的一部分，即 $\Psi=0$。零流线的左半支是负 X_t 轴的一部分 $(\theta=\pi)$，驻点 $A(-b,0)$ 处流场速度为零，所以当 $\theta=\pi$ 时，可得

$$Q = 2\pi bU \tag{2-33}$$

式中，b 为机头到源点的距离。

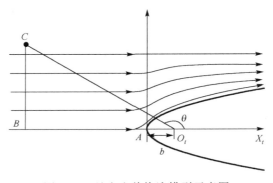

图 2-31　兰金半体绕流模型示意图

受油机要准确地对接加油锥套，就必须对轨迹和姿态进行精确控制。飞行控制系统由纵向和横侧向控制系统构成。纵向控制系统的结构如图 2-32 所示，采用直接力控制方式，通过襟翼和升降舵的协调偏转消除纵向力矩，实现轨迹控制与姿态控制的解耦，从而提高对接精度。横侧向控制系统的结构如图 2-33 所示，主要抑制侧向尾涡流扰动，减小锥套与受油管侧向偏差，实现精确侧向对中引导。

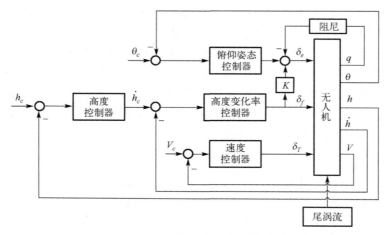

图 2-32　受油机纵向控制系统结构

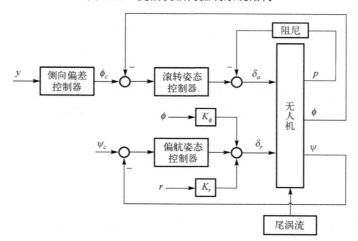

图 2-33　受油机横侧向控制系统结构

空中加油对接跟踪控制系统既要具有期望的动态响应特性和稳定性能，又要具有对外界干扰和系统不确定性的自适应能力。无人受油机的自适应最优对接轨迹跟踪飞行控制系统结构如图 2-34 所示，主要包括以下几个模块[40]：①对接参考轨迹生成器，生成受油机的受油插头与加油机的加油锥套相对接的受油机参考飞行轨迹信号，发送到最优控制器和状态估计器；②状态估计器，生成受油机的状态估计值信号，发送到自适应控制器；③神经网络干扰观测器，生成受油机系统的不确定干扰信号，并发送到自适应控制器；④自适应控制器，生成受油机的自适应控制量信号，发送到状态估计器，并与最优控制器的输出进行综合，形成总的控制输入；⑤最优控制器，生成受油机的最优控制信号，输入受油机的舵回路或油门伺服回路中。L_1 自适应增强动态逆控制方法通过引入投影算子，对自适应系统的控制参数进行自适应更新和估计，能够实现广义误差为零的受油机与加油锥套精准对接[41]。

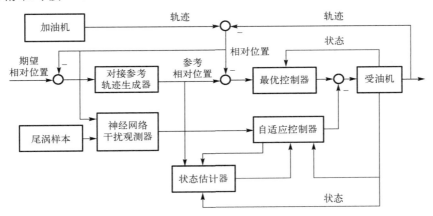

图 2-34　自适应最优对接轨迹跟踪飞行控制系统结构

2.6.2　硬式空中加油

硬式空中加油的示意图如图 2-35 所示，通常在加油机尾部安装由两根刚性空心轴组成的可控伸缩管。在加油阶段，受油机需要稳定控制与加油机的相对位置，以保证伸缩管与受油口之间的连接。

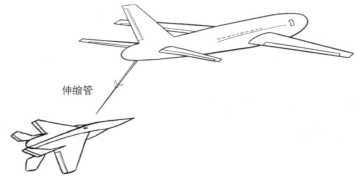

图 2-35　硬式空中加油示意图

空中加油引导与控制系统的原理框图如图 2-36 所示。受油机的飞行控制系统需要有快速的自适应能力，引导系统要求有期望的瞬态响应，以保证闭环系统的稳定性能。

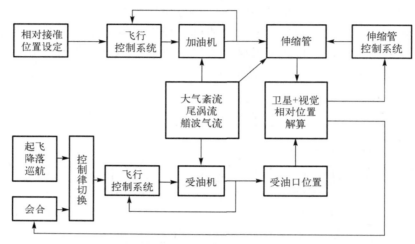

图 2-36　空中加油引导与控制系统结构

南京航空航天大学飞行控制实验室系统性地研究了空中加油制导与控制技术，并开发了加/受油无人机系统，无人机系统由载机平台、动力系统、伺服系统和通信系统组成。无人受油机安装软式空中加油受油插头，无人加油机挂载软式空中加油模拟吊舱系统，具有对锥套的空中收放功能，对接引导所用传感器由视觉传感器和卫星导航传感器组成。当无人受油机和锥套的位置足够近时，视觉传感器的精度较高，能够引导无人受油机跟随锥套的运动趋势，实现空中加油的锥套与受油插头的对接。当无人受油机相对无人加油机较远时，可以采用卫星/视觉融合引导方案，实现加/受油无人机的会合。无人机软式空中加油的飞行试验结果如图 2-37 所示，可以看出无人受油机能够较好地跟踪接近无人加油机[42]。

图 2-37　基于卫星/视觉融合引导的空中加油飞行试验（见彩图）

2.7　短距起飞垂直降落

2.7.1　飞机基本构型

短距起飞垂直降落(STOVL)飞行器是一种兼具固定翼和旋翼飞行器优点的新型飞行器,它在具备较大飞行速度、航程、载荷和优异机动性能的同时,还显著降低了对跑道的依赖,具有重要的应用价值。

STOVL 飞行器可以分为推力矢量型、倾转旋翼型和尾座型等,其中推力矢量型在战斗机领域应用前景广阔,典型代表如英国的"鹞"式、苏联的"雅克"系列和美国的 F-35B 等。F-35B 动力系统布局采用三轴承推力矢量喷管+轴驱动升力风扇+滚转喷管的形式,有效避免了高温燃气再吸入等问题。

一种典型的 STOVL 飞行器概念方案如图 2-38 所示[43]。该机采用单发动机、三角翼、鸭翼、双垂尾的布局形式,采用复合型推进系统,将发动机的动力分配到尾部的三轴承推力矢量喷管、机体中部的升力风扇以及机翼下的两个滚转控制喷管。

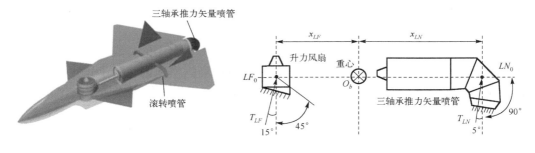

(a) 飞行器总体布局　　　　　　　　　　　　(b) 飞行器推进系统

图 2-38　STOVL 飞行器概念方案

推力矢量装置提供的直接力和力矩可表示为

$$
\begin{cases}
T_{xb} = T_{LF} \sin\delta_{LF} \cos\delta_{LFy} + T_{LN} \cos\delta_{LN} \cos\delta_{LNy} + T_{XIx} \\
T_{yb} = T_{LF} \sin\delta_{LFy} + T_{LN} \sin\delta_{LFy} + T_{XIy} \\
T_{zb} = -T_{LF} \cos\delta_{LF} \cos\delta_{LFy} - T_{LN} \sin\delta_{LN} \cos\delta_{LNy} - T_{RN} + T_{XIz} \\
\bar{L}_{\text{prop}} = T_{LRN} y_{LRN} + T_{RRN} y_{RRN} + \bar{L}_{XI} \\
M_{\text{prop}} = T_{LF} x_{LF} \cos\delta_{LF} \cos\delta_{LFy} + T_{LN} x_{LN} \sin\delta_{LN} \cos\delta_{LNy} + T_{RN} x_{RN} + M_{XI} \\
N_{\text{prop}} = T_{LF} x_{LF} \sin\delta_{LFy} + T_{LN} x_{LN} \sin\delta_{LNy} + N_{XI}
\end{cases}
\tag{2-34}
$$

式中,推力矢量控制量包括升力风扇推力 T_{LF}、升力风扇纵向偏转角 δ_{LF}、升力风扇侧向偏转角 δ_{LFy}、尾喷管推力 T_{LN}、尾喷管纵向偏转角 δ_{LN}、尾喷管侧向偏转角 δ_{LNy}、

左右滚转喷管推力 T_{LRN}、T_{RRN}；x、y 分别为各力到飞行器重心的纵向和侧向力臂；T_{XIx}、T_{XIy}、T_{XIz} 表示推力损失；$\bar{L}_{XI}$、M_{XI}、N_{XI} 表示推力损失带来的力矩变化量。

2.7.2 起降飞行控制

STOVL 飞行器有短距起飞、常规飞行、减速过渡、垂直降落等飞行模态，各模态的控制方式描述如下。

(1)短距起飞阶段：STOVL 飞行器主要依靠推力矢量实现短距起飞；加速滑跑的时间很短，发动机油门开启到最大状态，为确保短距起飞性能，需要预置一定推力偏转角；地面滑跑离地前，根据平衡特性，先将升力风扇矢量喷管偏转至垂直位置，然后抬前轮，最后偏转尾喷管，可以有效降低抬前轮速度；离地后加速至最小平飞速度的过程中，根据力平衡特性，先根据速度将尾喷管收到水平位置，再关闭升力风扇。

(2)常规飞行阶段：当飞行速度大于一定值且飞行高度大于安全高度时，STOVL 飞行器从短距起飞段转入常规飞行段；此时升力风扇不加油门，尾喷管均向后偏转至水平(即偏转角 0°)，然后参照常规布局飞行器进行巡航飞行。

(3)减速过渡阶段：STOVL 飞行器在维持姿态稳定的前提下，等高平飞减速，升力风扇矢量喷管向前偏转至最大，尾喷管向下偏转至合适角度，与升降舵共同控制飞行器姿态稳定并保持飞行高度。

(4)垂直降落段：STOVL 飞行器的飞行速度减小到一定值，进入垂直降落段；飞行器在保持高度的同时缓慢移动到降落起始点；当纵横向偏差小于预定值后，以指定速度匀速降落，此时各个舵面偏转都置为 0，仅靠推力矢量施加控制。

STOVL 飞行器的飞行控制系统总体结构如图 2-39 所示[43]。由于控制机构较多

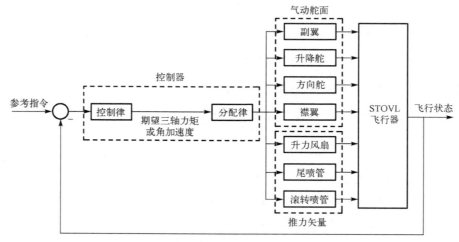

图 2-39 基于多操纵面控制分配的飞行控制系统总体结构

而存在冗余，因此采用多操纵面控制分配技术。控制律输出三轴期望力矩或角加速度，分配律根据各操纵面偏转量与期望值的关系求解出各操纵面的偏转量。控制分配问题可以转化为在已知非线性优化目标和约束条件下的最优化问题，使用粒子群优化算法将伪控制指令依据某一目标函数分配给各个执行机构。

STOVL 飞行器的短距起飞控制原理框图如图 2-40 所示[43]。滑跑段通过预置推力矢量获得优良的滑跑性能，并控制离地速度和迎角，离地起飞后采用 PID 控制，实现俯仰姿态稳定和爬升至安全高度。为了减少滑跑纠偏过程中的速度损失，采用基于粒子群优化算法优化模糊 PID 控制器，实现滑跑纠偏控制。

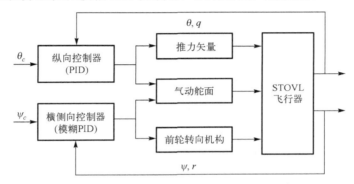

图 2-40　基于模糊 PID 的短距起飞控制原理框图

STOVL 飞行器的减速过渡控制原理框图如图 2-41 所示[44]。减速过渡段比较复杂，飞行器的非线性和耦合性较强，需要气动舵面与推力矢量的协调控制。升力风扇和三轴承推力矢量喷管的控制存在冗余，且推力矢量执行器的带宽和偏转速率远低于气动舵面执行器，这都增加了控制系统的设计难度。采用增量动态逆控制方法，

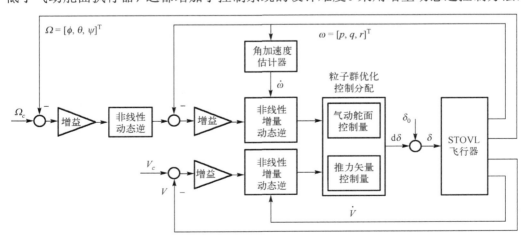

图 2-41　基于非线性增量动态逆的减速过渡控制原理框图

基于时标分离原则，按照状态响应速度的快慢，将控制系统分为多个回路，由内到外逐个回路设计控制律。该控制系统可以实现姿态和速度通道之间的解耦，无须复杂的增益调节，系统参数的变化不影响线性解耦控制结构和增益，因此具有很好的鲁棒跟踪性能。

STOVL 飞行器的悬停/降落控制原理框图如图 2-42 所示[45]。悬停/降落阶段存在飞行器动力学耦合、控制量冗余、易受风干扰等问题，采用增量非线性动态逆控制方法，既保留了常规动态逆方法对复杂系统的精确线性化和解耦能力，也具备对系统模型不确定性和外界干扰的强鲁棒性。

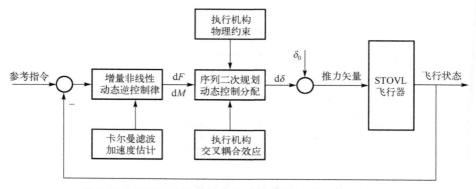

图 2-42　基于非线性增量动态逆的悬停/降落控制原理框图

为了验证 STOVL 飞行器的飞行控制性能，分别对有/无干扰、模型参数摄动等情况进行了数值仿真验证，结果表明飞行控制系统具有对多操纵面耦合的协调能力以及对系统参数摄动和干扰的强鲁棒性。

短距起飞垂直降落飞行器的飞行模态较多，气动特性多变，技术特征复杂，具有广阔的理论研究空间和重要的军事应用前景。

参 考 文 献

[1]　甄子洋, 江驹, 王志胜, 等. 有限时间信息融合线性二次型最优控制[J]. 控制理论与应用, 2012, 29(2): 172-176.

[2]　甄子洋. 预见控制理论及应用研究进展[J]. 自动化学报, 2016, 42(2): 172-188.

[3]　甄子洋, 王志胜, 王道波. 基于信息融合估计的离散线性系统预见控制[J]. 自动化学报, 2010, 36(2): 347-352.

[4]　DUTOI B C, RICHARDS N D, GANDHI N, et al. Hybrid robust control and reinforcement learning for optimal upset recovery[C]. AIAA Guidance, Navigation, and Control Conference, San Francisco, 2008: 1-22.

[5] MANNUCCI T, VAN KAMPEN E, DE VISSER C C, et al. Hierarchically structured controllers for safe UAV reinforcement learning applications[C]. AIAA Information Systems-AIAA Infotech@Aerospace, Grapevine, 2017: 1-13.

[6] CLARKE S G, HWANG I. Deep reinforcement learning control for aerobatic maneuvering of agile fixed-wing aircraft[C]. AIAA SciTech, San Francisco, 2020: 1-18.

[7] 甄子洋, 王道波, 王志胜. 基于蚁群优化算法的精密伺服转台故障诊断方法[J]. 自动化学报, 2009, 35(6): 780-784.

[8] 许玥. 基于自适应控制的无人机编队控制研究[D]. 南京: 南京航空航天大学, 2018.

[9] 余朝军, 季雨璇, 甄子洋, 等. 基于可达平衡集的战斗机大迎角特性分析方法: CN110348081A[P]. 2019-10-18.

[10] 季雨璇, 朱玉莲, 文梁栋. 基于可达平衡集分析战斗机大迎角机动性能[J]. 电光与控制, 2020, 27(8): 80-83, 89.

[11] 季雨璇. 战斗机大迎角特性分析与控制律研究[D]. 南京: 南京航空航天大学, 2020.

[12] 季雨璇, 甄子洋, 姜斌, 等. 基于滑模干扰观测器的战斗机大迎角动态逆控制方法: CN111610794A[P]. 2020-09-01.

[13] 甄子洋, 王新华, 江驹, 等. 舰载机自动着舰引导与控制研究进展[J]. 航空学报, 2017, 38(2): 1-22.

[14] 杨一栋, 甄子洋, 邱述斌, 等. 无人机着舰制导与控制[M]. 北京: 国防工业大学出版社, 2013.

[15] 甄子洋. 舰载无人机自主着舰回收制导与控制研究进展[J]. 自动化学报, 2019, 45(4): 669-681.

[16] 吴赛飞, 王新华, 贾森, 等. 基于红外视觉的固定翼无人机自动着陆引导系统[J]. 电子测量技术, 2016, 39(3): 131-135.

[17] 郑峰婴, 龚华军, 甄子洋. 基于坐标系动态变化的无人机着舰引导算法[J]. 中南大学学报(自然科学版), 2016, 47(8): 2685-2693.

[18] 马坤, 甄子洋, 覃海群. 基于预见控制的甲板运动跟踪控制研究[J]. 电光与控制, 2017, 24(11): 74-77, 99.

[19] LI M, ZHEN Z Y, GONG H J, et al. Optimal preview control for automatic carrier landing system of carrier-based aircraft with air wake[J]. Transactions of Nanjing University of Aeronautics and Astronautics, 2017, 34(6): 659-668.

[20] ZHEN Z Y, JIANG S Y, JIANG J. Preview control and particle filtering for automatic carrier landing[J]. IEEE Transactions on Aerospace and Electronic Systems, 2018, 54(6): 2662-2674.

[21] ZHEN Z Y, JIANG S Y, MA K. Automatic carrier landing control for unmanned aerial vehicles based on preview control and particle filtering[J]. Aerospace Science and Technology, 2018, 81: 99-107.

[22] 甄子洋, 陶钢, 江驹, 等. 无人机自动撞网着舰轨迹自适应跟踪控制[J]. 哈尔滨工程大学学报, 2017, 38(12): 1922-1927.

[23] ZHEN Z Y, TAO G, YU C J, et al. A multivariable adaptive control scheme for automatic carrier landing of UAV[J]. Aerospace Science and Technology, 2019, 92: 714-721.

[24] 杨柳青, 甄子洋, 邢冬静, 等. 舰载无人机自动着舰自适应控制系统设计[J]. 飞行力学, 2018, 36(6): 36-39.

[25] 杨柳青. 舰载无人机自动着舰自适应容错控制研究[D]. 南京: 南京航空航天大学, 2019.

[26] XUE Y X, ZHEN Z Y, YANG L Q, et al. Adaptive fault-tolerant control for carrier-based UAV with actuator failures[J]. Aerospace Science and Technology, 2020, 107: 106227.

[27] YOON S, KIM Y, KIM S. Pursuit guidance law and adaptive back-stepping controller design for vision-based net-recovery UAV[C]. AIAA Guidance, Navigation and Control Conference and Exhibit, San Francisco, 2008.

[28] ZHENG F Y, GONG H J, ZHEN Z Y. Trade off analysis of factors affecting longitudinal carrier landing performance for small UAV based on backstepping controller[J]. Transactions of Nanjing University of Aeronautics and Astronautics, 2015, 32(1): 97-109.

[29] ZHENG F Y, GONG H J, ZHEN Z Y. Adaptive constraint backstepping fault-tolerant control for small carrier-based unmanned aerial vehicle with uncertain parameters[J]. Institution of Mechanical Engineers, Part G: Journal of Aerospace Engineering, 2016, 230: 407-425.

[30] ZHENG F Y, ZHEN Z Y, GONG H J. Observer-based backstepping longitudinal control for carrier-based UAV with actuator faults[J]. Journal of Systems Engineering and Electronics, 2017, 28(2): 322-337.

[31] DENISON N A. Automated carrier landing of an unmanned combat aerial vehicle using dynamic inversion[D]. Dayton: Air Force Institute of Technology, 2007.

[32] 李若兰, 甄子洋, 龚华军. 基于趋近律滑模最优控制的无人机撞网回收轨迹控制[J]. 电光与控制, 2014, 21(9): 58-60, 84.

[33] 郑峰婴, 龚华军, 甄子洋. 基于积分滑模控制的无人机自动着舰系统[J]. 系统工程与电子技术, 2015, 37(7): 1621-1628.

[34] XUE Y X, TAO C G, ZHEN Z Y, et al. Adaptive sliding mode fault-tolerant control for automatic carrier landing with actuator faults[C]. IEEE International Conference on Unmanned Systems, Beijing, 2021.

[35] ZHEN Z Y, YU C J, JIANG S Y, et al. Adaptive super-twisting control for automatic carrier landing of aircraft[J]. IEEE Transactions on Aerospace and Electronic Systems, 2020, 56(2): 984-997.

[36] KHANTSIS S. Control system design using evolutionary algorithms for autonomous shipboard recovery of unmanned aerial vehicles[D]. Melbourne: Royal Melbourne Institute of Technology,

2006.

[37] 孙笑云, 江驹, 甄子洋, 等. 舰载飞机自适应模糊直接力着舰控制[J]. 西北工业大学学报, 2021, 39 (2): 359-366.

[38] 朱玉莲. 舰载机 "魔毯" 着舰控制技术研究[D]. 南京: 南京航空航天大学, 2020.

[39] 朱玉莲, 甄子洋, 季雨璇, 等. 舰载飞机着舰直接力控制方法[J]. 电光与控制, 2020, 27 (11): 1-5.

[40] 袁锁中, 甄子洋, 张进, 等. 空中加油受油机自适应最优对接轨迹跟踪飞行控制方法: CN104597911A[P]. 2015-05-06.

[41] YUAN S Z, ZHEN Z Y, JIANG J. Guidance and control for UAV aerial refueling docking based on dynamic inversion with L1 adaptive augmentation[J]. Transactions of Nanjing University of Aeronautics and Astronautics, 2015, 32 (1): 35-41.

[42] 陈冠宇. 无人机空中加油对接引导技术[D]. 南京: 南京航空航天大学, 2019.

[43] 刘亮. 具有升力风扇的 STOVL 飞机起降控制研究[D]. 南京: 南京航空航天大学, 2022.

[44] 刘亮, 唐勇, 陶呈纲, 等. 基于控制分配的推力矢量短距起飞垂直降落飞机减速过渡控制[J]. 哈尔滨工程大学学报, 2022, 43 (6): 832-841.

[45] 刘亮, 陶呈纲, 薛艺璇, 等. 基于增量动态逆的 V/STOL 飞机悬停段控制[J]. 飞行力学, 2022, 40 (4): 27-33.

第3章　旋翼无人飞行器制导与控制

旋翼无人飞行器拥有垂直起降、空中悬停以及倒飞等独特的飞行模态，在军事和民用领域都有广泛的应用前景。旋翼无人飞行器通常具有气动特性复杂、动力学建模困难、系统耦合性强和不确定性显著等特点，它的系统建模与飞行控制面临诸多挑战。

本章将阐述单旋翼无人直升机、多旋翼无人飞行器、倾转旋翼无人飞行器、共轴双旋翼无人直升机、旋翼/涵道风扇无人直升机(rotor/ducted fan-type unmanned helicopter，R/DFUH)等旋翼无人飞行器的系统建模和飞行控制原理。

3.1　单旋翼无人直升机

3.1.1　系统建模

无人直升机系统的组成部分主要包括主旋翼、机身、尾桨、动力装置，如图 3-1 所示。无人直升机在空中飞行时受到的力包括重力、推力和空气动力，在力和力矩作用下做六自由度运动，即三个线运动(升降、前飞与后退、左右侧向)和三个角运动(俯仰、偏航、滚转)。

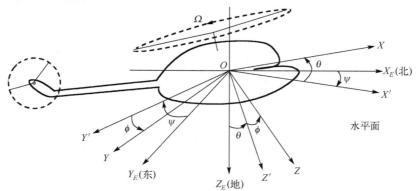

图 3-1　无人直升机构型及坐标系

无人直升机的飞行特性包含机体运动学特性、机体动力学特性、主旋翼挥舞动力学特性和尾桨动力学特性。基于上述特性，建立飞行动力学模型的结构如图 3-2 所示，图中，δ_{ped} 为尾桨总距，δ_{col} 为主桨总距，δ_{lat} 为横向周期变距，δ_{lon} 为纵向周期变距，a_1 和 b_1 分别为稳定翼纵向和横向挥舞角，F 和 M 分别为作用在重心上的外力和外力矩。

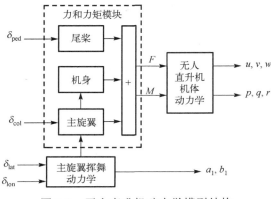

图 3-2　无人直升机动力学模型结构

无人直升机的数学建模一般采用机理建模和系统辨识建模方法。

机理建模是对无人直升机进行动力学和运动学分析，得到全状态非线性方程，并基于小扰动原理获得解耦的线性方程。作用在无人直升机上的力和力矩表示为

$$\begin{cases} X = X_{xy} + X_{wj} + X_{pw} + X_{js} + X_G \\ Y = Y_{xy} + Y_{wj} + Y_{pw} + Y_{js} + Y_G \\ Z = Z_{xy} + Z_{wj} + Z_{pw} + Z_{js} + Z_G \\ L = L_{xy} + L_{wj} + L_{pw} + L_{js} \\ M = M_{xy} + M_{wj} + M_{pw} + M_{js} \\ N = N_{xy} + N_{wj} + N_{pw} + N_{js} \end{cases} \tag{3-1}$$

式中，X、Y、Z 分别为作用在 OX、OY、OZ 轴上的气动合力；L、M、N 分别为绕 OX、OY、OZ 轴转动的力矩之和，力矩绕机体轴正方向转动为正；下标 xy 表示由旋翼产生的力或力矩；下标 wj 表示由尾桨产生的力或力矩；下标 pw 表示由平尾产生的力或力矩；下标 js 表示由机身产生的力或力矩；下标 G 表示重力。

系统辨识是一种确定模型结构参数的常用方法，输入输出数据、模型类和等价准则是它的三大要素，辨识方法可分为时域法(如最小二乘法、卡尔曼滤波法)和频域法(如频域极大似然法、复变量回归法)两大类。频域系统辨识根据频率响应来估计模型的不确定参数，已被广泛应用于飞行器系统辨识。谱分析法是确定含噪声系统频率响应的最常见方法，而利用谱分析法的关键是求取自频谱密度和互频谱密度函数。相干函数是判断飞行数据是否满足频域辨识条件的一种有效度量。相干函数表示输出与输入在所检测的频率范围内的线性相关程度。

3.1.2　飞行控制

飞行控制能够在保证无人直升机飞行安全的前提下提升飞行性能。一般的无人直升机飞行控制系统结构如图 3-3 所示，图中，δ_e 表示俯仰舵机桨距角，δ_a 表示滚转舵机桨距角，δ_r 表示航向舵机桨距角，δ_c 表示总距角[1]。飞行控制系统包含纵向通道、横侧向通道、航向通道和总距通道。俯仰姿态和横滚姿态回路分别为纵向速度和侧向速度回路的内回路，而纵向速度和侧向速度回路又分别构成了纵向制导和侧向制导回路的内回路。航向控制回路构成航向通道。高度控制回路构成总距通道。

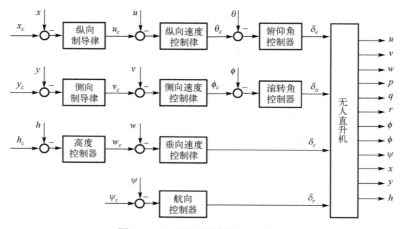

图 3-3　飞行控制系统基本结构

飞行控制系统是一个串级多回路系统，通常先调节内环控制参数再调节外环控制参数。使用经典控制方法时，无人直升机固有的非线性和耦合性往往会导致控制参数难以确定。此时，可以采用智能优化算法来整定。根据某一评价函数计算出每个智能体的适应度值，控制参数整定的目标是使评价函数在参数空间中达到极值，从而确定最优控制参数。评价函数通常选取为

$$J = \int_0^\infty t\left|e(t)\right|\mathrm{d}t \tag{3-2}$$

针对小型无人直升机的系统非线性强、开环不稳定、多通道严重耦合、外界扰动影响大等复杂特性，参数固定的传统 PID 控制方法难以取得很好的控制效果，而模糊 PID 控制方法已经比较成熟，可以用于设计飞行控制律，飞行试验结果表明该控制方法能够很好地改善无人直升机的稳定性。

3.1.3　着舰引导与控制

随着飞行控制、动力系统和数据传输技术的发展，舰载直升机的使用范围越来

越广泛，在执行海上任务中起到了越来越重要的作用。然而，无人直升机着舰存在一些难度，不仅在于纵摇、横摇和沉浮等甲板运动，还在于海况多变、相对来流复杂等复杂环境因素，并且平均着舰时间较短，因此无人直升机的着舰事故率相对较高。

无人直升机主要从正后方进场或侧向进场着舰。如图 3-4 所示为无人直升机的正后方进场着舰过程，主要分为如下阶段[2]。

（1）返航阶段。根据当前无人直升机的位置和舰船的位置，考虑禁飞区、危险区和无人直升机的性能约束，规划一条最优路径使其到达初始下滑点。

（2）进场下滑阶段。根据当前舰船航向、航速及相对位置信息，规划一条理想的下滑轨迹，引导无人直升机到达舰船尾部，并与舰船保持一定的相对距离和相对速度向前飞行。

（3）悬停跟进阶段。无人直升机进行自身位置、速度及航向的调整以保持与舰船同步，引导无人直升机移动至舰船着舰点上方。

（4）快速着舰与复飞阶段。引导无人直升机稳定下降，降至安全高度，无人直升机若收到着舰指令则快速下降触舰，若收到复飞指令则执行复飞操作。

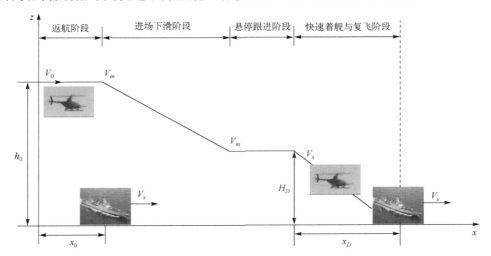

图 3-4　着舰过程示意图

舰载无人直升机的自动着舰引导与控制原理如图 3-5 所示，简单描述如下：首先，无人直升机根据与舰船的相对位置，并结合海面情况，进行航路规划生成一条返航航线；然后，无人直升机采用视线制导法形成返航引导控制指令，飞行控制系统使其跟踪返航航线；最后，无人直升机到达着舰点时，通过对舰船甲板姿态预估和补偿，捕捉间歇期快速降落直至触舰，若着舰条件不成熟，则执行复飞任务。无人直升机的自主着舰/复飞决策的外部输入信息包括：舰船的位置、速度和航向信息；无人直升机自身的位置、速度和航向信息；甲板运动预估信息。

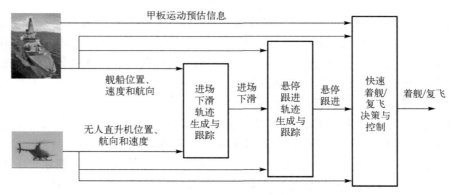

图 3-5　自动着舰引导与控制原理框图

无人直升机自主着舰的关键技术主要包括以下几点。

（1）飞行控制技术。针对无人直升机的自动着舰控制问题，研究者提出了 PID 控制、最优控制、预见控制、非动态逆控制、滑模控制、反演控制等方法。预见控制方法能够充分融合基准轨迹和甲板运动预估信息，具有跟踪精度高、控制响应快的优点。基于预见控制的无人直升机自动着舰控制律设计为[3]

$$\Delta\delta_c(k) = F_{h0}X_h(k) + \sum_{j=1}^{k_f} F_h(j)h_c(k+j) \tag{3-3}$$

$$\Delta\delta_e(k) = F_{x0}X_x(k) + \sum_{j=1}^{k_f} F_x(j)x_c(k+j) \tag{3-4}$$

$$\Delta\delta_a(k) = F_{y0}X_y(k) + \sum_{j=1}^{k_f} F_y(j)y_c(k+j) \tag{3-5}$$

$$\Delta\delta_r(k) = F_{\psi0}X_\psi(k) + \sum_{j=1}^{k_f} F_\psi(j)\psi_c(k+j) \tag{3-6}$$

式中，$X_h = [\Delta h, \Delta w]^{\mathrm{T}}$；$X_x = [\Delta x, \Delta u, \Delta\theta, \Delta q]^{\mathrm{T}}$；$X_y = [\Delta y, \Delta v, \Delta\phi, \Delta p]^{\mathrm{T}}$；$X_\psi = [\Delta\psi, \Delta r]^{\mathrm{T}}$；$F$ 为控制增益矩阵；k_f 为预见步数。

（2）甲板运动预估技术。在着舰的最后阶段，无人直升机必须要考虑甲板运动的补偿。甲板运动模型通常难以准确建立，可以采用自适应自回归模型预估算法，利用甲板运动历史数据对甲板运动的未来状态进行预估，并在飞行控制系统中加以补偿，从而保证无人直升机的着舰性能。基于自适应自回归模型的甲板运动预估值为[4]

$$\hat{y}(t+l) = \begin{cases} \displaystyle\sum_{i=1}^{n} a_i(t)y(t+l-i), & l=1 \\ \displaystyle\sum_{i=1}^{l-1} a_i(t)\hat{y}(t+l-i) + \sum_{i=l}^{n} a_i(t)y(t+l-i), & 1 < l \leqslant n \end{cases} \tag{3-7}$$

式中，n 为预估模型阶数；a_i 为预估模型参数，其自适应更新律为

$$A(t+1) = K_3 A(t) - K_1 y(t-N+n+1) + K_2 y(t+1) + K_1 Y(t-N+n+1)K_2 y(t+1) \tag{3-8}$$

其中，$A(t) = [a_1(t), a_2(t), \cdots, a_n(t)]^T$；$Y(t) = [y(t-1), y(t-2), \cdots, y(t-n)]^T$；$K$ 为更新系数；N 为样本容量。

（3）引导技术。无人直升机有多种着舰引导方式，包括雷达引导、卫星引导、光电引导、视觉引导等。视觉着舰引导系统分为图像处理子系统和位姿解算子系统两部分，利用机载摄像头获取甲板上设计的合作目标图像信息，通过图像处理技术解算出无人直升机与甲板的相对位置和姿态，然后将位姿信息发送给飞行控制系统，引导无人直升机自主完成着舰[5]。

3.2　多旋翼无人飞行器

3.2.1　系统建模

多旋翼无人飞行器是一个复杂的机械系统，也是一个对称的刚体，利用欧拉角、四元数和泰特-布莱恩角可以将多旋翼无人飞行器的空间旋转运动参数化。

多旋翼无人飞行器是通过调节多个旋翼转速来操纵的，每个旋翼产生升力和扭矩，它们的相互组合可以产生作用在飞行器上的主升力、偏航扭矩、俯仰扭矩和滚转扭矩。以四旋翼无人飞行器为例，它的四个旋翼和电机分布于机身的四个顶点，四个电机作为飞行的动力源，通过改变四个旋翼的转速实现对飞行器的姿态和轨迹控制。四旋翼无人飞行器按照飞行方向的不同，可以分为垂直、俯仰、横滚和偏航四种飞行模式，"X" 形四旋翼无人飞行器的飞行模式如图 3-6 所示。

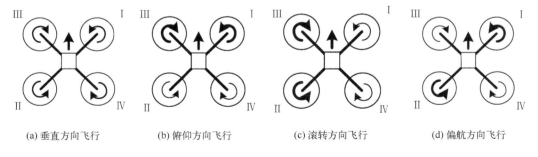

| (a) 垂直方向飞行 | (b) 俯仰方向飞行 | (c) 滚转方向飞行 | (d) 偏航方向飞行 |

图 3-6　四旋翼无人飞行器构型及飞行模式

四旋翼无人飞行器受到的力包括旋翼升力、重力、桨毂力等，力矩包括陀螺效应、反扭矩、升力等产生的力矩，如表 3-1 和表 3-2 所示。T_i 为螺旋桨 i 产生的反扭矩；J_r 为螺旋桨的转动惯量；l 为四旋翼的轴距；h 为旋翼桨毂中心在垂向的距离；

H 为桨毂力；$\omega_r = \sum\limits_{i=3}^{4}\omega_i - \sum\limits_{i=1}^{2}\omega_i$，$\omega_i$ 为螺旋桨 i 的转速。

表 3-1　线运动受力分析

坐标轴	升力	重力	桨毂力
x 轴	$(\sin\psi\sin\phi + \cos\psi\sin\theta\cos\phi)\left(\sum\limits_{i=1}^{4}T_i\right)$	—	$-\sum\limits_{i=1}^{4}H_{xi}$
y 轴	$(-\cos\psi\sin\phi + \sin\psi\sin\theta\cos\phi)\left(\sum\limits_{i=1}^{4}T_i\right)$	—	$-\sum\limits_{i=1}^{4}H_{yi}$
z 轴	$\cos\psi\cos\phi\left(\sum\limits_{i=1}^{4}T_i\right)$	mg	—

表 3-2　角运动力矩分析

力矩	机体陀螺效应	旋翼陀螺效应	反扭矩	升力作用	桨毂力矩	前飞/侧飞产生的滚转力矩
滚转力矩	$\dot{\theta}\dot{\psi}(I_{yy}-I_{zz})$	$J_r\dot{\theta}\omega_r$	—	$l(-T_2+T_4)$	$h\left(\sum\limits_{i=1}^{4}H_{yi}\right)$	$(-1)^{i+1}\sum\limits_{i=1}^{4}R_{mxi}$
俯仰力矩	$\dot{\phi}\dot{\psi}(I_{zz}-I_{xx})$	$J_r\dot{\phi}\omega_r$	—	$l(T_1-T_3)$	$h\left(\sum\limits_{i=1}^{4}H_{xi}\right)$	$(-1)^{i+1}\sum\limits_{i=1}^{4}R_{myi}$
偏航力矩	$\dot{\theta}\dot{\phi}(I_{xx}-I_{yy})$	—	$J_r\dot{\omega}_r$	—	$l(H_{x2}-H_{x4})$ $l(-H_{y1}+H_{y3})$	

3.2.2　飞行控制

　　四旋翼无人飞行器的 PID 控制系统结构如图 3-7 所示，图中 P 为总拉力。从内到外的控制回路分别为姿态角速率回路、姿态角回路、线速度回路和位置回路。

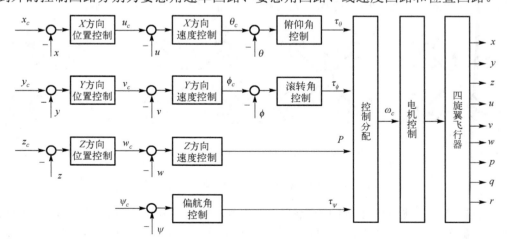

图 3-7　基于 PID 控制的飞行控制系统结构

线性二次型高斯(LQG)控制是一种比较成熟的随机系统最优控制方法，已经在实际飞行器控制中得到应用。高斯信息融合控制是一种采用信息融合估计来求解 LQG 问题的新方法，与传统 LQG 控制方法相比，它在设计过程中无须构建误差系统，所得到的控制律能够有效地抑制和补偿随机扰动的影响。针对欠驱动四旋翼无人飞行器的路径跟踪控制问题，基于高斯信息融合控制的飞行控制系统结构如图 3-8 所示[6]。它采用了分层递阶设计方法，将欠驱动四旋翼无人飞行器的动力学模型进行解耦并划分为位置子系统和姿态子系统。为了获得较大的飞行包线，采用线性变参数建模方法对子系统进行线性化处理，然后将飞行控制问题转换为受扰离散线性随机系统的最优输出跟踪控制问题，利用高斯信息融合控制方法分别设计位置和姿态回路的飞行控制律。

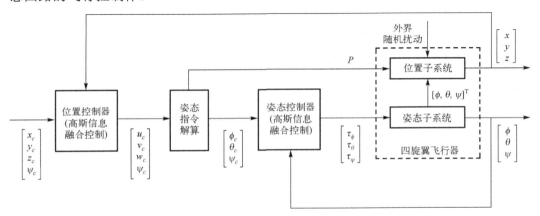

图 3-8　基于高斯信息融合控制的飞行控制系统结构

四旋翼无人飞行器存在模型不确定性、外界干扰未知等特点，自适应反步控制策略的原理描述为[7]：姿态和高度回路都将反演控制方法与自适应参数方法相结合，能够在线估计所有可能存在不确定性的模型参数，有效抑制完全未知的时变外部干扰，为了避免参数漂移现象，在自适应律中引入投影修正，仿真结果表明，基于自适应反步控制的飞行控制系统实现了快速、准确地跟踪参考指令。

四旋翼无人飞行器存在输入饱和、未建模非线性动力学和外部干扰时，自适应神经网络有限时间反演控制策略的原理描述为[8]：采用双曲正切函数和参数调节机制，构建一个非对称饱和非线性近似器，能够强迫系统的控制输入信号避开完全未知的输入饱和非线性；为了提高跟踪性能，在反演方法的递归设计中引入一个跟踪误差补偿器，降低非对称饱和与非线性引起的负面影响；为了补偿由未建模动态、外部扰动等引起的不确定性，采用神经网络对这些未知非线性动态进行近似，并设计神经网络权重矩阵的自适应更新律；仿真结果表明，基于抗饱和自适应神经网络有限时间反演控制的飞行控制系统具有高精度跟踪和强鲁棒自适应性能。

四旋翼无人飞行器难以精确建模，智能控制方法具有自学习、无模型、强鲁棒等特点，很适合用于设计四旋翼无人飞行器的飞行控制律。

瑞典隆德大学的 Moren 等于 2000 年提出了基于神经生理学的大脑情感学习(brain emotional learning，BEL)计算模型，它模拟大脑中杏仁体一眶额皮质组织之间的情感信息传递方式。此后，伊朗德黑兰大学的 Lucas 等将 BEL 模型用于解决多种线性、非线性系统的控制和决策问题。针对四旋翼无人飞行器这类非线性系统，基于 BEL 的智能飞行控制系统主要由协控制器、状态估计器、智能姿态控制器组成，仿真结果表明它具有较快的动态响应速度和较高的控制精度[9]。

模糊推理系统用模糊逻辑表示从给定输入到输出的映射关系。针对四旋翼无人飞行器，基于 TS-模糊逻辑的飞行控制系统中，每一个模糊逻辑控制器都以参考信号和反馈信号为输入，仿真结果表明模糊逻辑控制与 PID 控制都能够平稳地控制飞行器的高度，其中 PID 控制器具有更好的上升时间和稳定时间，而模糊逻辑控制器具有更好的峰值超调和稳态误差性能[10]。鉴于 PID 控制存在参数较难整定、自适应能力较弱等问题，可以采用模糊逻辑方法在线整定 PID 参数，飞行试验结果表明，模糊 PID 控制可以有效地改善飞行器的稳定性与动态跟踪性能。

3.2.3　视觉引导移动平台自主起降

多旋翼无人飞行器在移动平台上自主起降，具有广泛的应用前景。一种基于视觉引导的多旋翼无人飞行器自主起降系统结构如图 3-9 所示，组成单元主要包括以下几点。

(1)飞行器系统。机身使用碳纤维材料，飞行控制器负责接收各外围传感器反馈的状态信息，通过控制律计算得到控制指令输入给电机，传感器为飞行控制系统提供各种飞行测量数据。飞行控制器可以选用开源的 Pixhawk 系列，它采用双 ARM 芯片架构，具有很强的扩展性和丰富的配件接口。

(2)机载视觉处理系统。它包括机载图像处理设备和视觉传感器，视觉传感器拍摄实时图像信息发送给机载图像处理设备，经过图像处理解算得到导航数据发送给飞行控制系统。机载图像处理设备可以采用英伟达 Jetson Xavier NX 嵌入式处理器，视觉传感器采用 USB 单目摄像头。

(3)数据传输系统。机载计算机根据拟定的串口通信协议，将解算得到的相对位置偏差和着陆控制指令发送至飞控板。机载计算机与飞控板之间采用硬件串口通信，通过 USB 转 TTL 转接头进行连接。为了在地面监控各种导航数据，地面站和多旋翼无人飞行器之间采用无线通信模块进行通信。

(4)地面监控系统。主要包括实时下传数据接收与显示功能模块、图像显示模块、日志保存回放模块。为调试方便，地面站可以选用开源的 QGroundControl 地面站软件。

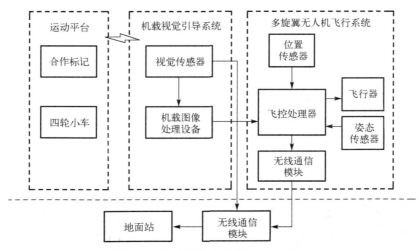

图 3-9　移动平台自主起降系统结构

多旋翼无人飞行器的自主降落流程如图 3-10 所示，具体分为以下几点。

(1)水平接近阶段。多旋翼无人飞行器到达任务执行高度后，根据视觉采集到的移动平台位置信息以及多旋翼无人飞行器与移动平台的相对位置关系，计算得到控制指令，从而水平接近移动平台中心，同时高度保持不变。

(2)降高接近阶段。多旋翼无人飞行器在到达预定位置后，根据视觉信号采集到的移动平台位置信息以及多旋翼无人飞行器与移动平台的相对位置关系，与平台运动保持同步，同时逐渐下降高度。

(3)着陆阶段。多旋翼无人飞行器与着陆点的相对位置保持稳定，当高度差小于一定值时，飞行器快速下降完成着陆并上锁。

若视觉信息不稳定、不准确，则可以加入超带宽(UWB)系统进行辅助定位。

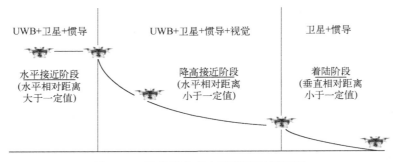

图 3-10　移动平台自主降落流程示意图

计算机视觉技术在无人飞行器的视觉定位与导航领域已得到广泛应用。对于移动平台自主起降任务而言，人工设置合作标记是一种重要的辅助手段。Aruco Marker

二维码是一种二进制标记，由外部黑色边框和内部白色识别码(二进制矩阵)组成，黑色边框有利于飞行器对目标图像的快速检测，二进制矩阵则允许它的识别和错误检测满足合作标记的各种技术指标。因此，移动平台上面放置印有一个或多个 Aruco Marker 二维码图像的着陆垫，如图 3-11 所示。无人飞行器通过安置在正下方的摄像头定时拍摄该目标图像，将采集到的图像发送至机载图像处理器，利用阈值图像分割等图像处理算法，判断图像中是否存在指定目标，并计算出具体的图像坐标信息，再基于摄像机成像原理，解算出每一个 Aruco Marker 二维码对象与飞行器的相对位置，获得飞行器相对于着陆垫的平均位置并发送给飞行控制系统。

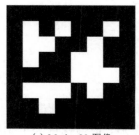

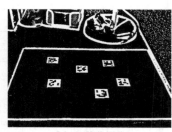

　　(a) Marker23 图像　　　　　　(b) 待检测图像　　　　　　(c) 阈值化图像

图 3-11　Aruco Marker 图像

多旋翼无人飞行器的自主降落控制系统结构如图 3-12 所示，由内而外分为姿态控制回路、速度控制回路和位置控制回路。控制输入信号经过控制分配模块，根据约束条件将期望拉力、力矩映射为期望的电机转速。

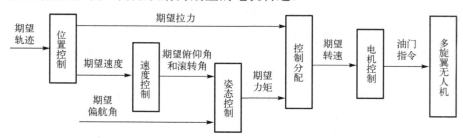

图 3-12　自主降落控制系统结构

Gazebo 是一款功能强大的开源机器人仿真平台，可以仿真验证多旋翼无人飞行器在移动平台上自主降落的可行性。在实际飞行试验中，先在移动平台上贴有 Aruco Marker 合作目标，多旋翼无人飞行器通过单目摄像头定时拍摄目标图像进行识别，使用罗德里格斯(Rodrigues)公式法，对多个合作标识同时进行解算，获得相对于移动平台的平均位置，飞行试验如图 3-13 所示，结果表明即使移动平台的速度较快且存在外界扰动，多旋翼无人飞行器也能够较好地实现自主起飞与降落。

图 3-13　移动平台自主起降飞行试验

　　传统目标检测算法一般由人工提取目标特征，检测过程比较复杂，在复杂环境下的目标检测效率和精度都不高。随着深度学习技术的发展，研究者已广泛使用卷积神经网络（CNN）来自动提取图像中的特征，深度学习算法显著提高了目标检测的效率和精度，且范化能力更强、应用范围更广。目前，基于深度学习的目标检测算法主要有区域卷积神经网络（region-based CNN，R-CNN）系列为代表的基于候选框的二阶段目标检测算法和以 YOLO（you only look once）系列为代表的基于回归的单阶段目标检测算法。前者虽然在精度上有较好的表现，但是检测速度较慢，不太适合实时检测；而后者既有较高的检测精度，又有较快的检测速度。

　　当前流行的 YOLO 目标检测算法最初由美国华盛顿大学的 Redmon 于 2015 年提出，之后不断改进和升级；YOLOv2 在 YOLOv1 的基础上引入锚框机制和批标准化概念；YOLOv3 的骨干网络使用 darknet53，并将锚框大小扩增到三种类型，还使用 Sigmoid 函数作为逻辑分类器，显著提高了推理速度；YOLOv4 算法用 Mish 函数代替原先的 ReLU 函数作为激活函数，较好地权衡了检测速度与精度；而 YOLOv5 融合了之前版本的优点，无论在检测精度还是速度上都有较大的进步。

　　对于多旋翼无人飞行器的自主起降问题，以二维码构成的降落标识物为检测目标，采集大量不同高度、不同角度拍摄的合作标识物图片，构建标识物检测数据集。以 YOLOv5s 检测网络为基础，增加小目标检测层以提高小尺度目标的检测能力，采用 BiFPN 加权双向特征金字塔网络代替原先的 PANet 结构，以快速进行多尺度特征融合，将 EIoU Loss 替换 CIoU Loss 作为损失函数，在提高边界框回归速率的同时提高模型整体性能，改进的 YOLOv5s 网络结构如图 3-14 所示，目标标识检测实验结果如图 3-15 所示[11]。相较于传统 YOLOv5s 算法，改进的 YOLOv5s 算法具有更好的小目标检测能力，可以满足无人机自主降落的准确性和实时性要求。该自主降落方案同样适用于其他无人机飞行器。

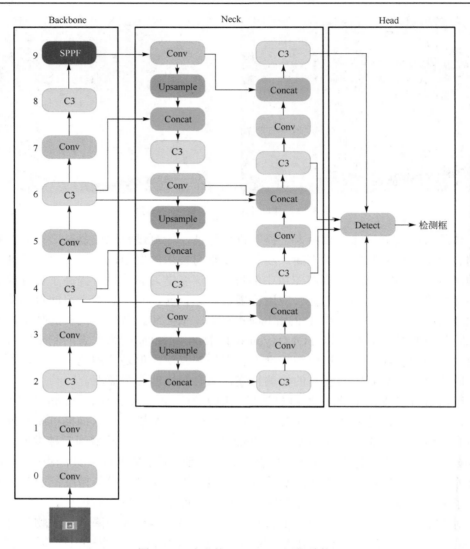

图 3-14 改进的 YOLOv5s 网络结构

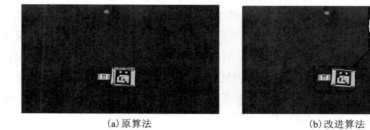

(a)原算法   (b)改进算法

图 3-15 目标标识检测效果图

3.2.4　视觉引导移动目标检测与跟踪

目标检测与跟踪是人工智能/计算机视觉领域的重要研究方向。目标检测以计算机为载体，通过分析处理当前图像来识别不同模式中的目标和对象。运动目标的检测识别可以分为静态背景和动态背景下的目标检测识别，前者包括瞬时差分法、背景减除法等，后者包括块匹配法、光流估计法、图像匹配法等。常用的目标检测方法有基于深度学习、基于底层视觉特征和基于视觉显著性的方法。

当运动目标处于复杂环境中时，目标与背景的相互交错增加了目标的准确分割难度，将 Snake 贪婪算法和 LK（Lucas-Kanade）光流算法相结合，能够加快算法收敛速度和目标检测精度。采用光流和神经网络融合的目标检测方法，通过光流检测出目标轮廓像素点的运动矢量，然后基于神经网络检测出目标的位置，最后将两者进行融合滤波得出位置估计，可以在动态背景下实现快速且稳定的运动目标检测[12]。

目标跟踪是在当前帧图像中找出与初始状态目标特征信息最接近的区域，获得目标在当前帧图像中的位置信息，以此不断估计目标的运动状态。基于计算机视觉的目标跟踪算法主要分为基于目标区域的跟踪、基于目标特征的跟踪、基于目标变形模板的跟踪和基于目标模型的跟踪。传统目标跟踪算法通常使用人工标记特征作为模板，常用的特征模板有图像颜色特征模板、尺度不变特征变换（scale-invariant feature transform，SIFT）特征模板和方向梯度直方图（histogram of gradient，HOG）特征模板。

压缩跟踪是一种高效、快速、准确的目标跟踪方法，但是它的跟踪框大小保持不变，当目标的姿态或比例变化较大时，很可能会带来误差。将压缩跟踪和粒子滤波相结合的改进多尺度压缩跟踪算法，可以根据目标尺寸变化或姿态变化调整跟踪框尺寸，从而减少跟踪误差，在精度、效率和鲁棒性方面都取得了较好的效果[13]。

基于视觉的目标检测与跟踪算法基本流程如图 3-16 所示，首先对视频中的目标进行选择并初始化运动模型，接着提取目标特征并构造目标运动模型，然后更新用于检测下一帧图像的模板。

图 3-16　目标检测与跟踪算法基本流程

多旋翼无人飞行器的目标检测与跟踪系统原理框图如图 3-17 所示，跟踪算法使用飞行器姿态信息，可以将目标的像素坐标值转换为世界坐标值，接着以飞行器与移动目标的相对距离作为被控量，计算得到飞行控制指令，进而控制飞行器实时跟踪移动目标。

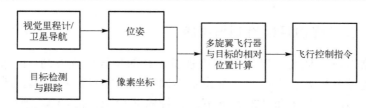

图 3-17　目标检测与跟踪系统原理框图

多旋翼无人飞行器的目标检测与跟踪飞行试验如图 3-18 所示，飞行器能够自主识别行人或车辆，当出现多个目标时，也可以选定目标进行识别和跟踪，并且能够识别和规避障碍物。

图 3-18　多旋翼无人飞行器目标检测与跟踪飞行试验

3.3　倾转旋翼无人飞行器

3.3.1　系统建模

倾转旋翼无人飞行器既具有固定翼飞行器的续航时间长、飞行速度快等优势，又具有旋翼无人飞行器的垂直起降、悬停等优势，应用前景广阔。

倾转旋翼无人飞行器的典型构型如图 3-19 所示，机翼前部安装四个倾转旋翼动力系统，在机身和平尾间装有一个垂直向上的旋翼动力系统[14]。当机翼上的四个电机倾转至相对于机体的水平方向时，飞行器为固定翼模式；当它们倾转至相对于机体的垂直方向时，飞行器为旋翼模式。

(a)固定翼模式　　　　　　　(b)旋翼模式　　　　　　　(c)倾转过渡模式

图 3-19　倾转旋翼无人飞行器构型

　　倾转旋翼无人飞行器的外力包括重力、空气动力、旋翼拉力矢量，外力矩是固定翼气动力矩和旋翼带来的力矩。根据短舱角和旋翼拉力的几何关系，如图 3-20 所示，图中 β_M 为短舱角，T 为旋翼的拉力，O_b 为飞行器的重心，计算出旋翼系统的拉力在机体坐标系下的分量为

$$\begin{cases} F_{T_x} = 2T_r \sin \beta_{Mr} + 2T_l \sin \beta_{Ml} \\ F_{T_y} = 0 \\ F_{T_z} = -(2T_r \cos \beta_{Mr} + 2T_l \cos \beta_{Ml} + T_t) \end{cases} \tag{3-9}$$

再根据各旋翼与重心的几何关系，如图 3-21 所示，计算出旋翼模式下的拉力矢量产生的力矩为

$$\begin{cases} M_{T_x}^t = (T_l \cos \beta_{Ml} - T_r \cos \beta_{Mr})\mathrm{d}y_1 + (T_l \cos \beta_{Ml} - T_r \cos \beta_{Mr})\mathrm{d}y_2 \\ M_{T_y}^t = (2T_l \cos \beta_{Ml} + 2T_r \cos \beta_{Mr})\mathrm{d}x_1 - T_t\mathrm{d}x_2 \\ M_{T_z}^t = (T_l \sin \beta_{Ml} - T_r \sin \beta_{Mr})\mathrm{d}y_1 + (T_l \sin \beta_{Ml} - T_r \sin \beta_{Mr})\mathrm{d}y_2 \end{cases} \tag{3-10}$$

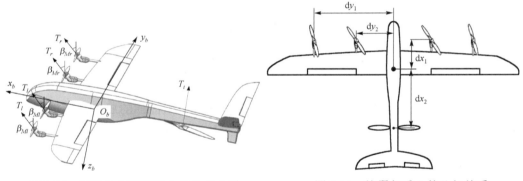

图 3-20　短舱角与旋翼拉力的几何关系　　　　图 3-21　旋翼与重心的几何关系

3.3.2　飞行控制

　　倾转旋翼无人飞行器在倾转过渡飞行时，机体的重力由升力和旋翼的拉力矢量来平衡，升力受飞行速度和迎角共同约束，拉力矢量由短舱倾角和旋翼能够提供的最大拉力共同约束。鉴于升力与拉力矢量难以平衡重力以及考虑倾转过渡过程受到各种约束，设计一种无周期变距构型的倾转旋翼无人飞行器倾转过渡走廊，过渡走廊分为高速段和低速段，得到合理的过渡轨迹。倾转旋翼无人飞行器的飞行控制系统结构如图 3-22 所示[14]。

　　倾转旋翼无人飞行器从旋翼模式过渡到固定翼模式阶段，既有旋翼飞行器的特征又有固定翼飞行器的特征，而飞行器的俯仰角控制一直是个难题。无人飞行器在

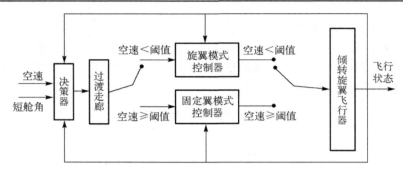

图 3-22　飞行控制系统结构

　　旋翼模式下，通过俯仰运动产生前飞的速度；而在固定翼模式下，通过俯仰运动产生高度的变化。根据过渡轨迹和飞行器气动特性，无人飞行器的倾转过程分为三个阶段：倾转前期（短舱角 0°～30°）、倾转中期（短舱角 30°）和倾转后期（短舱角 30°～90°）。

　　倾转旋翼无人飞行器在倾转前期和中期，旋翼同步转速，前后旋翼差速，可以控制高度和俯仰角，控制律设计为

$$\begin{cases} \delta_T = K_{P2}[K_{P1}(h_c - h) - V_z] + K_{I2}\int [K_{P1}(h_c - h) - V_z]\mathrm{d}t \\ \delta_e = K_{P3}(\theta_c - \theta) + K_{I3}\int (\theta_c - \theta)\mathrm{d}t + K_{D3}q \end{cases} \tag{3-11}$$

式中，V_z 指垂向速度。

　　倾转旋翼无人飞行器在倾转后期，前飞速度通过机翼前部的旋翼拉力控制，而尾部电机停转，高度和空速主要通过操纵前旋翼转速、升降舵来控制，当飞行速度达到一个较大值时，舵面控制效率较高，此时通过操纵升降舵改变俯仰角，从而控制飞行高度，控制律设计为

$$\begin{cases} \theta_c = K_{P1}(h_c - h) + K_{I1}\int (h_c - h)\mathrm{d}t + K_{D1}\dot{h} \\ \delta_e = K_{P2}(\theta_c - \theta) + K_{I2}\int (\theta_c - \theta)\mathrm{d}t + K_{D2}q \\ \delta_T = K_{P3}(V_c - V) + K_{I3}\int (V_c - V)\mathrm{d}t + K_{D3}\dot{V} \end{cases} \tag{3-12}$$

　　控制信号经过控制分配最终叠加到电机的配平拉力上，根据旋翼拉力和转速之间的对应关系，可以计算出每个旋翼所对应的转速。

　　倾转旋翼无人飞行器的飞行控制系统硬件部分主要包括飞控计算机、传感器、电机、螺旋桨以及舵机等，软件部分主要包括各飞行模式飞行控制律、过渡模式切换逻辑、地面站软件等，飞行试验验证如图 3-23 所示，结果表明飞行控制系统具有较强的稳定性和快速响应能力[15]。

(a)旋翼模式

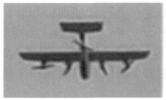
(b)倾转过渡模式

(c)固定翼模式

图 3-23　飞行试验验证(一)

3.4　共轴双旋翼无人直升机

2015 年，美国海军研究办公室主导了低成本无人机集群技术项目(LOCUST)，采用了筒式弹射起飞的固定翼无人机组成集群。然而，该类固定翼无人机存在无法悬停且难以追踪低、慢、小目标的缺点。因此，低成本共轴双旋翼无人直升机在防空反导、电子侦测、定向干扰等领域具有重要的应用前景。

共轴双旋翼无人直升机可以折叠存放于发射筒或载具中，通过弹射/载具投送方式到达任务区域，自动展开旋翼，既可以按照预设航路执行任务，也可以通过数传电台实时规划航线，完成既定任务后，飞行器可以借助起落架返场着陆，必要时也可以作为自杀式攻击武器。一种新型共轴双旋翼无人直升机的构型如图 3-24 所示，

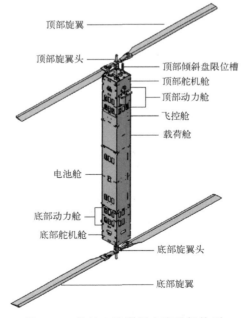

图 3-24　共轴双旋翼无人直升机构型

采用折叠式双旋翼系统，分别布置在飞行器的顶部和底部，机体采用多舱段式结构，主要包括复合材料壳体、舱盖、动力舱、电池舱、航电舱和任务舱[16]。

　　共轴双旋翼无人直升机的飞行控制系统结构如图3-25所示，分为三个回路：姿态回路为内环，包括滚转角控制器、俯仰角控制器和偏航角控制器；轨迹环为外环；速度回路为中间环。

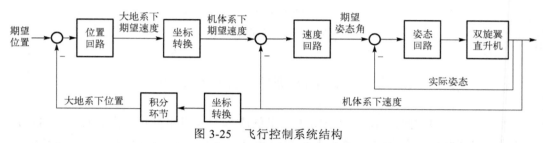

图 3-25　飞行控制系统结构

　　共轴双旋翼无人直升机在航线模式（又称自动模式）下，可以沿着预先规划好的航线自动飞行。事先选定航路点后，将航路信息输入飞行控制系统，可以自动控制无人直升机按顺序依次飞往每一个航路点。

　　共轴双旋翼无人直升机的飞行试验如图3-26所示，结果表明所设计的共轴双旋翼无人直升机及飞行控制系统具有良好的垂直起降、定点悬停等飞行性能[16]。

（a）增稳模式起飞　　　　　　　　　（b）右滚极速飞行

图 3-26　飞行试验验证（二）

3.5　旋翼/涵道风扇无人直升机

　　旋翼/涵道风扇无人直升机是一种特殊构型的无人直升机，具有气动效率高、任务载荷大、飞行速度快和抗振性强等优点，在战场侦察、通信中继等军事和民用领域都有很好的应用前景。

　　旋翼/涵道风扇无人直升机由单旋翼、涵道、风扇、自动倾斜器、发动机、飞控计算机、舵机、传感器、通信设备和起落架等组成，受力和力矩分配如图3-27所示[17]。主旋翼与涵道风扇的共轴反转构成了无人直升机的主要升力，两者的反扭力矩作用在机身上可以控制无人直升机的航向运动。

图 3-27 旋翼/涵道风扇无人直升机构型

根据叶素理论和王氏固定涡系法，结合无人直升机中各个部件中的总外力和总外力矩的分析，在机体坐标系的重心位置将主旋翼、内置风扇以及涵道式机身的气动力和力矩加以合成，得到合力和合力矩在机体轴的分量表达式为

$$\begin{cases} F_x = X_{mr} + X_{fn} + X_{df} \\ F_y = Y_{mr} + Y_{fn} + Y_{df} \\ F_z = Z_{mr} + Z_{fn} + Z_{df} \end{cases} \tag{3-13}$$

$$\begin{cases} M_x = L_{mr} + L_{fn} + L_{df} \\ M_y = M_{mr} + M_{fn} + M_{df} \\ M_z = N_{mr} + N_{fn} + N_{df} \end{cases} \tag{3-14}$$

式中，下标 mr、fn、df 分别表示主旋翼、风扇、涵道机身。

旋翼/涵道风扇无人直升机的飞行控制系统层级结构如图 3-28 所示，包括四个子控制器：位置控制器、速度控制器、姿态控制器和角速率控制器，其中姿态控制和角速率控制构成了内回路，位置控制和速度控制构成了外回路[17]。图中，δ_{fan} 表示无人直升机风扇距。

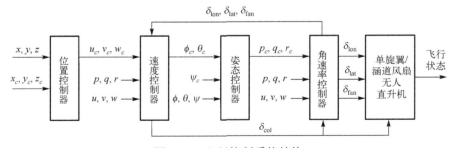

图 3-28 飞行控制系统结构

旋翼/涵道风扇无人直升机具有独特的飞行动力学特性，如悬停钟摆振荡运动特性、轴间耦合特性等，飞行控制系统的设计面临诸多挑战。滑模控制方法具有较好

的鲁棒性和快速稳定性，然而由于实际系统的惯性、控制延迟、内部动态和外部干扰等因素，传统滑模控制方法容易使系统状态在滑动面上来回切换，产生抖振现象，从而破坏系统性能。单向辅助面滑模具有无抖振的优点，终端滑模具有有限时间收敛的特性，将两者相结合能够实现优势互补，既可以加快收敛速度，又可以保留强鲁棒性。单向辅助面终端滑模控制策略不仅能够消除无人直升机的侧滑问题，而且能够降低垂向通道和航向通道之间的耦合效应。单向辅助面终端滑模控制律表示为[18]

$$u = g(X)^{-1}[-f(X) - d + \Omega_1^{-1}N - \Omega_1^{-1}\Omega_2 \cdot (X + k \cdot X^{\xi})] \tag{3-15}$$

式中，X 为子系统状态；Ω_1、Ω_2 为滑模面相关的系数矩阵；N 为无抖振趋近律；ξ 为吸引子；d 为干扰；k 为切换面系数。由此，从内而外分别设计各个回路的控制律。

实际工程中，旋翼/涵道风扇无人直升机的姿态测量可靠性较低或容易出现故障，因此飞行控制系统可以由增稳回路、加速度回路和位移回路构成，而没有姿态回路，各控制回路分别采用自适应解耦控制、自适应极点配置和主导极点可配置 PID 控制方法进行设计，可以得出该控制方法在航迹跟踪、加减速飞行中具有满意的控制效果。

参 考 文 献

[1] 宣昊. 无人直升机飞行控制及其视景仿真研究[D]. 南京：南京航空航天大学, 2013.

[2] 廖智麟, 陆晓安, 黄一敏, 等. 直升机着舰引导与控制研究进展[J]. 南京航空航天大学学报, 2018, 50(6): 745-753.

[3] 甄子洋, 侯敏, 廖智麟, 等. 基于预见控制的无人直升机自动着舰控制系统：ZL201711186859.6[P]. 2019-09-06.

[4] 侯敏, 甄子洋, 龚华军. 基于自适应 AR 模型的甲板运动预估技术[J]. 飞行力学, 2018, 36(3): 33-36.

[5] 周城宇, 甄子洋, 黄一敏, 等. 基于视觉引导的无人直升机着舰技术研究[J]. 导航定位与授时, 2018, 5(4): 43-48.

[6] XU Q Z, WANG Z S, ZHEN Z Y. Information fusion estimation-based path following control of quadrotor UAVs subjected to Gaussian random disturbance[J]. ISA Transactions, 2020, 99: 84-94.

[7] BHATIA A K, JIANG J, ZHEN Z Y, et al. Projection modification based robust adaptive backstepping control for multipurpose quadcopter UAV[J]. IEEE Access, 2019, 7: 154121-154130.

[8] XU Q Z, WANG Z S, ZHEN Z Y. Adaptive neural network finite time control for quadrotor UAV with input saturation[J]. Nonlinear Dynamics, 2019, 98(3): 1973-1998.

[9] ZHEN Z Y, PU H Z, CHEN Q, et al. Nonlinear intelligent flight control for quadrotor unmanned helicopter[J]. Transactions of Nanjing University of Aeronautics and Astronautics, 2015, 32(1): 29-34.

[10] BHATIA A K, JIANG J, ZHEN Z Y. Quadcopter UAV modeling and automatic flight control design[J]. Transactions of Nanjing University of Aeronautics and Astronautics, 2017, 34(6): 627-636.

[11] 李晓轩, 甄子洋, 刘彪, 等, 基于改进 YOLOv5s 的四旋翼自主降落标识检测算法[J]. 计算机测量与控制, 2023, 31(6): 80-86.

[12] QIN H Q, ZHEN Z Y, MA K. Moving object detection based on optical flow and neural network fusion[J]. International Journal of Intelligent Computing and Cybernetics, 2016, 9(4): 325-335.

[13] JIA C Y, ZHEN Z Y, MA K, et al. Target tracking for rotor UAV based on multi-scale compressive sensing[C]. 2016 IEEE Chinese Guidance, Navigation and Control Conference, Nanjing, 2016: 1220-1225.

[14] 樊有容. 倾转旋翼无人机过渡段纵向控制技术研究[D]. 南京: 南京航空航天大学, 2022.

[15] 樊有容, 王皓, 杨乐, 等. 基于过渡走廊的倾转旋翼无人机纵向控制研究[J]. 飞行力学, 2022, 40(2): 61-66, 73.

[16] 王凯. 一种弹射共轴双旋翼直升机的设计与控制[D]. 南京: 南京航空航天大学, 2021.

[17] CHEN Z, WANG D B, ZHEN Z Y. Modelling and hovering flight control for a coaxial unmanned helicopter using sliding mode[J]. Aircraft Engineering and Aerospace Technology, 2018, 90: 815-827.

[18] CHEN Z, WANG D, ZHEN Z Y, et al. Take-off and landing control for a coaxial ducted fan unmanned helicopter[J]. Aircraft Engineering and Aerospace Technology, 2017, 89(6): 764-776.

第4章 导弹制导与控制

导弹是集各种先进技术于一身的精确制导武器,在现代战争中起着十分关键的作用,甚至能够决定战争的胜负。导弹也是一种特殊的无人飞行器,属于一次性武器装备,不做回收使用。导弹武器系统种类繁多,面向各种不同的任务需求和目标特性。近年来,先进的制导与控制技术使得导弹的射程、杀伤效率和准确度都有大幅提升。

本章将阐述导弹系统的数学建模、制导与控制原理,并研究目标检测与跟踪、武器目标分配与多弹协同制导等关键技术。

4.1 数 学 建 模

4.1.1 基本坐标系转换关系

导弹武器系统主要包括推进系统、弹头部分、制导系统、传感器(如雷达、红外、光电、激光)等。导弹的飞行过程可通过质心平移运动和绕质心转动运动共同描述,其中平移运动符合动量定理,转动运动符合动量矩定理。建立对应的两个矢量方程,并进行坐标变换,即可得到导弹的动力学标量方程。

导弹的六自由度动力学建模中,常作如下假设:

(1)导弹是刚体,质量、质心位置不随它的运动而变化;

(2)导弹的外形、质量分布具有轴对称特性,转动惯量为常数。

常用的坐标系包括地面坐标系 $A\text{-}xyz$、弹体坐标系 $O\text{-}x_b y_b z_b$、发射坐标系 $O\text{-}x_d y_d z_d$ 和速度坐标系 $O\text{-}x_v y_v z_v$,它们都属于右手直角坐标系。

3-2-1 转序下的地面坐标系到弹体坐标系的转换如图 4-1 所示,地面坐标系依次绕 Az 轴、Ay' 轴和 Ax_b 轴旋转角度 ϑ、ψ 和 γ,得到弹体坐标系。

地面坐标系到弹体坐标系的坐标转换矩阵表示为

$$
\begin{aligned}
C_A^b &= C_A^b(\gamma, \psi, \vartheta) \\
&= \begin{bmatrix}
\cos\vartheta\cos\psi & \sin\vartheta\cos\psi & -\sin\psi \\
-\sin\vartheta\cos\gamma + \sin\psi\cos\vartheta\sin\gamma & \cos\vartheta\cos\gamma + \sin\vartheta\sin\psi\sin\gamma & \cos\psi\sin\gamma \\
\sin\vartheta\sin\gamma + \sin\psi\cos\vartheta\cos\gamma & -\cos\vartheta\sin\gamma + \sin\vartheta\sin\psi\cos\gamma & \cos\psi\cos\gamma
\end{bmatrix}
\end{aligned} \tag{4-1}
$$

式中,旋转角度定义如下。

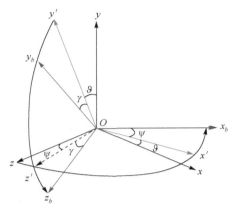

图 4-1　地面坐标系与弹体坐标系的关系

（1）偏航角 $\psi \in [-90°, 90°]$：弹体坐标系 Ox_b 轴在水平面上的投影与地面坐标系 Ax 轴之间的夹角，逆时针旋转（转动方向与 Ay 轴正向一致）时偏航角为正，反之为负。

（2）俯仰角 $\vartheta \in (-180°, 180°]$：弹体坐标系 Ox_b 轴与水平面之间的夹角，Ox_b 轴在水平面之上（转动方向与 Az' 轴正向一致）时俯仰角为正，反之为负。

（3）滚转角 $\gamma \in (-180°, 180°]$：弹体坐标系 Oy_b 轴与包含 Ox_b 轴的铅垂平面之间的夹角，从弹体尾部顺 Ox_b 轴往前看，Oy_b 轴在铅垂平面右侧（转动方向与 Ox_b 轴正向一致）时滚转角为正，反之为负。

同理，2-3 转序下的速度坐标系依次绕 Oy_v 轴和 Oz_b 轴旋转角度 β 和 α，得到弹体坐标系。速度坐标系至弹体坐标系的坐标转换矩阵表示为

$$C_V^b = C_V^b(\beta, \alpha) = \begin{bmatrix} \cos\alpha\cos\beta & \sin\alpha & -\sin\beta\cos\alpha \\ -\sin\beta\cos\alpha & \cos\alpha & \sin\alpha\sin\beta \\ \sin\beta & 0 & \cos\beta \end{bmatrix} \tag{4-2}$$

式中，旋转角度定义如下。

（1）攻角 α：速度矢量在弹体纵向对称平面内的投影与弹体轴 Ox_b 的夹角，若纵轴位于投影线的上方，则攻角为正，反之为负。

（2）侧滑角 β：速度矢量与弹体纵向对称面的夹角，若来流从右侧流向弹体，则侧滑角为正，反之为负。

传统的导弹六自由度建模以欧拉角 ψ、ϑ、γ 描述飞行姿态，经过一系列坐标转换，最终得到弹体相对于地面坐标系的运动学方程。然而，当导弹进行大幅度的姿态运动时，例如，偏航角取 $\psi = 90°$ 时，方程会发生奇异。为此，使用四元数法取代欧拉角，描述导弹的飞行姿态，能够避免发生奇异，提高求解速度。

若绕 Az 轴的旋转角度 ϑ 的四元数表示为 Q_1，绕 Ay' 轴旋转角度 ψ 的四元数表示为 Q_2 和绕 Ax_b 旋转角度 γ 的四元数表示为 Q_3，则有

$$Q_1 = \begin{bmatrix} \cos\dfrac{\vartheta}{2} \\ 0 \\ 0 \\ \sin\dfrac{\vartheta}{2} \end{bmatrix}, \quad Q_2 = \begin{bmatrix} \cos\dfrac{\psi}{2} \\ 0 \\ \sin\dfrac{\psi}{2} \\ 0 \end{bmatrix}, \quad Q_3 = \begin{bmatrix} \cos\dfrac{\gamma}{2} \\ \sin\dfrac{\gamma}{2} \\ 0 \\ 0 \end{bmatrix} \tag{4-3}$$

则在 3-2-1 转序下欧拉角与四元数之间的关系描述为

$$Q = Q_1 \otimes Q_2 \otimes Q_3 = \begin{bmatrix} \cos\dfrac{\vartheta}{2}\cos\dfrac{\psi}{2}\cos\dfrac{\gamma}{2} - \sin\dfrac{\vartheta}{2}\sin\dfrac{\psi}{2}\sin\dfrac{\gamma}{2} \\ \cos\dfrac{\vartheta}{2}\cos\dfrac{\psi}{2}\sin\dfrac{\gamma}{2} + \sin\dfrac{\vartheta}{2}\sin\dfrac{\psi}{2}\cos\dfrac{\gamma}{2} \\ \cos\dfrac{\vartheta}{2}\sin\dfrac{\psi}{2}\cos\dfrac{\gamma}{2} - \sin\dfrac{\vartheta}{2}\cos\dfrac{\psi}{2}\sin\dfrac{\gamma}{2} \\ \sin\dfrac{\vartheta}{2}\cos\dfrac{\psi}{2}\cos\dfrac{\gamma}{2} + \cos\dfrac{\vartheta}{2}\sin\dfrac{\psi}{2}\sin\dfrac{\gamma}{2} \end{bmatrix} = \begin{bmatrix} q_0 \\ q_1 \\ q_2 \\ q_3 \end{bmatrix} \tag{4-4}$$

在 3-2-1 转序下，地面坐标系至弹体坐标系的旋转矩阵对应的四元数姿态旋转矩阵为

$$C_A^b = \begin{bmatrix} q_0^2 + q_1^2 - q_2^2 - q_3^2 & 2(q_1q_2 - q_0q_3) & 2(q_1q_3 + q_0q_2) \\ 2(q_1q_2 + q_0q_3) & q_0^2 - q_1^2 + q_2^2 - q_3^2 & 2(q_2q_3 - q_0q_1) \\ 2(q_1q_3 - q_0q_2) & 2(q_2q_3 + q_0q_1) & q_0^2 - q_1^2 - q_2^2 + q_3^2 \end{bmatrix} \tag{4-5}$$

由此求解得到四元数到欧拉角的转换关系，表示为

$$\begin{cases} \vartheta = -\arctan[2(q_1q_2 - q_0q_3)]/[1 - 2(q_2^2 + q_3^2)] \\ \psi = -\arctan[2(q_1q_3 + q_0q_2)] \\ \gamma = \arctan[2(q_2q_3 - q_0q_1)]/[1 - 2(q_1^2 + q_2^2)] \end{cases} \tag{4-6}$$

4.1.2　非线性六自由度模型

导弹的数学模型用于描述其受到的力、力矩与运动参数之间的关系，包括动力学方程和运动学方程。导弹的非线性六自由度模型包括质心平移的动力学与运动学方程和绕质心转动的动力学与运动学方程等。下面给出基于四元数的导弹非线性数学模型。

（1）绕质心转动的动力学方程。利用地面坐标系至弹体坐标系的转换关系，将绕质心转动的运动学方程转换到弹体坐标系下，则有

$$\begin{cases} \dot{\gamma} = \omega_x + (\omega_y \sin\gamma + \omega_z \cos\gamma)\tan\psi \\ \dot{\psi} = \omega_y \cos\gamma - \omega_z \sin\gamma \\ \dot{\vartheta} = (\omega_y \sin\gamma + \omega_z \cos\gamma)/\cos\psi \end{cases} \tag{4-7}$$

式中，ω_x、ω_y、ω_z 分别为转动角速度 ω 在弹体坐标系各轴上的分量，当偏航角为 90° 时，会发生奇异现象，不利于求解姿态角。因此利用四元数法，改写为

$$\frac{\mathrm{d}Q}{\mathrm{d}t} = \frac{1}{2}Q\omega = \frac{1}{2}\begin{bmatrix} 0 & -\omega_x & -\omega_y & -\omega_z \\ \omega_x & 0 & \omega_z & -\omega_y \\ \omega_y & -\omega_z & 0 & \omega_x \\ \omega_z & \omega_y & -\omega_x & 0 \end{bmatrix}\begin{bmatrix} q_0^* \\ q_1^* \\ q_2^* \\ q_3^* \end{bmatrix} \tag{4-8}$$

考虑到姿态解算中存在的误差，可能会改变四元数的正交性，进而改变四元数的范数。因此，对四元数范数进行适当修正，修正后的表达式为

$$\begin{bmatrix} q_0 \\ q_1 \\ q_2 \\ q_3 \end{bmatrix} = \frac{1}{\sqrt{(q_0^*)^2 + (q_1^*)^2 + (q_2^*)^2 + (q_3^*)^2}}\begin{bmatrix} q_0^* \\ q_1^* \\ q_2^* \\ q_3^* \end{bmatrix} \tag{4-9}$$

(2) 质心平移的运动学方程。将导弹的速度和位置分解在地面坐标系下，则质心平移的运动学方程表示为

$$\begin{bmatrix} \dot{x} \\ \dot{y} \\ \dot{z} \end{bmatrix} = C_b^A \cdot \begin{bmatrix} V_x \\ V_y \\ V_z \end{bmatrix} = \begin{bmatrix} (q_0^2 + q_1^2 - q_2^2 - q_3^2)V_x & 2(q_1q_2 + q_0q_3)V_y & 2(q_1q_3 + q_0q_2)V_z \\ 2(q_1q_2 - q_0q_3)V_x & (q_0^2 - q_1^2 + q_2^2 - q_3^2)V_y & 2(q_2q_3 + q_0q_1)V_z \\ 2(q_1q_3 - q_0q_2)V_x & 2(q_2q_3 - q_0q_1)V_y & (q_0^2 - q_1^2 - q_2^2 + q_3^2)V_z \end{bmatrix} \tag{4-10}$$

(3) 质心转动的动力学方程。弹体坐标系下的导弹绕质心转动的动力学方程表示为

$$\begin{bmatrix} J_x\dot{\omega}_x \\ J_y\dot{\omega}_y \\ J_z\dot{\omega}_z \end{bmatrix} = \begin{bmatrix} M_x \\ M_y \\ M_z \end{bmatrix} - \begin{bmatrix} (J_z - J_y)\omega_y\omega_z \\ (J_x - J_z)\omega_x\omega_z \\ (J_y - J_x)\omega_y\omega_x \end{bmatrix} \tag{4-11}$$

式中，J_x、J_y、J_z 为导弹对于弹体坐标系各轴的转动惯量；M_x、M_y、M_z 为导弹的合外力矩在弹体坐标系下的分量，即滚转力矩、偏航力矩和俯仰力矩，表示为

$$\begin{bmatrix} M_x \\ M_y \\ M_z \end{bmatrix} = qSL\begin{bmatrix} m_{x0} + m_x^\beta\beta + m_x^{\delta_x}\delta_x + m_x^{\delta_y}\delta_y + m_x^{\bar{\omega}_x}\bar{\omega}_x + m_x^{\bar{\omega}_y}\bar{\omega}_y \\ m_{y0} + m_y^\beta\beta + m_y^{\delta_y}\delta_y + m_y^{\bar{\omega}_y}\bar{\omega}_y + m_y^{\dot{\beta}}\dot{\beta} + m_y^{\dot{\delta}_y}\dot{\delta}_y \\ m_{z0} + m_z^\alpha\alpha + m_z^{\delta_z}\delta_z + m_z^{\bar{\omega}_z}\bar{\omega}_z + m_z^{\dot{\alpha}}\dot{\alpha} + m_z^{\dot{\delta}_z}\dot{\delta}_z \end{bmatrix} \tag{4-12}$$

其中，$\bar{\omega}_x = \omega_x L/V$；$\bar{\omega}_y = \omega_y L/V$；$\bar{\omega}_z = \omega_z L/V$；$L$ 为气动弦长；q 为动压；S 为参考面积；δ_x、δ_y、δ_z 为导弹执行机构偏转角度。

(4) 质心平移的动力学方程。将导弹所受外力分解在弹体坐标系，质心平移的动力学方程表示为

$$
\begin{bmatrix} \dot{V}_x \\ \dot{V}_y \\ \dot{V}_z \end{bmatrix} = \frac{1}{m} \begin{bmatrix} T - A_x \cos\alpha\cos\beta + A_y \sin\alpha - A_z \cos\alpha\sin\beta \\ A_x \sin\alpha\cos\beta + A_y \cos\alpha + A_z \sin\alpha\sin\beta \\ - A_x \sin\beta + A_z \cos\beta \end{bmatrix} + \begin{bmatrix} g_x \\ g_y \\ g_z \end{bmatrix} + \begin{bmatrix} a_{cx} \\ a_{cy} \\ a_{cz} \end{bmatrix} \tag{4-13}
$$

式中，m 为导弹质量；T 为发动机推力；A_x、A_y、A_z 分别为空气动力沿速度坐标系分解得到的阻力、升力和侧力；g、a_c 分别为重力加速度和地球科氏加速度，它们在弹体坐标系下的投影分别为

$$
\begin{bmatrix} g_x \\ g_y \\ g_z \end{bmatrix} = C_A^b \cdot \begin{bmatrix} 0 \\ -g \\ 0 \end{bmatrix} = \begin{bmatrix} -2g(q_1 q_2 - q_0 q_3) \\ -g(q_0^2 - q_1^2 + q_2^2 - q_3^2) \\ -2g(q_2 q_3 + q_0 q_1) \end{bmatrix} \tag{4-14}
$$

$$
\begin{bmatrix} a_{cx} \\ a_{cy} \\ a_{cz} \end{bmatrix} = \begin{bmatrix} 0 & 2\omega_z & -2\omega_y \\ -2\omega_z & 0 & 2\omega_x \\ 2\omega_y & -2\omega_x & 0 \end{bmatrix} \begin{bmatrix} V_x \\ V_y \\ V_z \end{bmatrix} \tag{4-15}
$$

4.2　制导与控制

4.2.1　制导原理

导弹的制导控制系统负责引导导弹飞行，把导弹置于正确的轨道上打击目标，其组成结构如图 4-2 所示。它主要由导引系统和控制系统构成，导引系统负责探测和跟踪目标，并且把弹目相对运动信息转化成导引信息，发送给控制系统，控制系统实时测量弹体运动信息，按照一定的控制规律综合后，控制舵面偏转，实现弹体的姿态稳定和导引跟踪，最终使导弹的脱靶量满足要求。

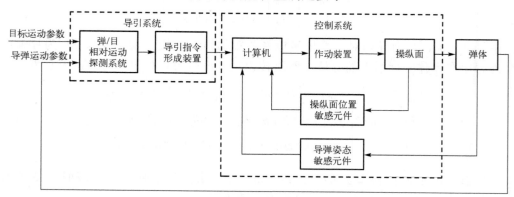

图 4-2　制导控制系统基本结构

导弹的制导方式主要包括以下几点。

(1) 自主制导，是在导弹发射前加载预装程序和目标点进行引导。该制导方式可以分为惯性制导、程序制导、地磁制导、星光制导、多普勒制导和地图匹配制导等。

(2) 寻的制导，又称自动导引制导，导弹能够自主地搜索、捕获、识别、跟踪和攻击目标。该制导方式按感受能量可以分为雷达、红外、毫米波、电视和激光寻的制导；按导引系统可以分为主动寻的、半主动寻的和被动寻的制导。

(3) 遥控制导，通过地面站的测量和计算，形成制导指令并发送给导弹。该制导方式按所用装置可以分为有线指令制导、无线电指令制导和波束制导。

寻的制导通过导引头实时探测目标，产生自动制导指令，它是导弹武器系统主要的现代制导体制。导弹可以通过两种方式来获得目标位置：一是使用卫星定位等方式预先定位，二是利用弹载或弹外导引头连续跟踪目标。寻的制导系统对地面站的要求较低，导弹在发射后可以进行自主导航。按照自主程度，可以将寻的制导分为以下三种方式。

(1) 主动寻的制导 (图 4-3)。探测目标的信号由导弹自主发出并接收，系统由发射天线、接收天线、接收器、信号处理器和制导计算机组成。

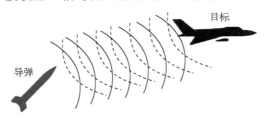

图 4-3　主动寻的制导

(2) 半主动寻的制导 (图 4-4)。导弹只接收目标反射回来的探测信号，系统由接收天线、接收器、信号处理器和制导计算机组成。

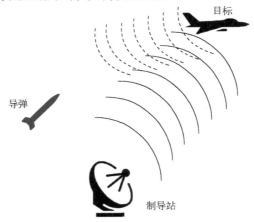

图 4-4　半主动寻的制导

（3）被动寻的制导（图4-5）。导弹只接收目标自身发出的能量，主要用于热寻导弹，系统由目标能量接收器、信号处理器和制导计算机组成。

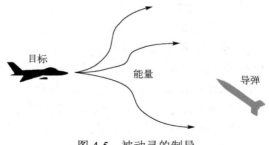

图 4-5　被动寻的制导

4.2.2　弹目运动模型

在三维空间下描述导弹与目标的相对运动关系，需要依赖多个坐标系的坐标转换，因此计算较为复杂。考虑到导弹的偏航运动和俯仰运动存在耦合关系，选取偏航运动平面对其进行解耦处理，得到二维空间下的弹目相对运动关系描述，如图 4-6 所示。图中，M 为导弹；T 为目标；r 为弹目相对距离；q 为目标和导弹之间的视线角；V_m、V_t 分别为导弹和目标的速度；a_m、a_t 分别为导弹和目标的法向加速度；θ_m、θ_t 分别为导弹和目标的轨迹角；η_m、η_t 分别为导弹速度、目标速度与目标视线的夹角；x、y 分别为导弹的横、纵坐标。

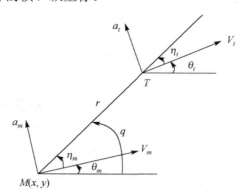

图 4-6　弹目相对运动关系

忽略导弹和目标的外形、环境干扰，假设导弹与目标的速度大小不变，控制输入为法向加速度，用于改变速度方向。弹目运动方程表示为

$$\dot{x} = V_m \cos(\theta_m) \tag{4-16}$$

$$\dot{y} = V_m \sin(\theta_m) \tag{4-17}$$

$$\dot{\theta}_m = a_m / V_m \tag{4-18}$$

$$\dot{r} = -V_m \cos(q - \theta_m) + V_t \cos(q - \theta_t) \tag{4-19}$$

$$\dot{q} = \frac{V_m \sin(q - \theta_m) - V_t \sin(q - \theta_t)}{r} \tag{4-20}$$

进一步地，将其转换为关于 x 的导数形式，可得

$$\frac{\mathrm{d}y}{\mathrm{d}x} = \frac{V_m \sin \theta_m}{V_m \cos \theta_m} = \tan \theta_m \tag{4-21}$$

$$\frac{\mathrm{d}\theta_m}{\mathrm{d}x} = \frac{a_m}{V_m^2 \cos \theta_m} \tag{4-22}$$

$$\frac{\mathrm{d}r}{\mathrm{d}x} = \frac{V_t}{V_m} \cdot \frac{\cos(\theta_t - q)}{\cos \theta_m} - \frac{\cos(\theta_m - q)}{\cos \theta_m} \tag{4-23}$$

$$\frac{\mathrm{d}q}{\mathrm{d}x} = \frac{V_t}{V_m} \cdot \frac{\sin(\theta_t - q)}{r \cos \theta_m} - \frac{\sin(\theta_m - q)}{r \cos \theta_m} \tag{4-24}$$

当弹目距离较小时，目标视线角速率变化较大。为了避免目标视线角发生振荡，限制脱靶率的大小，当导弹速度远大于目标速度时，目标视线角不会突变。

4.2.3　导引规律

导弹的导引规律通过导弹与目标之间的相对信息，实时生成横向加速度形式的制导指令，引导导弹到达目标位置实施打击。

按照导弹与目标的相对运动关系，导引规律有如下分类方法。

(1)按导弹速度矢量和弹目视线的相对位置关系，可以分为追踪法、常值前置角法和变前置角法。

(2)按弹目视线的变化关系，可以分为平行接近法和比例导引法。

(3)按导弹纵轴与弹目视线的相对位置关系，可以分为直接法和常值方位角法。

(4)按制导站与导弹连线和制导站与目标连线的相对位置关系，可以分为三点法和前置量法。

经典制导律的应用较为广泛，设计过程标准化程度较高、易于工程实现、对信息要求较低，但制导精度会受到目标机动性能的影响。

(1)追踪导引。它的基本原理是保持导弹始终指向目标，包括姿态跟踪、速度追踪和偏离追踪三种方式。姿态跟踪要求导弹纵轴始终指向目标，易于实现。速度追踪要求导弹的速度向量始终指向目标速度方向，需要利用风向标对速度向量的角度进行估计。偏离追踪要求导弹始终以固定的角度指向目标前方的某个点，通过获取

目标的速度方向信息，减小控制指令。若不考虑前置角，则为纯追踪法；若考虑前置角，则为前置追踪法；若视线角中的纵横向相对距离改为指向虚拟着陆点的分段轨迹，则为伪追踪法。该导引律规则就是保持导弹始终指向目标方向，如果出现偏差，将使用侧向加速度修正偏差。此时导弹速度与目标视线之间的夹角为零，即

$$\eta_m = 0 \tag{4-25}$$

此时，弹目相对运动方程为

$$\dot{r} = -V_m + V_t \cos(q - \theta_t) \tag{4-26}$$

$$r\dot{q} = -V_t \sin(q - \theta_t) \tag{4-27}$$

$$q = \theta_m \tag{4-28}$$

$$a_m = \dot{\theta}_m V_m = \dot{q} V_m \tag{4-29}$$

通常，速度追踪导引的距离误差比姿态追踪导引小，但速度追踪在末制导阶段总绕到目标后方进行打击，在攻击点附近弹道弯曲。由于导弹法向加速度大小受到导弹性能限制，所以不能全方向打击。此外，在追踪大机动和高速运动目标的情况下，导弹的距离误差会变大。因此，追踪法的应用较少。

(2) 比例导引。它的基本原理是保持导弹速度向量的旋转角速度始终正比于目标视线旋转角速度。比例导引抵抗噪声和外界干扰的能力较强，制导末端不会出现控制指令过大的情况，但该方法对机动性能较好的目标追踪效果较差。纯比例导引是在现代导弹中使用最广泛的方法。在经典纯比例导引律中，导弹速度方向转动角速率与目标视线方向转动角速率成比例，表示为

$$\dot{\theta}_m = N\dot{q} \tag{4-30}$$

式中，N 是有效导航比；$\dot{q}$ 是视线角速率。此时，法向加速度表示为

$$a_m = NV_m\dot{q} \tag{4-31}$$

利用比例关系可得弹目相对运动方程为

$$\dot{q} = \dot{\theta}_m + \dot{\eta}_m \tag{4-32}$$

$$\dot{\eta}_m = (1 - N)\dot{q} \tag{4-33}$$

可知，当 N 趋于无穷大时，$\dot{q}$ 趋于零，与平行接近法定义相同，此时目标视线角的大小保持不变。当速度与视线夹角为零时，是追踪法。当 $N=1$ 时，是前置角法。由此可见，N 取值越大，弹道越平直。当 $1 < N < \infty$ 时，比例导引法弹道轨迹处在剩余两种导引方法的过渡范围中，弹道曲率随 N 的变化在两种导引方法之间切换转变。与追踪导引不同，比例导引将一个向量指向目标或者保持导弹指向目标视线，它要

求横侧向指令在末端制导阶段有合理的限制。比例导引对跟踪目标的速度是一个重要的考虑因素，但它不考虑目标的加速度，对于高机动性目标的效率较差，因此出现了增广比例导引和偏置比例导引等多种方法，这些方法对于跟踪机动目标具有更好的打击效果和更小的脱靶率。

以巡航导弹为例，由于巡航导弹的体积较小、机动能力不断增强、生产和维护成本逐渐降低，因此拥有巡航导弹的国家数量日益增加。为应对快速增长的巡航导弹威胁，导弹防御系统一般使用地对空导弹作为拦截器。2015 年，美国海军研究生院研究了"爱国者-3"地对空导弹拦截机动"战斧"巡航导弹的制导问题，制导系统原理如图 4-7 所示[1]。

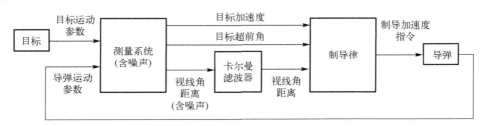

图 4-7　导弹拦截机动目标的制导系统原理框图

目标的加速度和超前角通过相对距离、视线方位角和视线俯仰角来进行估计，探测系统测得的视线角及相对距离要通过卡尔曼滤波器进行滤波处理，导引规律分别采用理想比例导引、增广比例导引和微分几何导引。

(1)理想比例导引。它使导弹飞行过程中保持视线角不变，相当于使视线角速率为零，通过垂直于视线方向上的力控制导弹飞行的加速度，该加速度与视线角速率和接近速度成正比，表示为

$$a_m = NV_c\dot{q} \tag{4-34}$$

式中，V_c 为导弹与目标之间的接近速度。当垂直于视线矢量施加制导加速度时，它被称为"真"比例导引。速度参考系下的制导律在实际应用中更为合理，因此采用制导加速度指令垂直于导弹速度矢量，称为"纯"比例导引，制导加速度指令为

$$a_m = \frac{NV_c\dot{q}}{\cos\eta_m} \tag{4-35}$$

(2)增广比例导引。它是在比例导引的制导律中引入目标加速度，得到垂直于导弹速度矢量的制导加速度指令为

$$a_m = \frac{NV_c\dot{q}}{\cos\eta_m} + \frac{0.5N\|a_t\|}{\cos\eta_m} \tag{4-36}$$

针对加速目标，增广比例导引比比例导引更省油，而侧向转向要求其是比例导引的一半。

（3）微分几何导引。它能够同时考虑目标和导弹的直线和曲线运动轨迹，制导加速度指令为

$$a_m = \|a_t\| \frac{\cos\eta_t}{\cos\eta_m} + \frac{NV_c\dot{q}}{\cos\eta_m} \tag{4-37}$$

导弹的拦截效果用碰撞时间和碰撞速度来衡量。为了尽快拦截目标，撞击时间越短，拦截效果就越好。撞击速度与转向有关，对导弹施加较小的制导加速度会使导弹受到较小的阻力，使导弹具有更高的撞击速度。仿真结果表明，对于非机动巡航导弹，三种导引规律的制导结果比较相似，而对于机动目标，微分几何导引能够更好地用于尾追场景，理想比例导引能够更好地用于方位角的前向象限，而增广比例导引的制导性能相对较差。

4.2.4　控制规律

导弹的稳定控制系统由自动驾驶仪、测量设备、执行机构等部件组成，主要功能是稳定导弹的姿态运动和跟踪导引指令。

考虑到不同类型导弹的运动性能、自身属性各异，姿态控制系统也各具特点。弹道导弹以无尾翼弹体为主，具有静不稳定体特性，对控制力矩的需求较大，一般通过摆动主发动机来配合舵面的使用，产生所需的控制力矩。对于大型导弹，多采用薄壳结构，弹性振动频率与控制系统的固有频率相近，受到弹性振动的影响较大，因此常将姿态传感器安装在弹性振动较小的位置，并在控制器中加入滤波器。另外，弹道导弹的飞行空域环境多变，受风场干扰影响较大，且多级导弹存在分离干扰，因此，姿态控制系统需要对外界干扰和参数摄动具有良好的鲁棒性。战术导弹主要执行对快速运动目标的打击任务，要求姿态控制系统具有良好的动态品质，使导弹机动性能好、响应速度快。巡航导弹与飞机原理相似，姿态控制系统与飞机自动驾驶仪类似，主要解决通道耦合和结构颤振问题。

导弹的姿态控制方式可以分为以下几类。

（1）单通道控制。利用导弹的旋转，只用一个控制通道产生控制力，控制导弹的俯仰和偏航飞行，常用于弹体直径小的小型导弹以较大的角速度绕纵轴旋转的情况，执行机构常采用继电式工作方式。旋转导弹常采用单通道控制，利用尾喷/尾翼斜置装置产生自旋力矩，导弹绕其纵轴低速旋转实现滚转稳定。

（2）双通道控制。又称直角坐标控制，由俯仰和偏航两个通道控制导弹的横向机动飞行，而滚转通道依靠稳定系统保持稳定。按照滚转通道的稳定方式，又可分为滚转角位置稳定和滚转角速度稳定两种方式。滚转角位置稳定控制常用于遥控制导系统，确保测量坐标中的误差信号准确地转换为控制指令；滚转角速度稳定控制常用于主动式寻的制导系统，弹上携带姿态测量设备，测量坐标系与控制坐标系的关

系确定，无须保持滚转角位置的稳定。滚转通道使用自由陀螺仪，俯仰和偏航通道使用速率陀螺仪提高阻尼，并通过加速度计进行反馈来提高动态品质。

（3）三通道控制。测量跟踪回路计算弹目的相对运动状态，解算得到三通道控制指令，经过坐标转换，与反馈信号综合，形成执行器控制指令，由俯仰、偏航和滚转三个通道控制导弹的飞行。它常用于垂直发射段、滚转转弯段的控制。

目前，基于自动控制原理的频域响应法是最常用的导弹稳定控制规律设计方法。此外，由于制导武器的精度要求越来越高，弹载计算机的性能也越来越高，因此出现了大量的先进控制方法。一些非线性控制方法如微分几何、非线性动态逆、滑模变结构和神经网络等，在导弹的控制系统设计中得到了大量的研究和试验[2]。

（1）PD 控制。导弹姿态控制系统的控制目标是使其从当前姿态 $Q_0 = [q_0, q_1, q_2, q_3]^T$ 转变到期望姿态 $Q_c = [q_{0c}, q_{1c}, q_{2c}, q_{3c}]^T$，误差 Q_e 趋近于 $(\pm 1, 0, 0, 0)$。三通道 PD 控制律设计为

$$u = -K_P Q_{ev} - K_D \omega_e \tag{4-38}$$

$$Q_{ev} = [q_{1e}, q_{2e}, q_{3e}]^T, \qquad Q_e = \begin{bmatrix} q_{0e} \\ q_{1e} \\ q_{2e} \\ q_{3e} \end{bmatrix} = \begin{bmatrix} q_{0c} & -q_{1c} & -q_{2c} & -q_{3c} \\ q_{1c} & q_{0c} & -q_{3c} & q_{2c} \\ q_{2c} & q_{3c} & q_{0c} & -q_{1c} \\ q_{3c} & -q_{2c} & q_{1c} & q_{0c} \end{bmatrix} \begin{bmatrix} q_0 \\ -q_1 \\ -q_2 \\ -q_3 \end{bmatrix} \tag{4-39}$$

式中，$u = [\delta_x, \delta_y, \delta_z]^T$；$K_P$ 是比例系数；K_D 是微分系数；$\omega_e = \omega - \omega_c$ 为角速度误差。通过理论分析以及对导弹六自由度非线性模型的仿真分析可知，导弹可以稳定地从初始姿态变换到期望姿态，稳态误差较小。

（2）滑模控制。滑模控制使被控系统在有限时间内到达预先设计的滑模面，并沿着滑模面以一定的速度渐近趋向平衡点。导弹的三通道滑模控制律设计为

$$u = -K_s \operatorname{sgn}(s) - Cs + u_{eq} \tag{4-40}$$

$$s = \omega_e + K Q_{ev} \tag{4-41}$$

$$u_{eq} = \bar{\omega} J \omega - JK \dot{Q}_{ev} \tag{4-42}$$

式中，C、K_s 为正定对角矩阵，且 $K_s > \operatorname{diag}(l_1, l_2, l_3)$，系统的干扰力矩要满足 $\|d_1(t)\| \leq l_1$，$\|d_2(t)\| \leq l_2$，$\|d_3(t)\| \leq l_3$；$s = [s_1, s_2, s_3]^T \in \mathbb{R}^3$ 为滑模变量；$K = \operatorname{diag}(k_1, k_2, k_3)$，且 $k_j > 0, j = 1, 2, 3$；$\bar{\omega} = \begin{bmatrix} 0 & -\omega_3 & \omega_2 \\ \omega_3 & 0 & -\omega_1 \\ -\omega_2 & \omega_1 & 0 \end{bmatrix}$；$u_{eq}$ 为等效控制量。系统状态 ω_e 和 Q_{ev} 能在有限时间内到达滑模面，此时 $s = 0$，系统将在 $u = u_{eq}$ 作用下沿滑模面运动。若 $s > 0$，

则控制量 $u < u_{eq}$，相当于产生负的控制力矩将系统状态控制到滑模面；若 $s < 0$，则控制量 $u > u_{eq}$，相当于产生正的控制力矩将系统状态控制到滑模面，最终实现状态的跟踪。

（3）反演控制。反演控制将复杂的非线性系统分解成不超过系统阶数的多个子系统，然后从外到内为每个子系统设计部分 Lyapunov 函数和中间虚拟控制量，一直"后退"得到实际控制量，每个虚拟控制量可以镇定相应的子系统，从而实现系统的全局调节或跟踪。令 $x_1 = [q_1, q_2, q_3]^T$，$x_2 = [\omega_1, \omega_2, \omega_3]^T$，则导弹的六自由度非线性模型转化为如下形式：

$$\dot{x}_1 = F_1(x_1)x_2 \tag{4-43}$$

$$\dot{x}_2 = F_2(x_2) + Bu \tag{4-44}$$

为了使导弹系统的姿态跟踪期望四元数 x_{1c}，三通道反演控制律设计为

$$u = -B^{-1}\left(c_2 z_2 + F_2(x_2) - \frac{\partial \alpha_1}{\partial z_1}\dot{z}_1\right) - \frac{\partial \alpha_1}{\partial x_{1c}}\dot{x}_{1c} - \frac{\partial \alpha_1}{\partial \dot{x}_{1c}}\ddot{x}_{1c} \tag{4-45}$$

$$\begin{cases} z_1 = x_1 - x_{1c} \\ \dot{z}_1 = F_1(x_1)x_2 - \dot{x}_{1c} \end{cases} \tag{4-46}$$

$$\begin{cases} z_2 = x_2 - \alpha_1 = x_2 - F_1^{-1}(x_1)(-c_1 z_1 + \dot{x}_{1c}) \\ \dot{z}_2 = \dot{x}_2 - \dot{\alpha}_1 = F_2(x_2) + Bu - \dfrac{\partial \alpha_1}{\partial z_1}\dot{z}_1 - \dfrac{\partial \alpha_1}{\partial x_{1c}}\dot{x}_{1c} - \dfrac{\partial \alpha_1}{\partial \dot{x}_{1c}}\ddot{x}_{1c} \end{cases} \tag{4-47}$$

式中，$F_1(x_1) = \dfrac{1}{2}\begin{bmatrix} q_0 & -q_3 & q_2 \\ q_3 & q_0 & -q_1 \\ -q_2 & q_1 & q_0 \end{bmatrix}$；$\alpha_1$ 为虚拟控制量；c_1、c_2 为控制增益。误差系统的动态响应特性越好，各个误差变量渐近收敛到零的速度越快，虚拟控制量与相应的状态量越吻合，系统的全局渐近稳定性能越好。

（4）自适应反演控制。实际中导弹模型难以精确建模，总会存在建模误差、模型简化、参数变化、结构未知及外部干扰等因素，这就需要对控制系统进行自适应设计，保证系统存在额外的裕度。考虑导弹系统的不确定性，将角速度子系统模型转换为如下形式：

$$\dot{x}_2 = F_2(x_2) + \Theta \cdot F_2(x_2) + Bu \tag{4-48}$$

式中，Θ 为不确定系数。导弹的三通道自适应反演控制律设计为

$$u = -B^{-1}\left(c_2 z_2 + F_2(x_2) + \hat{\Theta} \cdot F_2(x_2) - \frac{\partial \alpha_1}{\partial z_1}\dot{z}_1 - \frac{\partial \alpha_1}{\partial x_{1c}}\dot{x}_{1c} - \frac{\partial \alpha_1}{\partial \dot{x}_{1c}}\ddot{x}_{1c}\right) \tag{4-49}$$

$$\dot{\hat{\Theta}} = \lambda z_2^{\mathrm{T}} F_2(x_2) \tag{4-50}$$

$$\begin{cases} z_2 = x_2 - \alpha_1 = x_2 - F_1^{-1}(x_1)(-c_1 z_1 + \dot{x}_{1c}) \\ \dot{z}_2 = \dot{x}_2 - \dot{\alpha}_1 \end{cases} \tag{4-51}$$

式中，λ 为自适应参数。相比于传统反演控制方法，自适应反演控制能够更好地解决系统存在不确定性时的控制问题，提高系统的自适应性。

（5）自抗扰控制。针对基于特征根的传统前馈补偿方法在倾斜转弯导弹的弹体动态变化后解耦效果不理想的问题，设计一种基于前馈补偿的串级自抗扰控制器，它由两个串行的线性自抗扰控制器和一个前馈支路组成，而线性自抗扰控制器包含比例环节和线性扩张状态观测器[3]。在内环（角速度回路）的一级控制量表示为

$$u = \frac{K_\omega(\omega_c - \omega) - z_\omega}{b_\omega} \tag{4-52}$$

在外环（过载回路）的二级控制量表示为

$$\omega_c = \frac{K_n(n_c - n) - z_n}{b_n} + f_n \tag{4-53}$$

式中，K_ω、K_n 为控制增益；z_ω、z_n 为线性扩张观测器的输出；b_ω、b_n 为线性扩张观测器的增益；f_n 为前馈补偿量。串级自抗扰控制将原系统变换为标称积分串联型系统，改善了弹体动态特性变化时的解耦控制效果。

4.3　目标检测与跟踪

4.3.1　目标检测

基于雷达、图像的目标检测是导弹武器精确制导的经典问题。随着飞行器的结构材料隐身、辐射屏蔽能力增强，这些目标在可见光、红外、雷达等探测信号中的特征表现越来越不明显，目标检测性能易受背景杂波、检测噪声等因素影响，对目标检测技术提出了新的挑战，经典的目标检测算法已难胜任。

基于视觉的目标检测是计算机视觉领域的一项基础性工作，它为后续图像处理的上层应用如实例分割、场景理解、目标跟踪等提供重要支持。相较于图像分类，目标检测不仅需要识别出目标的具体类别，还要确定目标在图像中的精确位置。此外，图像分类更加关注高层语义信息的抽取工作，目标检测除了提取高层特征，还要提取低层次像素级别的信息，来帮助实现目标定位和跟踪任务。

基于深度学习的目标检测方法通过深层网络模型从信号中快速发现目标区域，对目标的尺度、旋转等变化具有很好的鲁棒性，具有较高的检测效率、准确率和稳

定性。然而，通常需要构造一个能够覆盖完整样本分布的数据集。利用少量样本来训练一个面向智能感知的任务模型，甚至在没有样本的条件下实现目标检测，具有很大的挑战性，受到工业界和学术界的广泛研究，在导弹武器系统领域具有重要意义。小样本学习是指只给定目标少量训练样本，训练出可以识别这类目标的机器学习模型。根据训练样本的多少可以分为单样本学习、零样本学习和小样本学习。小样本学习是机器学习智能化水平的量尺，从某种意义上表明了机器学习模型接近人脑的程度，与半监督学习(通过使用少量标记数据和大量未标记数据对模型进行训练)、弱监督学习(允许使用一些弱监督信息来训练模型)、迁移学习(利用源域中学习到的知识应用于目标域任务)、元学习(又称为学会学习，通过在与目标任务相似的任务中训练，获取一些元知识)、零样本学习(对从来没见过的目标进行学习训练)等机器学习方法有着紧密的联系。典型的小样本学习方法有以下几种[4]。

(1)初始化方法。它通过在源域上学习网络模型或者优化器的初始化，使模型可以在仅有少量测试集的目标域上完成快速迭代，并具有良好的泛化能力。常用方法有模型未知元学习方式、元优化器、外部记忆增广网络等。

(2)度量学习方法，也称为相似度学习。它的核心思想是如何度量数据的相似程度，来解决小样本学习问题，即使得不同类别的图片相似度小，给定一张目标域的样本，即可找到和它最相似的带标签实例。常用方法有匹配网络、原型网络、关系网络、预测网络权重、特征对齐等方法。

(3)数据生成方法。该类方法旨在利用数据增强，来解决目标域的数据不足问题，即利用源域的充足数据来训练生成模型，把源域数据的多样性迁移到数据匮乏的目标域，从而提供充足数据进行监督学习。常用方法有四元组增强法、语义自编码器法、生成对抗网络法、图像块组合法。

当前小样本学习方法多数用于小样本图像分类问题，而小样本目标检测问题比小样本图像分类问题更加复杂。小样本目标检测算法通常在源域上学习与目标类别无关的元知识，再将元知识迁移到目标域中，完成目标域物体的检测任务。典型的小样本目标检测方法有以下几种[4]。

(1)度量学习方法。例如 RepNet，它是一种基于元学习的训练框架，把基于距离的损失函数和多模态分布假设，嵌入基于图像特征金字塔结构的 RetinaNet 模型中，获得源域特征中心。

(2)正则化微调方法。它引入了知识迁移约束，将两种正则化约束用于微调过程，防止模型过拟合，提高检测模型的泛化能力。

(3)特征匹配方法。它将目标跟踪框架和目标检测框架相结合，将目标检测问题转化成目标跟踪问题，例如，在 Faster R-CNN 模型上加入特征融合模块，即可构成整个网络框架，在源域上学习获得知识，然后自然地从源域迁移到目标域。

4.3.2　目标跟踪

目标跟踪是指通过对传感器量测数据进行处理来维持对目标状态的估计。目标跟踪技术起始于 20 世纪 60 年代，卡尔曼滤波即是经典的目标跟踪算法。根据背景信息的使用情况，目标跟踪技术可以分为生成式方法(如粒子滤波、均值漂移、稀疏学习等)和判别式方法(如相关滤波、深度学习等)。

导弹武器的制导信息来源于对目标的持续跟踪。导弹武器的精确制导和抗干扰性能要求逐渐提高，而精确制导的前提是对目标进行稳定的跟踪估计。传统的单一制导模式已很难满足需求，而基于多传感器信息融合的精确制导技术能够更好地发挥导弹武器的作战效能。主/被动雷达双模复合制导是一种典型的多模复合制导模式，它既吸收了主动雷达的量测精度高、测量信息全面等优点，又吸收了被动雷达的隐蔽性好、作用距离远等优点，利用信息融合技术的目标跟踪性能要明显优于基于单一雷达观测的目标跟踪性能，此外通过对比分析由卡尔曼滤波发展来的无迹卡尔曼滤波、三阶容积卡尔曼滤波、五阶容积卡尔曼滤波、中心差分卡尔曼滤波和基于蒙特卡罗采样思想的粒子滤波算法，发现五阶容积卡尔曼滤波具有更好的滤波稳定性和估计精度[5]。

常用的目标跟踪估计方法有扩展卡尔曼滤波和 Sigma 点卡尔曼滤波。扩展卡尔曼滤波是经典的非线性滤波算法，它需要先得到系统的解析形式来计算雅可比矩阵，并且对强非线性系统的估计精度明显下降。Sigma 点卡尔曼滤波算法包括无迹卡尔曼滤波和中心差分卡尔曼滤波算法，利用加权统计线性回归技术，通过 Sigma 点的选取和变换来近似状态和均值的非线性变换。针对多传感器分布式信息融合跟踪问题，提出一种基于中心差分卡尔曼滤波和快速协方差交叉的目标跟踪算法，局部传感器采用中心差分卡尔曼滤波算法处理模型非线性问题，避免求解复杂的雅可比矩阵，采用快速协方差交叉算法对多传感器获得的信息进行融合处理，并将融合估计反馈给局部传感器，从而实现多个传感器对目标的跟踪定位[6]。

多源信息融合是对多源数据进行检测、相关、组合、估计与综合的处理过程，根据融合目的可以分为数据处理、状态估计、属性融合和态势评估，按照融合层次可以分为像素级融合、特征级融合和决策级融合，根据融合结构又可以分为集中式融合、分布式融合和混合式融合。分布式信息融合在导弹武器领域有重要的应用前景，基于分布式信息融合的目标跟踪原理框图如图 4-8 所示[7]。

现代战争以网络化信息化一体化协同作战手段颠覆了传统作战模式。电磁干扰、环境干扰使目标特性越来越复杂，基于卫星、雷达、红外、激光、可见光、声呐与电子情报等多传感器，引入信息融合技术，能够提高感知和分析目标及所处环境的能力，以便飞行器做出更加准确的决策，从而提高作战效能。信息融合技术在导弹武器系统中的典型应用包括：①星载探测传感器(如合成孔径雷达、红外、可见光传感

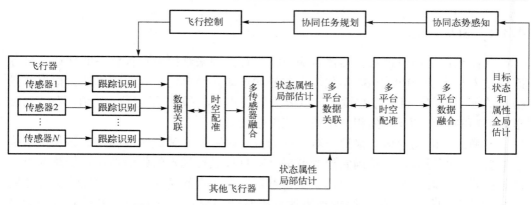

图 4-8　基于分布式信息融合的目标跟踪原理框图

器等)经过融合，可以发现、识别与跟踪目标，攻击目标后进行目标毁伤评估；②导弹自身的惯组定位信息和卫星导航信息经过融合，对机动发射导弹的发射阵地进行精确定位导航；③由卫星导航提供的导弹飞行过程中的精确制导信息与惯组信息经过融合，对远程精确打击导弹进行中段精确导航。多源信息融合技术在导弹武器系统的应用框架如图 4-9 所示，它能够使系统具有更强的抗干扰能力、更高的目标探测能力、更准确的自身定位精度以及更好的容错能力[7]。

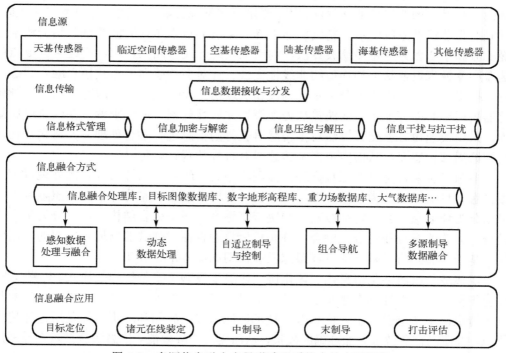

图 4-9　多源信息融合在导弹武器系统中的应用框架

4.4　武器目标分配

4.4.1　武器目标分配原理

武器目标分配(WTA)是指在战场环境中根据目标特性、运动状态和威胁大小,确定武器与目标之间的分配关系,实现作战收益的最大化。WTA 是多飞行器协同作战的关键技术之一,在空战对抗、导弹防御、空对地作战和综合防空等领域有重要的应用前景。

WTA 问题是军事运筹学领域中一个经典的资源分配问题,主要包含优化目标、约束条件和时间因素等三大要素。优化目标可以分为以最大化损伤敌方目标为目的的进攻型和以最大化保护己方资源为目的的防御型。约束条件通常有武器对目标的毁伤概率、资源价值和数量限制等。按照是否考虑时间因素划分,WTA 问题可以分为以下几类。

(1)静态 WTA。静态 WTA 问题是 1957 年由美国海军研究办公室资助的一项研究中首次提出的,是指一次性发射武器对目标进行拦截或攻击后,无论敌方目标是否有剩余,都不再进行第二次分配。在静态 WTA 问题中,所有信息都是先验的,并且所有分配都是同时进行的。

(2)动态 WTA。动态 WTA 问题是 1988 年由美国麻省理工学院首次提出的,它将整个过程空战对抗的总时间分成多个阶段,每一阶段都需要实时在线感知当前战场态势,进行武器目标分配,从而最大化打击效果。动态 WTA 是多阶段连续的决策过程,不仅考虑静态 WTA 中的各种因素,还考虑武器和目标的时间窗口等因素。

WTA 问题具有战场活动的随机性、目标函数的非线性、目标分配的离散性等特点,是一个典型的 NP 完全问题,精确解的求解比较困难,通常求解满意解或次优解。

下面将以敌我双方空战为例,分别阐述态势评估、静态 WTA 和动态 WTA 的基本原理。

4.4.2　态势评估

态势评估是实现武器目标分配的前提,而态势评估又以态势感知为前提。态势感知即在一定时间和空间范围内感知、理解和预测环境中的各种元素。态势评估是态势感知系统提供的环境和状态信息的更高、更抽象层次上的理解。态势评估方法主要有参量法和非参量法。态势评估通常包括威胁评估和优势评估。

动态威胁评估指数主要包括如下因素。

(1)角度威胁:角度威胁值 T_a 与敌机速度方向和目标线的夹角、敌机机载雷达探测角度范围有关。

（2）速度威胁：速度威胁值 T_V 与敌我双方战机的速度相关。

（3）高度威胁：高度威胁值 T_h 与敌我双方战机的高度有关，当敌机在我机上方时，我机受到的威胁值较大，反之较小。

（4）距离威胁：距离威胁值 T_d 和双方战机的导弹攻击范围和雷达探测范围相关。

（5）隐身威胁：隐身威胁值 T_i 与双方战机的雷达散射截面积有关。

静态威胁评估指数主要由战机的作战效能威胁值 T_s 表征，它综合考虑了机动性能、探测性能、操纵性能、攻击性能、电子对抗性能、生存能力和续航能力。

各威胁因素在综合评估决策中的影响不尽相同，层次分析法结合定性和定量两种手段对各威胁因素的影响进行评估。综合威胁值表示为

$$T = w_1 \cdot T_a + w_2 \cdot T_V + w_3 \cdot T_h + w_4 \cdot T_d + w_5 \cdot T_i + w_6 \cdot T_s \tag{4-54}$$

式中，$w_i (i=1,2,\cdots,6)$ 为层次分析法确定的各威胁因子权值，$\sum\limits_{i=1}^{6} w_i = 1$。因此，我机受到敌机的综合威胁评估指数矩阵表示为

$$T = \begin{bmatrix} T_{11} & \cdots & T_{1i} & \cdots & T_{1I} \\ \vdots & & \vdots & & \vdots \\ T_{j1} & \cdots & T_{ji} & \cdots & T_{jI} \\ \vdots & & \vdots & & \vdots \\ T_{J1} & \cdots & T_{Ji} & \cdots & T_{JI} \end{bmatrix} \tag{4-55}$$

同理，可以得到我机对敌机的综合优势评估指数矩阵为

$$S = \begin{bmatrix} S_{11} & \cdots & S_{1j} & \cdots & S_{1J} \\ \vdots & & \vdots & & \vdots \\ S_{i1} & \cdots & S_{ij} & \cdots & S_{iJ} \\ \vdots & & \vdots & & \vdots \\ S_{I1} & \cdots & S_{Ij} & \cdots & S_{IJ} \end{bmatrix} \tag{4-56}$$

为实现我方导弹-敌机之间的目标分配，需将其进一步转换为我方导弹对敌机的综合优势评估指数矩阵，表示为

$$S = \begin{bmatrix} S_{11} & \cdots & S_{1j} & \cdots & S_{1J} \\ \vdots & & \vdots & & \vdots \\ S_{z1} & \cdots & S_{zj} & \cdots & S_{zJ} \\ \vdots & & \vdots & & \vdots \\ S_{Z1} & \cdots & S_{Zj} & \cdots & S_{ZJ} \end{bmatrix} \tag{4-57}$$

因此，可得在某一阶段交战的实时态势评估流程如图 4-10 所示。

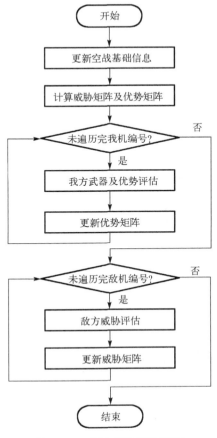

图 4-10　实时态势评估流程

4.4.3　静态武器目标分配

当前的 WTA 问题研究多数集中在静态 WTA 问题上，它不受时间因素影响，将武器、目标信息作为先验条件，在一个阶段内完成所有武器-目标的分配。

假设在交战中敌方战机在我方战机的攻击区域内，那么我方战机可以分配导弹给该目标，若不在攻击区域内则不分配。设在静态 WTA 问题中，我方战机的数量为 I 架，敌方战机的数量为 J 架，我方战机总共携带 Z 个拦截导弹，其中第 i 架带弹 L_i 个，且 $1 \leqslant L_i \leqslant 4$，则有

$$Z = \sum_{i=1}^{I} L_i \tag{4-58}$$

定义集合 $G = \{z, z = 1, 2, \cdots, Z\}$，$z$ 为第 i 架战机携带的 L_i 个导弹中的第 r 个在集合 G 中的编号，则 z 与 r 的关系为

$$z = \sum_{f=1}^{i-1} L_f + r \tag{4-59}$$

若我方第 z 个导弹对敌方第 j 架战机的优势值 S_{zj} 被视作导弹 z 对敌机的命中概率，则敌机被攻击后的生存概率为 $1 - S_{zj}$。我方完成导弹-敌机之间的分配后，敌机对我机 B_i 的期望剩余威胁表示为

$$T_c = T_{ji} \cdot \prod_{z=1}^{Z} (1 - S_{zj}) X_{zj} \tag{4-60}$$

WTA 问题即以最小化敌方对我方的剩余威胁为目标函数，表示为

$$E(X^*) = \arg\min \sum_{j=1}^{J} \sum_{i=1}^{I} \left\{ T_{ji} \cdot \left[\prod_{z=1}^{Z} (1 - S_{zj}) X_{zj} \right] \right\}, \quad X \in \Omega \tag{4-61}$$

式中，Ω 为所有可行的导弹-敌方战机的分配方案构成的集合；X 为分配矩阵，表示 WTA 方案；元素 X_{zj} 为布尔值，$X_{zj} = 1$ 表示第 z 个导弹攻击目标 j，$X_{zj} = 0$ 表示不攻击，且 $\sum_{j=1}^{J} X_{zj} = 1$，表示一个导弹只能攻击一架敌机。

基于态势评估得到的威胁矩阵和优势矩阵，利用粒子群优化（PSO）算法即可求解静态 WTA 问题的目标函数。将整个粒子群集合视为导弹-敌机目标分配的方案集合，粒子在迭代后得到的最小剩余威胁值为局部最优解，所有粒子的最小剩余威胁值作为全局最优解，对应关系如图 4-11 所示。

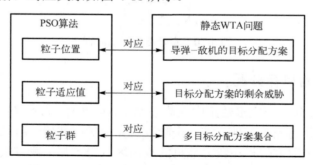

图 4-11　PSO 算法与静态 WTA 问题的对应关系

根据局部最优解 P_i 和全局最优解 P_g 以及当前状态，粒子的速度和位置更新公式分别为

$$V_i(k+1) = wV_i(k) + c_1 \cdot r_1[P_i(k) - X_i(k)] + c_2 \cdot r_2[P_g(k) - X_i(k)] \tag{4-62}$$

$$X_i(k+1) = V_i(k+1) + X_i(k) \tag{4-63}$$

式中，w 是惯性因子；c_1 和 c_2 是学习因子；r_1 和 r_2 为 0～1 的随机数。

由于 V_i 的值通常不是正整数，但是 X_i 表示敌机的编号，因此需要对 X_i 取整数并作限制。在交战中由于双方位置的不确定性，我机的攻击范围内可能只存在部分敌机，此部分敌机的编号集合为 M_i，该集合的最大值为 $M_{\max}$，最小值为 $M_{\min}$。因此，PSO 算法中的粒子位置做如下修改：

$$X_i(k+1) = \begin{cases} M_{\max}, & \lfloor X_i(k+1)\rfloor \notin M_i \text{且} \lfloor X_i(k+1)\rfloor > M_{\max} \\ M_{\min}, & \lfloor X_i(k+1)\rfloor \notin M_i \text{且} \lfloor X_i(k+1)\rfloor < M_{\min} \\ \lfloor X_i(k+1)\rfloor, & \text{其他} \end{cases} \tag{4-64}$$

利用 PSO 算法求解静态 WTA 问题的仿真结果如图 4-12 所示，可以看出分配方案比较合理，目标分配算法也具有较好的稳定性[8]。

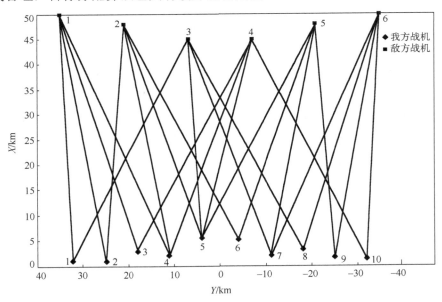

图 4-12　静态武器目标分配仿真结果

4.4.4　动态武器目标分配

静态 WTA 模型无法解决饱和攻击、新目标攻击以及攻击时机确定等问题，为此有必要研究动态 WTA 模型。动态 WTA 是一个动态的决策过程，需要实时考虑目标运动、打击时间和武器转火时间，并且上一阶段的交战结果如剩余武器数量、目标毁伤情况等会对下一阶段的 WTA 方案产生影响。

动态 WTA 的决策过程如图 4-13 所示。在初始阶段，我方战机分配部分导弹拦截敌方战机；在第二阶段，又将上次分配结果(敌方生存情况、我方武器信息)作为新阶段的已知参数，我方再次对当前目标重新分配，循环往复，直至满足终止条件。

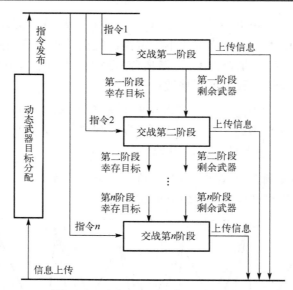

图 4-13　动态 WTA 决策过程示意图

动态 WTA 问题本质上可以简化为多个阶段的静态 WTA，在每个阶段开始分配之前，都要对上次目标分配结果进行评价，并要结合当前双方新的态势评估信息。由于动态 WTA 是随时间变化的动态过程，双方态势时刻都在变化，因此目标分配需满足如下约束条件。

(1)打击时间窗约束。我机打击敌机的时间须满足打击时间窗约束，假设我机打击敌机的时间为 t_a，则打击时间窗约束表示为 $t_{in} \leq t_a \leq t_{out}$，$t_{in}$ 为敌机抵达我机武器最大射程的时间，t_{out} 为敌机飞离我机武器最大射程的时间。

(2)转火时间窗约束。我机在发射一次导弹后需经过一定时间完成武器转火，之后才能参与下一次分配。设 t_s 为我机开始拦截敌机的时间，Δt 为转火时间，t_e 为我机可以分配下一个目标的时间，则转火时间窗约束表示为 $t_e \geq t_s + \Delta t$。

1. 粒子群优化算法

动态 WTA 问题的假设条件与静态 WTA 类似，例如，双方位置等交战信息已知，除双方位置和导弹数量变化外，战机的其他性能信息不变，且无新的敌机出现；我机只能选择攻击范围内的敌机。然而，与静态 WTA 问题相区别，动态 WTA 的每个阶段以敌机生存概率最小的原则来寻求我机-敌机之间的分配，而非我方导弹-敌机之间的分配。因此，双方交战的第 t 阶段目标函数表示为

$$E_t(X^*) = \arg\min \sum_{j=1}^{J_t} \sum_{i=1}^{I_t} \left\{ T_{ji}(t) \cdot \left[\prod_{i=1}^{I_t} (1 - S_{ij}(t)) X_{ij}(t) \right] \right\}, \quad X \in \Omega_t \qquad (4\text{-}65)$$

式中，$\sum_{j=1}^{J_t} X_{ij}(t) = 1$ 表示我方战机一次只能攻击一个目标(考虑武器转火时间)。

采用 PSO 算法来求解动态 WTA 问题，基本原理与静态 WTA 问题类似，算法流程图如图 4-14 所示。每个阶段的目标分配都需要基于实时战场环境计算态势评估矩阵，再由 PSO 算法求解出目标分配方案。完成目标分配后，须进行战场评估，计算敌机的累计生存概率，若大于生存阈值，则判定该战机被击中，否则仍将其作为待拦截目标，由此更新敌机数量和我方导弹数量。当敌机数量或我方导弹数量为 0 时，目标分配过程停止，交战结束。

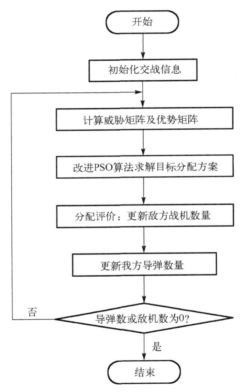

图 4-14　基于 PSO 算法的动态 WTA 流程图

图 4-15 给出了基于 PSO 算法的多导弹目标分配结果，交战双方都有 20 架战机，共进行了 3 次目标分配，最终所有敌机均被拦截，我方也无剩余导弹[9]。

2. 蚁群优化算法

蚁群优化(ACO)算法被广泛用于求解离散优化问题，因此也适合解决动态 WTA 问题。

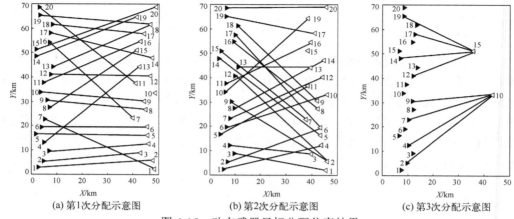

(a) 第1次分配示意图   (b) 第2次分配示意图   (c) 第3次分配示意图

图 4-15　动态武器目标分配仿真结果

针对上述动态 WTA 问题，ACO 算法中的蚂蚁代表我方战机，路径节点代表敌方战机，一条路径代表一个目标分配方案，将目标分配的候选方案集合转化为蚁群的候选路径图。

设 t 时刻我方第 i 架战机选择敌方第 j 架战机的转移概率为

$$p_{ij}(k) = \begin{cases} \dfrac{[\tau_{ij}(k)]^{\alpha} \cdot [\eta_{ij}(k)]^{\beta}}{\sum\limits_{s \in \Omega} [\tau_{is}(k)]^{\alpha} \cdot [\eta_{is}(k)]^{\beta}}, & j \in \Omega \\ 0, & j \notin \Omega \end{cases} \tag{4-66}$$

式中，Ω 为我机可选择的敌机编号集合；τ_{ij} 为我机 i 到敌机 j 的信息量；η_{ij} 为启发函数，取值为 S_{ij}；α 为信息启发式因子；β 为期望启发式因子。

我机-敌机之间的信息素会随着时间的流逝逐渐挥发，所有蚂蚁巡回一次后，信息素进行全局更新，计算公式表示为

$$\tau_{ij}(k+1) = (1-\rho) \cdot \tau_{ij}(k) + S_{ij} \Delta \tau_{ij} / E(k) \tag{4-67}$$

式中，ρ 为信息素挥发因子；$\Delta \tau_{ij} = \sum\limits_{l=1}^{m} \Delta \tau_{ij,l}$，表示 m 只蚂蚁分泌在第 i 架我机-第 j 架敌机之间的信息素总增量，且

$$\Delta \tau_{ij,l} = \begin{cases} S_{ij} \dfrac{\tau_{\max} - (I-i+1)(\tau_{\max} - \tau_{\min})/Z}{(I-1)(\tau_{\max} + \tau_{\min})/2}, & X_{ij} = 1 \\ 0, & X_{ij} = 0 \end{cases} \tag{4-68}$$

其中，I 为我机总数；$\tau_{\max}$、$\tau_{\min}$ 分别为信息素最大、最小更新常数。

基于蚁群优化算法的动态 WTA 流程如图 4-16 所示。蚂蚁按照我机编号顺序依次分配敌机，视作遍历一条路径。我机根据状态转移概率选择敌机，要求所选目标在我机的攻击范围内，将已分配过的敌机编号存入集合，然后考虑还未分配的敌机，

避免重复访问。若所有敌机都已被分配武器，我机也都进行了分配，则清空集合，可以重新分配合适的敌机。

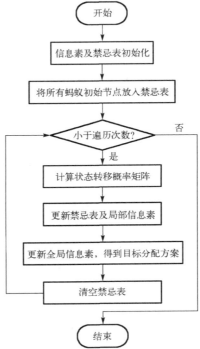

图 4-16 基于蚁群优化算法的动态 WTA 流程图

3. 混合蛙跳算法

上述研究的动态 WTA 问题是以最小化敌方目标群的剩余威胁或生存概率为优化目标，这里进一步将最大化敌方目标群的摧毁概率作为另一优化目标，并采用混合蛙跳算法（SFLA）求解[10]。

动态 WTA 问题的优化目标函数改写为

$$
\begin{cases}
\min E = \displaystyle\sum_{j=1}^{J}\sum_{i=1}^{I}\left\{\prod_{t=1}^{t_{\max}}\prod_{z=1}^{Z(t)}T_{ji}(t)\times[1-S_{zj}(t)]^{X_{zj}(t)}\right\} \\
\max F = \displaystyle\sum_{j=1}^{J}\left\{1-\prod_{t=1}^{t_{\max}}\prod_{z=1}^{Z(t)}[1-S_{zj}(t)]^{X_{zj}(t)}\right\}
\end{cases}
\tag{4-69}
$$

式中，t 为分配阶段；$t_{\max}$ 为阶段总数；Z 为剩余武器总数；I、J 分别为我方飞行器群和敌方目标群的规模；X_{zj} 为决策矩阵；S_{zj} 为第 z 个武器对第 j 个目标的优势值，代表杀伤概率；T_{ji} 为第 j 个敌方目标对第 i 个我方飞行器的威胁值，代表摧毁概率；$(1-S_{zj})$ 表示第 z 个我方武器被分配攻击第 j 个敌方目标时的目标生存概率；$\prod_{t=1}^{t_{max}}\prod_{z=1}^{Z(t)}[1-S_{zj}(t)]^{X_{zj}(t)}$ 表示第 j 个目标的生存概率；E 表示尽可能减小敌方目标群的总预期威胁值；F 表示尽可能多地摧毁敌方目标。

动态 WTA 问题的约束条件包括：

$$\sum_{j=1}^{J}X_{zj}(t)=1 \tag{4-70}$$

$$\sum_{z=1}^{Z}X_{zj}(t)\leqslant Z_j(t) \tag{4-71}$$

$$\sum_{t=1}^{t_{max}}\sum_{j=1}^{J}X_{zj}(t)\leqslant Z(t) \tag{4-72}$$

$$X_{zj}(t)\leqslant f_{zj}(t) \tag{4-73}$$

式中，$f_{zj}(t)$ 为交战可能性，值为 1 表示第 t 阶段第 z 个武器可以打击第 j 个目标，否则为 0。式 (4-70) 表示在 t 阶段每个武器只能攻击一个目标。式 (4-71) 表示在 t 阶段最多有 Z_j 个武器可以分配给第 j 个目标。式 (4-72) 表示在 t 阶段最多有 Z 个武器可供分配。式 (4-73) 表示时间窗约束，确保武器的每次打击必须满足每个阶段的交战可行性。

目标函数可改写为

$$D(X)=\min\left\{w_1\sum_{j=1}^{J}\sum_{i=1}^{I}\left(T_{ji}\prod_{t=1}^{t_{max}}\prod_{z=1}^{Z}(1-S_{zj}(t))^{X_{zj}(t)}\right)\right.$$
$$\left.+w_2\left[J-\sum_{j=1}^{J}\left(1-\prod_{t=1}^{t_{max}}\prod_{z=1}^{Z}(1-S_{zj}(t))^{X_{zj}(t)}\right)\right]\bigg/J\right\}+\Phi(X) \tag{4-74}$$

式中，惩罚函数 $\Phi(X)=\sum_{i=1}^{4}\lambda_i\varphi_i(X)=\lambda_1\varphi_1(X)+\lambda_2\varphi_2(X)+\lambda_3\varphi_3(X)+\lambda_4\varphi_4(X)$，$\lambda_i(i=1,2,3,4)$ 为惩罚权重，且

$$\varphi_1(X)=\min\left(0,1-\sum_{j=1}^{J}X_{zj}(t)\right) \tag{4-75}$$

$$\varphi_2(X)=\min\left(0,\sum_{t=1}^{t_{max}}Z_j(t)-\sum_{z=1}^{Z}X_{zj}(t)\right) \tag{4-76}$$

$$\varphi_3(X)=\min\left(0,\sum_{t=1}^{t_{max}}Z(t)-\sum_{t=1}^{t_{max}}\sum_{j=1}^{J}X_{zj}(t)\right) \tag{4-77}$$

$$\varphi_4(X) = \min\left\{0, \sum_{z=1}^{Z}\sum_{j=1}^{J}\sum_{t=1}^{t_{max}}[f_{zj}(t) - X_{zj}(t)]\Big|X_{zj}(t)=1\right\} \qquad (4\text{-}78)$$

SFLA 算法是一种基于生物种群或社会文化群体信息交流的群体智能算法，由学者 Eusuff 和 Lansey 于 2000 年提出。对于 SFLA 算法的生物机理存在两种解释：其一，模仿自然界蛙群在沼泽地的若干石块上分群搜索含食物最多的石块的过程；其二，模仿社会群体如陶瓷匠群体定期举行文化交流会以求相互促进的过程。SFLA 算法的全局搜索策略受微粒群算法启发，而局部搜索策略受复合型进化算法启发，该算法将整个蛙群划分为多个复合体，分别进行内部学习以得到局部进化，并将各复合体进行混合以促进全局进化。基于 SFLA 算法的武器目标分配流程如图 4-17 所示。

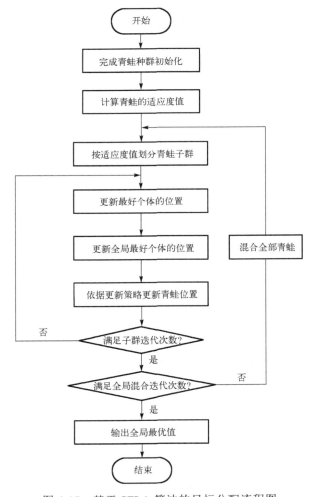

图 4-17　基于 SFLA 算法的目标分配流程图

　　为改进 SFLA 算法的全局搜索能力和收敛速度，提出一种自适应 SFLA 算法，主要对 SFLA 算法的种群内部进化策略进行改进，体现在：①传统 SFLA 算法在每一个子群中只考虑最差和最优的粒子，而自适应 SFLA 算法将子群中的每个粒子都两两对应进行了进化操作，如最好-最差、次好-次差等；②自适应 SFLA 算法对变异操作进行了一定的优化，把高斯变异和柯西变异结合起来，离散高斯变异具有较强的局部搜索能力，可以提高算法的收敛速度，离散柯西变异则具有较强的全局搜索能力，当算法可能陷于局部最优时，能够以很大概率引导个体跳出局部最优区域，由此平衡全局搜索和局部搜索的关系。

　　在自适应 SFLA 算法的基础上，进一步引入非支配排序方法，可以得到非支配 SFLA 算法，算法策略为：①运用非支配排序算法和拥挤度距离测算，很好地将单目标优化转为多目标优化，再将多目标进行排序，实现从种群规模 $2N$ 个中筛选出最优秀的 N 个；②对于每个个体包含两个特征，一是非支配序，二是拥挤度距离，如果两个个体的非支配排序不同，取排序号较小的个体(分层排序时，先被分离出来的个体)，如果两个个体在同一级，取周围较不拥挤的个体，通过以上"精英策略"操作，既保留了后代优秀的个体，也保证了在进化过程中种群数量的稳定。

4.5　多弹协同制导

4.5.1　协同制导原理

　　随着导弹防御系统的不断升级，单一作战的导弹难以突破敌防御系统实施有效打击。受到狼群围捕猎物等生物集群现象的启发，多弹协同作战利用空间和时间上的相互协同，实现多角度发动协同攻击或防御，能够提高导弹的突防概率和对目标的杀伤能力，实现作战效能的最大化。

　　多弹协同攻击是指多个导弹协同攻击一个或多个目标，或者在特定情况下同时攻击。显然，现有的防御系统很难同时防御突入视线的多个导弹或集群。为了实现空间、时间的协同攻击，需要设计能够满足要求的协同制导律，引导导弹在任务时间内精确地到达指定位置。多弹协同制导律的设计方法主要包括以下几点。

　　(1)独立式协同制导方法。多弹系统会预先向所有成员发出一个共同的碰撞时间指令，然后所有导弹都单独寻的、瞄准目标和实施攻击。导弹之间不存在通信网络，互相不进行联络交换信息，当前导弹无法获取和感知其他导弹的状态信息，因此无法对其进行利用，一般会根据提前设计的协同制导律引导飞行。这种协同方式采用了开环形式，难以保证协同效果。

　　(2)综合式协同制导方法。多弹系统的每个导弹会获取群体内相邻的部分或者所有导弹的状态信息以及自身的信息，然后通过合作寻的和相互通信，形成一致协同制导指令，最终实现同步到达。这种协同方式属于闭环形式，剩余飞行时间较长的导弹会选择走捷径，而剩余飞行时间较短的导弹会选择绕道而行。

　　导弹的杀伤性能与攻击角度、时间有关，即碰撞角和碰撞时间是飞行器寻的制导的两个重要约束条件。典型场景是采用反舰导弹与现代战舰进行交战，现代战舰的防御系统一般包含地对空导弹系统、电子对抗系统和近程武器系统等。撞击时间控制可以用于反舰导弹对舰载防御系统如近程武器系统进行齐射攻击，充分利用了多目标交战中防御系统难以一对多交战的漏洞。碰撞角控制可以用于增强反舰导弹的战斗部效果。典型的近程武器系统能够覆盖一定范围和方位的扇形区域，为了最大限度地提高齐射攻击的有效性，所有导弹都需要在方位角上的狭窄区域内接近目标，以诱导近程武器系统展开一对多交战，这就要求所有导弹能够沿着给定的撞击角以及撞击时间打击目标。

　　因此，为了最大化杀伤能力，考虑同时对导弹系统的碰撞时间和碰撞角度进行约束，此时导弹的初始条件和终端约束分别表示为

$$y(x_0) = y_0, \quad t(x_0) = 0, \quad \theta(x_0) = \theta_0 \tag{4-79}$$

$$y(x_f) = y_f, \quad t(x_f) = t_d, \quad \theta(x_f) = \theta_d \tag{4-80}$$

式中，t_d、θ_d 分别为期望的碰撞时间和碰撞角度。

4.5.2　时间约束独立式协同制导

　　应用于齐射攻击的碰撞时间可控制导(ITCG)算法能够使多个导弹在指定的碰撞时间内击中目标，它将剩余碰撞时间作为协调信息，当前剩余碰撞时间和期望碰撞时间之间的差作为调整量，底层导引方法采用比例导引法[11]。

　　假设导弹速率的大小为常数、方向可变，法向加速度指令分成两个部分，即 $a_m = a_B + a_F$，a_B 是用于减小脱靶量的反馈制导指令，a_F 是用于调节碰撞时间的附加制导指令。

1. 反馈制导指令

　　反馈制导指令 a_B 是通过求解最优制导问题获得的，此时假设附加制导指令 a_F 为常数。将最优制导问题转化为如下线性系统的最优控制问题，动态方程表示为

$$\begin{bmatrix} \dfrac{\mathrm{d}y}{\mathrm{d}x} \\ \dfrac{\mathrm{d}\theta_m}{\mathrm{d}x} \end{bmatrix} = \begin{bmatrix} 0 & 1 \\ 0 & 0 \end{bmatrix} \begin{bmatrix} y \\ \theta_m \end{bmatrix} + \begin{bmatrix} 0 \\ \dfrac{1}{V_m^2} \end{bmatrix} a_B + \begin{bmatrix} 0 \\ \dfrac{1}{V_m^2} \end{bmatrix} a_F \tag{4-81}$$

代价函数表示为

$$J = \frac{1}{2} \int_{x_0}^{x_f} a_B^2(x)\,\mathrm{d}x \tag{4-82}$$

碰撞时间约束条件表示为

$$\int_{x_0}^{x_f} \sqrt{\theta_m^2(x) + 1}\, \mathrm{d}x = V_m t_d \tag{4-83}$$

为了求解方便，做如下无量纲处理：

$$T = \frac{t}{t_d}, \quad X = \frac{x}{V_m t_d}, \quad Y = \frac{y}{V_m t_d}, \quad u_B = \frac{a_B}{V_m / t_d}, \quad u_F = \frac{a_F}{V_m / t_d} \tag{4-84}$$

使得上述最优制导问题转化为如下最优控制问题的形式：

$$\begin{bmatrix} \dfrac{\mathrm{d}Y}{\mathrm{d}X} \\ \dfrac{\mathrm{d}\theta_m}{\mathrm{d}X} \end{bmatrix} = \begin{bmatrix} 0 & 1 \\ 0 & 0 \end{bmatrix} \begin{bmatrix} Y \\ \theta_m \end{bmatrix} + \begin{bmatrix} 0 \\ 1 \end{bmatrix} u_B + \begin{bmatrix} 0 \\ 1 \end{bmatrix} u_F \tag{4-85}$$

$$J = \frac{1}{2} \int_{X_0}^{X_f} u_B^2(X)\, \mathrm{d}X \tag{4-86}$$

$$\int_{X_0}^{X_f} \sqrt{\theta_m^2(X) + 1}\, \mathrm{d}X = 1 \tag{4-87}$$

构造哈密顿函数：

$$H = \frac{1}{2} u_B^2 + \lambda_1 \theta_m + \lambda_2 (u_B + u_F) \tag{4-88}$$

由最优性条件 $\partial H / \partial u_B = 0$，得到最优反馈制导指令为

$$u_B = -\lambda_2 = -K(X_f - X) \tag{4-89}$$

式中，K 是满足终端条件的连续参数：

$$K = \frac{-3\left(Y_f - \theta_{m0} X_f - \dfrac{1}{2} u_F X_f^2\right)}{X_f^3} \tag{4-90}$$

因此，初始时刻的反馈制导指令可以表示为 u_F 的函数，即

$$u_B = 3\left(\frac{Y_f}{X_f^2} - \frac{\theta_{m0}}{X_f}\right) - \frac{3}{2} u_F \tag{4-91}$$

从而得到连续时间的反馈制导律为

$$u_B = u_P - \frac{3}{2} u_F \tag{4-92}$$

式中，$u_P = 3(Y_{go} - \theta_m X_{go}) / X_{go}^2$，$X_{go} = X_f - X$，$Y_{go} = Y_f - Y$，$u_P$ 为导航比是 3 的比例导引线性近似值。

2. 附加制导指令

附加制导指令的作用是使导弹满足期望碰撞时间要求，从而实现多弹协同。它也能使导弹的寻的路径长度等于所需的射程，即导弹速度和期望碰撞时间的乘积。

将最优反馈制导律(4-92)代入动态方程(4-85)，可得

$$\theta_m(\eta) = \alpha\eta^2 + \beta\eta + \gamma, \quad \eta \in (X, X_f) \tag{4-93}$$

式中，$\alpha = K/2$；$\beta = u_F - KX_f$；$\gamma = \theta(X) + KX_f X - KX^2/2 - u_F X$。然后，将碰撞时间终端约束方程按照泰勒级数展开，舍去高阶项，可得期望的剩余飞行时间为

$$\bar{T}_{go} = \int_X^{X_f} \sqrt{\theta_m^2(\eta) + 1}\, d\eta \approx \int_X^{X_f} \left(1 + \frac{1}{2}\theta_m^2(\eta)\right) d\eta = X_{go} + \frac{1}{2}\sum_{n=1}^{5}\frac{c_n}{n}(X_f^n - X^n) \tag{4-94}$$

式中，$c_1 = \gamma^2/2$；$c_2 = \beta\gamma$；$c_3 = \beta^2 + 2\alpha\gamma$；$c_4 = \alpha\beta$；$c_5 = \alpha^2/2$。式(4-94)可以进一步改写为如下形式：

$$u_F^2 + 2u_P u_F + 16u_P^2 + \frac{80\theta_m u_P}{X_{go}} + \frac{240(1 + \theta_m^2/2)}{X_{go}^2} - \frac{240\bar{T}_{go}}{X_{go}^3} = 0 \tag{4-95}$$

令碰撞时间的误差为 $\varepsilon_T = \bar{T}_{go} - \hat{T}_{go}$，$\hat{T}_{go}$ 为比例导引下的剩余飞行时间估计值。由于附加制导指令用于调节碰撞时间，因此当 $u_F = 0$ 时，有 $\varepsilon_T = 0$，由此可得剩余飞行时间估计值为

$$\hat{T}_{go} = \frac{u_P^2 X_{go}^3}{15} + \frac{u_P \theta_m X_{go}^2}{3} + \left(1 + \frac{\theta_m^2}{2}\right)X_{go} \tag{4-96}$$

进一步转换到沿视线的极坐标系中，可得

$$\hat{T}_{go} = \left[1 + \frac{(\theta_m - q)^2}{10}\right]R_{go} \tag{4-97}$$

式中，$R_{go} = \sqrt{X_{go}^2 + Y_{go}^2}$。

联立式(4-95)、式(4-96)和式(4-97)，可得附加制导指令为

$$u_F = -u_P + u_P\sqrt{1 + \frac{240\varepsilon_T}{u_P^2 X_{go}^3}} \tag{4-98}$$

3. 综合制导指令

ITCG 算法得到的制导指令为

$$u_m = u_B + u_F = u_P - \frac{1}{2}u_F = u_P + \frac{1}{2}u_P - \frac{1}{2}u_P\sqrt{1 + \frac{240\varepsilon_T}{u_P^2 X_{go}^3}} \tag{4-99}$$

$$\approx \frac{3}{2}u_P - \frac{1}{2}u_P\left(1 + \frac{120\varepsilon_T}{u_P^2 X_{go}^3}\right) = u_P - \frac{60\varepsilon_T}{u_P X_{go}^3}$$

因此，时域内物理意义下的 ITCG 算法产生的导弹法向加速度指令为

$$a_m = \frac{V}{t_d} u_m = \frac{V_m}{t_d}\left[\frac{a_P}{\frac{V_m}{t_d}} - \frac{60\varepsilon_t / t_d}{\frac{a_P}{V_m / t_d}(x_{go} / (V_m t_d))^3}\right]$$

$$= a_P - \frac{V_m}{t_d}\frac{60(\varepsilon_t / t_d)(V_m / t_d)(V_m t_d)^3}{a_P x_{go}^3} = a_P - \frac{60 V_m^5 \varepsilon_t}{a_P x_{go}^3} \qquad (4\text{-}100)$$

$$\approx a_P - \frac{60 V_m^5 \varepsilon_t}{a_P r_{go}^3}$$

式中，$r_{go} = \sqrt{x_{go}^2 + y_{go}^2}$ 表示物理意义下的剩余飞行距离；$\varepsilon_t = \bar{t}_{go} - \hat{t}_{go}$ 表示物理意义下的碰撞时间误差，且物理意义下的剩余飞行时间期望值和估计值分别表示为

$$\bar{t}_{go} = t_d \bar{T}_{go} \qquad (4\text{-}101)$$

$$\hat{t}_{go} = t_d \hat{T}_{go} \approx t_d\left[1 + \frac{(\theta_m - q)^2}{10}\right] R_{go} = t_d\left[1 + \frac{(\theta_m - q)^2}{10}\right]\frac{r_{go}}{V_m t_d} = \left[1 + \frac{(\theta_m - q)^2}{10}\right]\frac{r_{go}}{V_m} \quad (4\text{-}102)$$

此外，ITCG 算法得到的制导律在物理意义下的形式可以表示为

$$a_m = a_P - \frac{60 V_m^5 \varepsilon_t}{a_P r_{go}^3} = a_P + k\varepsilon_t \qquad (4\text{-}103)$$

式中，$k = -60 V_m^5 / (a_P r_{go}^3)$。由于附加制导指令与 r_{go}^3 成反比，当弹目距离较短时，为防止制导指令发散，一般当 ε_t 足够小时，ITCG 算法得到的制导指令可以仅使用比例导引指令。

可以看出，ITCG 算法的制导规律是比例导引律与碰撞时间误差的一个组合，反馈制导指令由比例导引律产生，附加制导指令与碰撞时间误差相关，而碰撞时间误差是期望碰撞时间与仅采用比例导引时的估计碰撞时间之差。

若目标的机动性比较显著，则可以使用增广比例导引，即引入目标加速度 u_t，得到制导指令为

$$u_B = N V_m \dot{q} + \frac{N}{2} u_t \qquad (4\text{-}104)$$

通过对比发现，ITCG 算法的制导规律具有增广比例导引的形式，且 $N = 3$。

数值仿真验证表明，采用独立式协同制导的多个导弹可以在期望碰撞时间内打中目标，但是弹道轨迹曲率一般会大于比例导引下的弹道曲率。此外，碰撞时间约束协同制导方法的缺点是末端碰撞角度不可控，在具体应用时需要重点解决最优时间寻的、剩余飞行时间精确估计以及无飞行时间估计下的寻的等关键技术。

4.5.3　时间和角度同时约束独立式协同制导

　　单个导弹的作战效率通常受到飞行速度、最大过载、通信延迟等因素的影响，而多个导弹从不同角度同时打击目标，可以显著提升对目标的杀伤效率。导弹对目标进行拦截或撞击时，碰撞几何非常重要，尤其针对大型目标，往往需要特定的碰撞角。典型的应用场景有多弹协同攻击舰船、无人飞行器集群饱和攻击等，这些应用都将受益于保证碰撞时间和角度要求的协同制导策略。

　　目前，解决碰撞角控制问题的方法较多，如改进的比例导引法、两点边值数值求解法、自适应法、反演法、最优控制理论、Lyapunov 稳定性理论和状态相关黎卡提方程法等。碰撞时间和角度可控制导（ITACG）算法可以同时满足碰撞时间和碰撞角度的约束，在制导精度和算法复杂度方面比较令人满意，能够实现比 ITCG 算法更有效的反舰导弹齐射攻击。然而，ITACG 算法基于最优控制理论设计，鲁棒性不强，而且比较适合于静止或慢速度目标。为此，下面提出一种结合二阶滑模控制和反演控制的协同制导算法，解决碰撞时间和角度同时约束的机动目标协同攻击问题，并提高多弹系统的鲁棒性[12]。

　　传统的导弹制导方法如比例导引法难以控制撞击时间，因为它为了增加剩余飞行时间，导弹可能需要通过增大视线角速率来远离目标，而为了击中目标又通常将视线角速率置零，只要视线角速率持续降低，就不能增加剩余飞行时间。因此，只有合理选择一条视线角速率的变化轨迹，才能保证导弹在指定时间和角度下撞击目标。

　　导弹的期望弹目视线角及角速率分别表示为

$$q_d(x) = a\frac{x^4}{x_t^4} + b\frac{x^3}{x_t^3} + c\frac{x^2}{x_t^2} + d\frac{x}{x_t} + e \tag{4-105}$$

$$\dot{q}_d(x) = 4a\frac{x^3}{x_t^4} + 3b\frac{x^2}{x_t^3} + 2c\frac{x}{x_t^2} + d\frac{1}{x_t} \tag{4-106}$$

式中，a、b、c、d、e 为系数；引入 $1/x_t$ 是为了进行归一化。根据视线角及角速率的初始条件，以及为了满足碰撞时间和角度约束的视线角及角速率边界值条件，即可解得这些系数为

$$b = -\frac{2(x_t + x_0)}{x_t}a + \frac{x_t^3}{(x_t - x_0)^2}\dot{q}_0 - \frac{2x_t^3}{(x_t - x_0)^3}(\theta_t - q_0) \tag{4-107}$$

$$c = \frac{(x_t^2 + 4x_0 x_t + x_0^2)}{x_t^2}a - \frac{x_t^2(2x_t + x_0)}{(x_t - x_0)^2}\dot{q}_0 + \frac{3x_t^2(x_t + x_0)}{(x_t - x_0)^3}(\theta_t - q_0) \tag{4-108}$$

$$d = -\frac{2x_0(x_t+x_0)}{(x_t-x_0)^3}a + \frac{x_t^2(x_t+2x_0)}{(x_t-x_0)^2}\dot{q}_0 - \frac{6x_t^2x_0}{(x_t-x_0)^2}(\theta_t-q_0) \tag{4-109}$$

$$e = a\frac{x_0^2}{x_t^2} + \frac{x_t^3q_0 - 3x_0x_t^2q_0 + 3x_0^2x_t\theta_t - x_0^3\theta_t}{(x_t-x_0)^3} + \frac{x_0(2x_0^2-4x_0x_t-x_t^2)}{(x_t-x_0)^2}\dot{q}_0 \tag{4-110}$$

可以看出，系数 b、c、d、e 与 a 相关，通过改变 a 的取值，可以生成合适的视线角速率变化轨迹，从而减小碰撞时间误差，实现时间和角度协同。一般情况下，期望碰撞时间需要大于纯比例导引下的碰撞时间，且期望碰撞时间过大会增加脱靶率。通过对 a 值进行迭代，获得期望碰撞时间的合理范围。

为了解决滑模控制中的抖振现象，可以采用高阶滑模控制方法，并结合反演法减少高阶滑模的计算复杂度。滑模面先选取为

$$s = q - q_d \tag{4-111}$$

求导得到

$$\dot{s}(x) = \dot{q}(x) - \dot{q}_d(x) \tag{4-112}$$

为了使滑模面在有限时间内趋近于零，基于 Lyapunov 函数法，趋近律选择为

$$\dot{s} = -\frac{k_1s^3 + k_2s}{t_d - t} \tag{4-113}$$

式中，$k_1 > 1$，$k_2 > 1$。为了在有限时间内到达上述趋近轨迹，滑模面重新选取为

$$s_2 = \dot{s} + \frac{k_1s^3 + k_2s}{t_d - t} \tag{4-114}$$

基于 Lyapunov 函数法，协同制导律设计为

$$a_m = \frac{rV_m^2\cos^2\theta_m}{\cos(\theta_m-q) + \tan\theta_m\sin(\theta_m-q)}\left\{-\frac{\sin[2(\theta_m-q)]}{r^2\cos^2\theta_m} - \frac{12ax^2}{(x_t-x_0)^4} - \frac{6bx}{(x_t-x_0)^3}\right.$$
$$\left. -\frac{2c}{(x_t-x_0)^2} + (\varsigma + |\varepsilon_{\max}|)\text{sat}\left(\dot{s} + \frac{k_1s^3 + k_2s}{x_t-x}\right) + \frac{3k_1s^2\dot{s}(x_t-x) + k_2\dot{s} + k_1s^3 + k_2s}{(x_t-x)^2}\right\} \tag{4-115}$$

式中，ς 为正数；$|\varepsilon_{\max}|$ 为外界干扰的上界；引入饱和函数 sat(·) 取代开关函数，以防止抖振发生。

在此协同制导律的作用下，多导弹系统具有渐近稳定性，能够以期望攻击角度实施目标打击。目标运动情况下的协同制导仿真结果如图 4-18 所示，结果表明多个导弹均可在期望时间内完成攻击角度约束的协同打击。

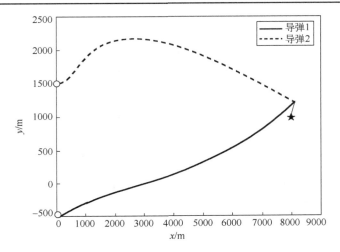

(a) 弹目运动轨迹

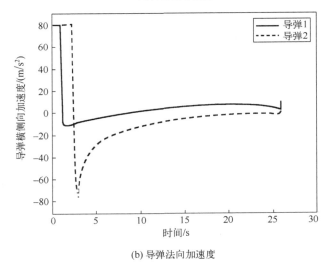

(b) 导弹法向加速度

图 4-18 协同制导仿真结果

4.5.4 时间约束综合式协同制导

根据不同协同方式，综合式协同制导可以分成如下两大类。

(1) 集中式协同制导。每个导弹将当前时刻的状态信息送至集中协调单元，在计算获取统一的协调信息后，发送至各个导弹，从而实现碰撞时间的一致性。

(2) 分布式协同制导。每个导弹与相邻导弹进行通信，采用基于局部通信的一致性分布式协调方法，使多个导弹在碰撞时间上达到一致。

1. 集中式协同制导

集中式协同制导是在 ITCG 算法的基础上衍生出的上层制导律协调策略，将 ITCG 中的期望碰撞时间设置为上层协调变量，在底层的 ITCG 算法作用要求下，可以满足碰撞时间一致，实现同时攻击目标的任务。

假设多弹系统由 n 个导弹组成，要求同时攻击某一目标。基于 ITCG 算法，对于第 i（$i=1,2,\cdots,n$）个导弹，协同制导律表示为

$$a_{m,i} = a_{P,i} + k_i(\overline{t}_{go} - \hat{t}_{go,i}) \tag{4-116}$$

式中，$a_{P,i}$ 为第 i 个导弹在比例导引下的法向加速度；$k_i = -60V_{m,i}^5 / (a_{P,i}r_{go,i}^3)$。

将每个导弹的控制能量作为代价函数，即

$$J_i = a_{m,i}^2 \tag{4-117}$$

则多弹系统的代价函数为

$$J = \sum_{i=1}^{n} J_i = \sum_{i=1}^{n}[a_{P,i} + k_i(\overline{t}_{go} - \hat{t}_{go,i})]^2 \tag{4-118}$$

将总代价函数取最小值时的期望剩余飞行时间作为协调变量，即

$$\overline{t}_{go}^* = \arg\min_{\overline{t}_{go}} J = \frac{\sum\limits_{i=1}^{n}(k_i^2\hat{t}_{go,i} - k_i a_{P,i})}{\sum\limits_{i=1}^{n} k_i^2} \approx \frac{\sum\limits_{i=1}^{n} k_i^2\hat{t}_{go,i}}{\sum\limits_{i=1}^{n} k_i^2} \tag{4-119}$$

式中，因 $k_i a_{P,i}$ 与 $k_i^2\hat{t}_{go,i}$ 相比较小，故作忽略。可以看出，协调变量即每个导弹剩余飞行时间估计值的广义加权平均值。在实际应用中，纯比例导引产生的法向加速度绝对值可能较小，为了使数值特性更好，协调变量计算式的分子和分母可以同时乘以 $\sum\limits_{i=1}^{n} a_{P,i}^2$。

综上，多弹集中式协同制导原理如图 4-19 所示，每个导弹的底层导引采用 ITGC 算法，将每个导弹的协调参数 $(k_i, \hat{t}_{go,i})$ 发送给集中单元，在集中单元中计算协调变量 $\overline{t}_{go}^*$，然后反传给各个导弹，每个导弹收到协调变量后，计算得到各自的法向加速度指令，从而引导与控制导弹完成碰撞时间约束下的协同制导任务。

2. 分布式协同制导

分布式协同制导能够分散化协调多弹系统的期望剩余飞行时间，同时尽可能地保留集中式协同制导能量的最优性。

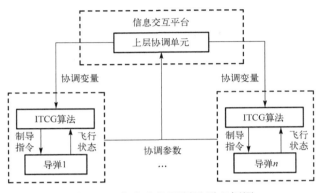

图 4-19　集中式协同制导原理框图

假设多弹系统由 n 个导弹组成，多弹通信网络构成有向图 $G = (N, E, A)$，其中 N 表示通信导弹节点；E 表示导弹之间的通信链；A 表示有向拓扑网络 G 的邻接矩阵；$A = [A_{ij}] \in \mathbb{R}^{n \times n}$。要求设计协同制导律，使得多个导弹同时打中某一目标，基于多智能体系统的一致性理论，分布式协同算法设计为

$$\dot{\overline{t}}_{go,i} = -\frac{1}{\gamma_i} \sum_{j=1}^{n} A_{ij} (\overline{t}_{go,i} - \overline{t}_{go,j}) \tag{4-120}$$

式中，$\overline{t}_{go,i}$ 为各个导弹的期望剩余飞行时间；γ_i 为加权系数，且 $\gamma_i = (V_{m,i}^5 / (a_{P,i} r_{go,i}^3))^2$。

若要实现多弹系统渐近收敛，则需要导弹通信拓扑网络生成有向生成树，此时多弹系统中每位成员的期望剩余飞行时间一致收敛，即

$$\lim_{t \to \infty} \overline{t}_{go,i} = \lim_{t \to \infty} \overline{t}_{go,j} \approx \overline{t}_{go}^*, \quad \forall i, j \in n \tag{4-121}$$

综上，多弹分布式协同制导原理如图 4-20 所示，每个导弹使用分布式协调单元，接收来自通信网络的其他导弹的期望剩余飞行时间信息，然后利用一致性协同算法修正自身的期望剩余飞行时间，接着利用 ITCG 算法生成制导指令，从而引导与控制多弹系统完成碰撞时间约束下的协同制导任务。

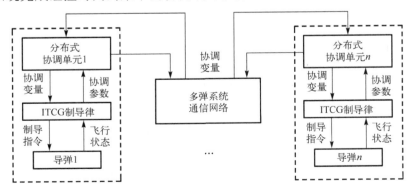

图 4-20　分布式协同制导原理框图

一般情况下，集中式协同制导具有比分布式协同制导更好的性能，因为分布式协同算法在期望剩余飞行时间一致收敛过程中需要耗费一定的时间。三个导弹协同制导的数值仿真结果如图 4-21 所示，图中虚线是纯比例导引方法结果，实线是协同制导方法结果，可以看出集中式和分布式协同都可以实现具有碰撞时间约束的协同制导任务[13]。

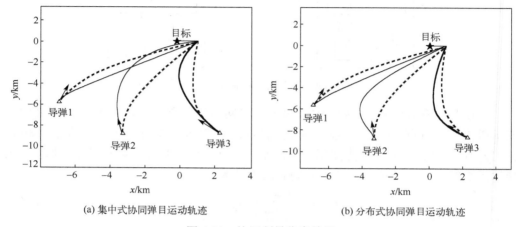

(a) 集中式协同弹目运动轨迹　　　　　　　　　　(b) 分布式协同弹目运动轨迹

图 4-21　协同制导仿真结果

综上可知，上述研究是针对 x-y 二维平面的协同制导问题，考虑从应用角度出发，三维空间的协同制导问题研究更有实际意义。为此，文献[14]研究了多弹系统拦截高超声速飞行器的三维空间协同制导问题，基于滑模控制理论分别设计了弹目视线三个方向的制导规律，并引入有限时间干扰观测器估计机动目标的加速度，引入一致性算法实现多弹协同控制，最后通过数值仿真验证了该综合式协同制导技术的有效性。

参 考 文 献

[1] DOGEN M. A study of the effects of sensor noise and guidance laws on SAM effectiveness against cruise missiles[D]. Monterey: Naval Postgraduate School, 2015.

[2] 宋闯, 魏毅寅. 非线性系统理论在导弹控制中的应用研究进展与展望[J]. 战术导弹技术, 2003, 6: 48-53.

[3] 周中凯, 宋闯, 洪诗权, 等. 基于串级自抗扰理论的 BTT 导弹解耦控制器设计[J]. 战术导弹技术, 2018, 6: 78-84.

[4] 宋闯, 赵佳佳, 王康, 等. 面向智能感知的小样本学习研究综述[J]. 航空学报, 2020, 41(S1): 15-28.

[5] 陈林秀, 宋闯, 范宇, 等. 基于分布式信息融合的多传感器目标定位算法[J]. 指挥控制与仿真, 2020, 42(2): 28-33.

[6] 宋闯, 张航, 郝明瑞. 基于 CDKF 的快速协方差交叉融合跟踪算法研究[J]. 导航定位与授时, 2019, 6(5): 38-42.

[7] 王激扬, 张航, 宋闯, 等. 无人飞行器的多源信息融合技术发展综述[J]. 战术导弹技术, 2019, 2: 106-112.

[8] 刘攀. 基于智能优化算法的武器目标分配方法研究[D]. 南京: 南京航空航天大学, 2020.

[9] 刘攀, 徐胜利, 张迪, 等. 基于粒子群优化的多导弹动态武器目标分配算法[J]. 南京航空航天大学学报, 2023, 55(1): 108-115.

[10] ZHAO Y, LIU J C, JIANG J, et al. Shuffled frog leaping algorithm with non-dominated sorting for dynamic weapon-target assignment[J]. Journal of Systems Engineering and Electronics, 2023, 34(4): 1007-1019.

[11] JEON I, LEE J, TAHK M. Impact-time-control guidance law for anti-ship missiles[J]. IEEE Transactions on Control Systems Technology, 2006, 14(2): 260-266.

[12] 刘悦, 张佳梁, 赵利娟, 等. 基于二阶滑模控制的多导弹协同制导律研究[J]. 空天防御, 2020, 3(3): 83-88.

[13] 刘悦. 多导弹协同制导方法研究[D]. 南京: 南京航空航天大学, 2020.

[14] SONG R L, ZHEN Z Y, ZHAO Y. Finite-time observer-based sliding mode cooperative guidance of multi-missile for hypersonic target[C]. International Conference on Autonomous Unmanned Systems, Xi'an, 2022.

第 5 章　高超声速无人飞行器制导与控制

高超声速飞行器飞行速度快，突防能力强，隐蔽性高，具有重要的军事价值。高超声速飞行器的大空域、宽速域、高机动特点使其具有强烈的非线性、快时变、强耦合、不确定、弹性等极为复杂的特性，这给制导与控制系统的设计带来很大的挑战。

本章将介绍高超声速无人飞行器的数学建模、轨迹优化、飞行控制等基本内容，同时也将阐述飞发一体参数化建模的基本原理。

5.1　数学建模分析

5.1.1　飞行器模型建立

高超声速飞行器在飞行过程中，受到气动力、推力和重力的共同作用，产生包括质心平移和绕质心转动的刚体运动，以及飞行器结构的弹性振动。基于拉格朗日方程，高超声速飞行器的动能定理表示为

$$\frac{\mathrm{d}}{\mathrm{d}t}\left(\frac{\partial T}{\partial \dot{q}_i}\right)-\left(\frac{\partial T}{\partial q_i}\right)+\left(\frac{\partial U}{\partial q_i}\right)=Q_i \tag{5-1}$$

式中，T 为飞行器的动能；q_i 为第 i 个广义坐标；U 为势能；Q_i 为广义作用量。

结构振动和刚体运动耦合矢量模型如图 5-1 所示。其中，$O_g\text{-}x_g y_g z_g$ 为惯性坐标系，$O_b\text{-}x_b y_b z_b$ 为机体坐标系，r_p 为机体上的质点 p_i 在惯性坐标系下相对于原点的位移；r_{p_i} 为质点 p_i 相对于机体质心的位移，由机体在不发生变形情况下的位移与机体发生弹性形变产生的位移叠加而成。

随着飞行过程中燃料的不断消耗，高超声速飞行器质量发生很大变化，另外地球自转与公转带来的科式加速度和离心加速度，使飞行器动力学模型发生变化。高超声速飞行器的组成结构复杂，不同子系统之间具有很强的耦合作用。此外，宽广的飞行空域使飞行器需要面对复杂多变的外部环境。以上因素的共同作用使高超声速飞行器的动力学模型存在多种参数摄动、不确定性及外界干扰，极大地增加了建模的复杂程度，并且不利于飞行控制系统的设计与实现。

典型的高超声速飞行器数学模型包括以下几种[1]。

（1）Wing-Cone 概念飞行器模型。1990 年左右，美国 NASA 兰利研究中心的

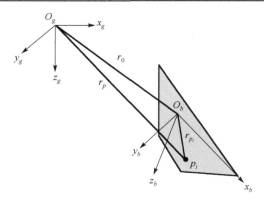

图 5-1　结构振动和刚体运动耦合矢量模型

Pinckney 等针对带翼锥形体加速器——Wing-Cone 概念飞行器建立了六自由度模型。它采用计算流体力学软件和部分风洞试验验证相结合的手段，给出了较完整的气动数据，为飞行控制研究提供参考对象。

（2）气动推进/气动弹性高超声速飞行器（aeropropulsive/aeroelastic hypersonic vehicle，AAHV）模型。1994 年左右，美国马里兰大学帕克分校的 Schmidt 等开发了模拟可重复使用空天飞机 X-30 的高超声速飞行器模型。该模型利用了牛顿冲击理论的二维超声速空气动力学分析，以及超声速燃烧冲击式喷气发动机推进系统内流动的一维空气动力学/热力学分析。

（3）弹性吸气式高超声速飞行器机理模型（flexible air-breathing hypersonic vehicle-first principle model，FAHV-FPM）。2005 年左右，美国空军研究实验室的 Bolender 等开发了模拟 X-43A 的 FAHV-FPM 模型。在飞行器刚体模型中考虑机身弹性结构振动形变，由于机身发生弹性形变，产生了前体和后体形变，飞行器的质心也将发生改变，进而影响机身表面的气动布局和推进系统，建模过程变得非常复杂。

（4）通用高超声速飞行器（generic hypersonic vehicle，GHV）模型。2005 年左右，美国加利福尼亚州立大学多学科飞行动力学与控制实验室的 Clark 等开发了针对弹性吸气式高超声速飞行器 X-43 的仿真模型。由于高超声速飞行器多数采用细长几何形状和轻质结构，不能忽视弹性效应，该通用模型更符合实际情况。

（5）面向控制的弹性吸气式高超声速飞行器模型（flexible air-breathing hypersonic vehicle-control oriented model，FAHV-COM）。2007 年左右，美国空军研究实验室的 Parker 等开发了一种模拟 X-43A 的面向控制建模的 FAHV-COM 模型。该模型在 FAHV-FPM 模型基础上，忽略了某些弱耦合和慢时变动态特性，利用曲线拟合方法代替飞行器的力和力矩方程，适合用于非线性控制系统的设计。

此外，南京航空航天大学的江驹等基于美国 NASA、空军及洛克希德·马丁公司联合研制的三角翼升力体飞行器 X-24B，建立了一款水平起降的高超声速空天飞行器仿真模型，其气动布局如图 5-2(a)所示，随后在机翼翼梢增设可伸缩小翼，进一步建立了可变翼高超声速空天飞行器模型，它将小翼设定为气动舵面，通过伸缩变形改变机翼浸润面积和展长，改变飞行器结构和气动特性，适应不同的飞行任务。南京航空航天大学的陆宇平等基于美国德莱顿飞行研究中心的吸气式空天飞行器 GHAME(generic hypersonic aerodynamic model example)，建立了一款高超声速空天飞行器仿真模型，其气动布局如图 5-2(b)所示。

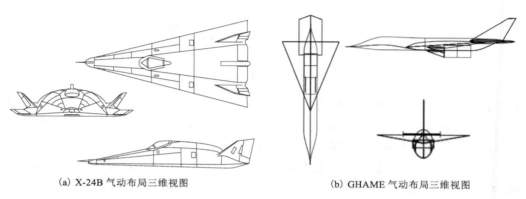

(a) X-24B 气动布局三维视图　　　　　　　　　　(b) GHAME 气动布局三维视图

图 5-2　　高超声速空天飞行器

5.1.2　飞行器复杂特性

与传统的航空、航天飞行器相比，高超声速飞行器具有飞行包线大、飞行环境复杂多变、气动特性变化剧烈等特点，使其表现出如下复杂的特性[1]。

(1)强非线性特性。升力、阻力和推力及其系数表达式都是与状态相关的非线性函数，并随着马赫数与迎角等条件的变化而表现出强非线性；在宽速域飞行时存在很多非线性约束条件，如热流、动压和过载限制等；六自由度运动模型通过一组非线性微分方程组表示。

(2)强耦合特性。机身一体化设计使发动机和机体之间存在耦合影响；流体和固体力学之间的相互作用也会导致很强的耦合作用；结构以及特殊飞行环境导致其在飞行过程中极有可能发生形变，带来弹性体和刚体之间的耦合作用；俯仰、偏航和滚转通道之间的相互耦合。

(3)不确定特性。未建模动态引起的不确定，主要包含高温影响、黏性影响所引起的边界层增长问题，还有大气环境变化等；结构弹性形变引起的不确定；随机干扰因素引起的不确定，例如，在飞行过程中燃料消耗使得飞行器的质量和重心发生改变，进一步会引起回旋速度干扰；由于飞行试验缺乏、实验条件非常苛刻，建模过程存在不确定误差。

(4)快时变特性。跨越区域大、飞行速度快等特殊性，使其具有大空域飞行引起的时变特征；燃料快速消耗引起的飞行质量变化，导致飞机质心位置变化，使其具有快时变动态特性；飞行中遇到声速流引起的局部流场中激波与边界层的干扰，引起飞行器表面的局部压力及热流率的变化，进一步加剧了气动力的时变特性。

（5）弹性特性。通常采用乘波体几何构造，具有楔形形状，这种细长机身结构和较轻重量容易引起飞行器的结构发生弹性形变，并影响气动布局；表面气动加热严重，较高的温度使飞行器结构强度和刚度降低，破坏气动外形，甚至引起结构颤振。

（6）非最小相位特性。迎角、俯仰角速度动态通常为不稳定动态，即只要迎角、俯仰角速度成为系统零动态，就是不稳定零动态，会造成系统具有非最小相位特性；模型的弹性部分的零动态通常为不稳定零动态，造成系统的非最小相位特性；机体/发动机/结构动态耦合特性的非线性数学模型均带有不稳定零动态，使模型具有非最小相位特性。

（7）状态/输入受限特性。由于超燃冲压发动机的工作条件要求，且为了减小飞行器状态散布，气动舵面不宜偏转过大，迎角、角速率等飞行状态也要满足约束条件。

5.2　飞发一体参数化建模

5.2.1　几何建模

高超声速飞行器的任务区域复杂，飞行环境的改变将影响气动和推进特性，且气动、推进、结构系统之间存在严重耦合，使得气动模型更为复杂，这给模型分析和控制系统设计带来困难。因此，有必要建立面向控制的高超声速飞行器参数化耦合模型，也能够反映子系统对飞行控制系统及飞行性能的影响。南京航空航天大学的陆宇平、甄子洋团队建立了几款典型高超声速飞行器的飞发一体参数化模型，并研究了气动参数在线辨识、故障诊断与容错以及精确轨迹跟踪控制等关键技术[2,3]。

高超声速飞行器的飞发一体参数化建模流程如图 5-3 所示。首先根据飞行器的气动外形参数得到网格化模型，利用面元法计算飞行器的气动特性和推进特性；然后针对特定的飞行状态，对实时解算得到的气动参数进行采样、拟合，得到气动力/力矩系数、推力的代理模型；最后完成代理模型的模型校验与分析。

高超声速飞行器的外形参数化建模包括剖面曲线和变化曲线两大要素，根据剖面曲线及变化曲线描述方法的不同，参数化建模方法可分为离散坐标法、多项式曲线/曲面法、贝塞尔曲线/曲面法、二次曲线法、B-样条曲线法、基于类型函数/形状函数的方法等。样条曲线通过空间中一系列的控制点来构建曲线，应用较为广泛，但是所选取的控制点参数缺乏直观的物理意义，因此可以选取三次曲线法来描述三维曲面的位置函数。

高超声速飞行器的外形可分为机身类和机翼类。其中，机身类外形主要指与发动机耦合的机身；机翼类外形包括平尾和垂尾。几何外形参数化建模流程如图 5-4

所示，将飞行器划分为机身、机头、发动机、控制面、喷管等 7 个部件，经过部件拆解、曲面构建、部件组合等过程完成几何外形重建。

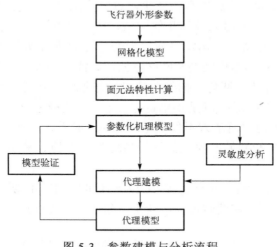

图 5-3　参数建模与分析流程

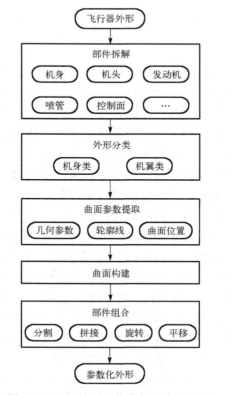

图 5-4　几何外形参数化的基本流程图

三维曲面构建需要获得曲面的几何参数、投影轮廓线、曲面位置等。特殊情况下，还需要对三维曲面进行分割、拼接、旋转、平移等操作。

基于以上步骤，可以重构出高超声速飞行器的参数化几何模型，如图 5-5 所示。

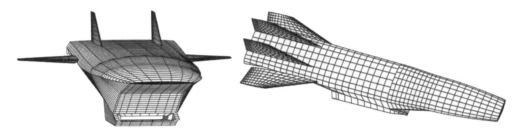

图 5-5　几何外形重构结果

5.2.2　机理建模

高超声速飞行器的机理建模流程如图 5-6 所示，包括气动模块、环境模块、推进模块等。

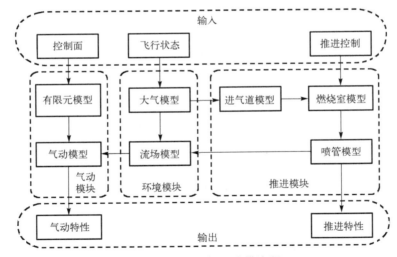

图 5-6　多系统机理建模流程

1. 环境模块

环境模块通过建立气流数据库，计算各种流场下的气流变量，对发动机参数(空气流量和总压恢复系数)进行更新。根据来流类型，可以将气流分为自由流、一级压缩流、二级压缩流和进气道出口气流。自由流作用过程如图 5-7 所示。

自由流在膨胀波理论的作用下流经外气动面，形成外气动面气流，同时在激波

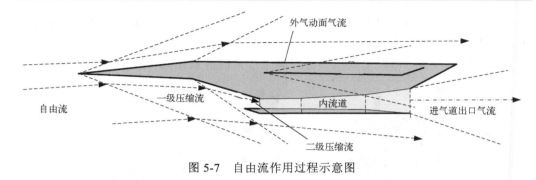

图 5-7　自由流作用过程示意图

理论的作用下流经两级压缩面，分别形成一级压缩流和二级压缩流，进而流经内流道，通过进气道流场分析得到进气道出口气流。气流数据库的建立流程如图 5-8 所示。

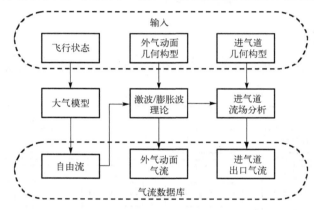

图 5-8　气流数据库建立流程

（1）压缩流：包括一级压缩流与二级压缩流，根据一级压缩角和二级压缩角，采用激波/膨胀波理论计算上下游的气流压强、密度与温度比值，进而得到相应的气流参数。当气流转折角为 0° 时，上下游气流变量相等；当气流转折角为正时，采用斜激波理论；为负时，采用膨胀波理论。

（2）进气道流场：发动机入口处的气流参数由飞行器前体下表面的气动特性决定，根据二维进气道特性计算方法，将飞行器前缘作为起点，向进气道方向计算。定义飞行器的二维进气道几何结构，实现流场解算，得到进气道出口处气流的状态和进气道的性能指标。

2. 推进模块

超燃冲压发动机位于机身下腹部，主要包括进气道、燃烧室和内部喷嘴，如图 5-9 所示。

随着气流进入发动机，其压强、密度和温度都升高，在燃烧室与燃料发生燃烧反应,产生动量并获得推力,气流经由喷嘴流出发动机,改变了后体/喷嘴表面的压力分布。推进系统性能计算包括隔离段/燃烧室模型和喷管模型。

图 5-9　发动机结构图

(1)隔离段/燃烧室模型:根据隔离段和燃烧室气流的基本守恒关系,考虑壁面摩擦、燃油喷注、预燃激波串、反应速率,基于准一维模型计算隔离段和燃烧室内的气流参数分布规律。

(2)喷管模型:将内喷管看作有摩擦的变面积管流,根据基本守恒关系计算内喷管中的气流,再利用等熵流假设,通过后体膨胀角、尾流迹线角和线性尾流宽度,计算面积扩张比、气流压强等气流参数分布规律。

3. 气动模块

气动计算模块根据几何模型,选择合适的工程估算方法计算飞行器分别在稳态流场和非稳态流场中的气动力、气动力矩、气动系数和气动导数,以及控制舵面偏转下的飞行器受力情况。气动模块的总体结构图如图 5-10 所示。

(1)面元压强系数估算:根据来流马赫数、撞击角、来流比、热容比,选择不同的工程估算方法计算对应的面元压强系数。工程估算方法主要包括牛顿法、斜激波法、切楔/切锥法、Dahlem-Buck 法、Prandtl-Meyer 法等,需要根据飞行器的外形、飞行条件等进行选择。

(2)黏性力计算:利用计算得到的面元下流气体参数,使用参考温度法

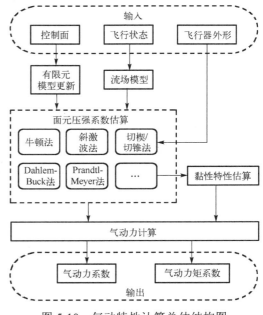

图 5-10　气动特性计算总体结构图

进行黏性特性估算,得到黏滞力的方向与大小。参考温度法适合解决高超声速层流与湍流表面摩擦与热交换的工程估算问题,计算简便,具有广泛的工程应用背景。

5.2.3　代理建模

机理模型具有强非线性和气动推进耦合，给控制器的设计带来了很大的难度，为此需要对模型的气动和推力表达式进行简化处理。曲线拟合模型通过曲线拟合的方式，将机理模型中复杂的气动力/力矩、推力改写成某些飞行状态和控制输入的多项式形式，在不失物理特性的前提下，尽可能地保证了模型的简单。代理建模包括代理模型形式设定、样本点数据采样、数据拟合等步骤。

为了得到能够满足需求的代理模型形式，需要对飞行状态和控制输入对气动/推力特性的影响程度进行灵敏度分析，确定各个气动系数和推力系数代理模型中回归函数所包含的项。常用的灵敏度分析方法包括一次分析法、莫尔斯法、部分因子迭代法等，根据飞行数据的获取途径和任务需求，选择合适的灵敏度分析法。满足刚体假设的高超声速飞行器输出气动(升力、阻力、俯仰力矩)、推进(推力、比冲、空气质量流率)等物理量，经过对气动、推进及其耦合特性的分析，可以得到如表 5-1 所示的基本代理模型。

表 5-1　代理模型表示形式

系数名称	表示形式
升力系数	$C_L = C_L^0 + C_L^\alpha \alpha + C_L^{\delta_e} \delta_e$
阻力系数	$C_D = C_D^0 + C_D^\alpha \alpha + C_D^{\delta_e} \delta_e$
侧力系数	$C_Y = C_Y^0 + C_Y^\beta \beta + C_Y^{\delta_r} \delta_r$
俯仰力矩系数	$C_m = C_m^0 + C_m^\alpha \alpha + C_m^{\delta_e} \delta_e + C_m^q \dfrac{q\bar{c}}{2V}$
滚转力矩系数	$C_l = C_l^0 + C_l^\beta \beta + C_l^{\delta_r} \delta_r$
偏航力矩系数	$C_n = C_n^0 + C_n^\beta \beta + C_n^{\delta_r} \delta_r$

在代理模型表示形式的基础上，对采样得到的气动/推进数据进行拟合，可以得到代理模型表达式。代理模型的数据拟合方式主要有最小二乘法、信赖域法、神经网络法等，其原理是寻找一个回归函数，使代理模型的计算值与样本值残差最小。

5.3　轨　迹　优　化

5.3.1　爬升轨迹优化

本节将分析高超声速飞行器爬升段的约束条件，如迎角、航迹角、动压、热流、过载等过程约束和终端约束，建立爬升段的飞行走廊，然后解决爬升轨迹优化问题[4]。

爬升段是从飞行器离地之后到速度、高度趋于稳定的巡航飞行之间的运动过程。它所经历的过程复杂，速度需要跨越亚声速、超声速、高超声速三个阶段，高度从低空大气层到近空间区域。爬升段会受到动压、热流和过载的影响，控制量和状态量不能超出合理值区间，需要对这些量设置合适的范围，防止飞行器因各种干扰因素的影响发生损坏。因此为了确保爬升过程的安全性，需要规划合理的飞行爬升走廊，即飞行器在爬升模态各约束条件下的飞行安全状态集合形成的轨迹边界，从而确定飞行的边界条件。主要约束条件包括状态约束、路径约束和终端约束。

1. 状态约束

(1)迎角约束。飞行迎角的变化范围过大，会加剧气动特性的非线性程度，恶化升阻特性，容易产生失速，也极易引起飞行器的不稳定性，导致飞行控制系统发散。爬升段需要保持较小的迎角飞行，即 $\alpha_{min} \leqslant \alpha \leqslant \alpha_{max}$。

(2)航迹倾斜角约束。通过下边界的轨迹线确定最小航迹倾斜角，根据飞行迎角约束确定最大航迹倾斜角，即 $\mu_{min} \leqslant \mu \leqslant \mu_{max}$。

2. 路径约束

高超声速飞行器在爬升穿越大气层过程中以超声速飞行，飞行器表面在大气阻力、激波强压及摩擦作用下，容易导致机体变形、表面温度过高等问题。因此，需要对爬升过程中的各个条件做出一定的约束限制，具体包括以下几点。

(1)动压约束。飞行器在稠密大气层飞行时，对于机体结构的强度要求比较高，材料结构的强度受飞行时产生的动压影响。动压太大会导致气动载荷增加，从而对发动机的要求提高，进而导致有效载荷减小，不利于飞行，表示为 $P < P_{max}$。

(2)热流约束。飞行器在爬升过程中，机体表面温度会因为自身与大气间的摩擦而升高，引起气动热问题。温度变化难以准确衡量热防护问题，因此常用热流值代替机体表面的温度值。以飞行器驻点的热流密度作为热流约束，表示为 $\dot{Q} \leqslant \dot{Q}_{max}$。

(3)过载约束。为防止爬升过程中过载过大导致飞行器的机体结构发生断裂和损坏，需要将机体所能承受的过载设定在最大过载范围内，表示为 $n < n_{max}$。

3. 终端约束

高超声速飞行器爬升到一定的飞行高度后，以一定的飞行马赫数转入巡航飞行，需要对终端状态值加以限制，保证巡航的合理性，如飞行高度、马赫数、航迹角等。

通过对各种约束条件进行综合分析，确定爬升模态下的飞行轨迹边界，从而建立飞行爬升走廊。各个约束条件均与飞行高度及飞行速度有一定关系，飞行气动力和发动机推力也与它们有关，因此建立高度-速度爬升走廊。因为过载约束中涉及控制量，不能仅表示为高度和速度的关系，所以爬升走廊的确定只考虑热流约束、动压约束与航迹倾斜角约束。爬升走廊的下边界由最小航迹倾斜角决定，爬升走廊的上边界由最小动压与最大航迹倾斜角决定。动压约束的作用比较强，热流约束的作用比较弱，动压约束起主要作用。飞行器爬升时需要满足爬升走廊约束，在上下边界之间的区域爬升飞行，保证飞行过程的安全性。

基于上述爬升走廊，结合最优性能指标函数，建立爬升轨迹优化问题，最后利用最优化理论或非线性规划（nonlinear programming，NLP）等方法进行求解。具体求解方法可以分为间接法和直接法。间接法是将最优化问题转化为哈密顿边值问题，利用数值方法求解。直接法将时序连续的最优化问题通过参数优化方法转化为离散非线性规划问题。直接伪谱法的求解精度较高且速度较快，在飞行器轨迹优化方面有广泛的应用，典型的有高斯伪谱法（Gauss pseudospectral method，GPM）。

针对高超声速飞行器的爬升段，考虑建立如下性能指标函数。

（1）最省燃油指标函数。由于飞行器携带的燃油有限，为了能够爬升到指定高度，将燃料消耗作为优化指标，性能指标函数为

$$\min \ J_m = -m(t_f) = -\max_t \left[m(t_0) - \int_{t_0}^{t_f} \dot{m}(\tau) \mathrm{d}\tau \right] \tag{5-2}$$

式中，$m(t_f)$ 表示最终飞行器剩余的总质量；t_0 为爬升初始时刻；t_f 为爬升末端时刻。

（2）最小控制输入指标函数。飞行器爬升过程中，为了优化操纵面和发动机油门的操纵，降低控制成本，将控制输入作为优化指标，性能指标函数为

$$\min \ J_c = \int_{t_0}^{t_f} \left[\frac{\alpha(\tau)}{\alpha_{\max} - \alpha_{\min}} \right]^2 + \left[\frac{\delta_T(\tau)}{\delta_{T\max} - \delta_{T\min}} \right]^2 \mathrm{d}\tau \tag{5-3}$$

式中，α、δ_T 分别表示迎角和发动机油门开度。

（3）最短爬升时间优化指标。因任务需要，飞行器往往需要快速爬升到指定高度，将爬升时间作为优化指标，性能指标函数为

$$\min \ J_t = \int_{t_0}^{t_f} 1 \mathrm{d}\tau \tag{5-4}$$

上述高超声速飞行器的轨迹优化问题是一类带有多约束条件的非线性规划（NLP）问题，采用具有全局收敛的高斯伪谱法，结合序列二次规划（sequential quadratic programming，SQP）法，对该问题进行求解，整个求解过程如图 5-11 所示。

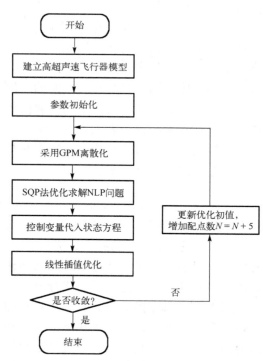

图 5-11　基于 GPM 的轨迹优化算法流程图

5.3.2　再入轨迹优化

高超声速飞行器在大气层内无动力再入返回时，除了需要综合考虑力、热、控制、威胁区域等多种过程约束条件，还要满足终端的位置、速度等要求，最终实现再入轨迹优化。

（1）驻点热流约束。驻点热流密度的工程估算表达式为

$$\dot{Q} = K \left(\frac{\rho}{\rho_0} \right)^n \left(\frac{V}{V_c} \right)^m \tag{5-5}$$

式中，K 为常数；ρ 为自由流密度；ρ_0 为地球表面大气密度；$V_c = \sqrt{g_0 r_0}$，g_0 为地球表面的重力加速度，r_0 为地球的半径。驻点热流密度需要满足 $\dot{Q} \leqslant \dot{Q}_{\max}$。

（2）法向过载约束。法向过载的计算公式为

$$n_y = \frac{L \cos \alpha + D \sin \alpha}{mg} \tag{5-6}$$

法向过载需要满足 $n_y \leqslant n_{y\max}$。

（3）绕飞区域约束。绕飞区域是以地球表面一点 (x_r, y_r) 为圆心、R_r 为半径的无限高圆柱。任务规划中通用航空器需要绕开此区域，即满足

$$(x - x_r)^2 + (y - y_r)^2 > R_r^2 \tag{5-7}$$

（4）测控区域约束。测控区域是以地球表面一点 (x_c, y_c) 为圆心、R_c 为半径的无限高圆柱。任务规划中通用航空器需要穿过此区域，即满足

$$(x - x_c)^2 + (y - y_c)^2 < R_c^2 \tag{5-8}$$

（5）状态约束。再入飞行过程中的状态量包括迎角、侧滑角和倾侧角，比如满足

$$10° \leqslant \alpha \leqslant 30°, \quad \beta = 0°, \quad -180° \leqslant \gamma \leqslant 180° \tag{5-9}$$

（6）终端约束。终端约束包括经度、纬度、高度、对地速度、航向角和航迹倾角等变量的约束。

对于高超声速飞行器，再入轨迹优化的重要目标是减小气动加热，以降低防热系统的质量，增加有效载荷的比重。因此，以再入过程的热载作为优化目标，同时考虑到航迹平滑性，引入航迹角相关指标，性能指标函数设计为

$$J = \int_{t_0}^{t_f} \dot{Q} \, \mathrm{d}t + c \int_{t_0}^{t_f} \gamma^2 \, \mathrm{d}t \tag{5-10}$$

基于多段改进 GPM（multiphase improved GPM，MIGPM）动态优化算法进行飞行器航迹规划，主要包括问题转化、伪谱法求解、解的检验和参数更新，算法流程如图 5-12 所示。

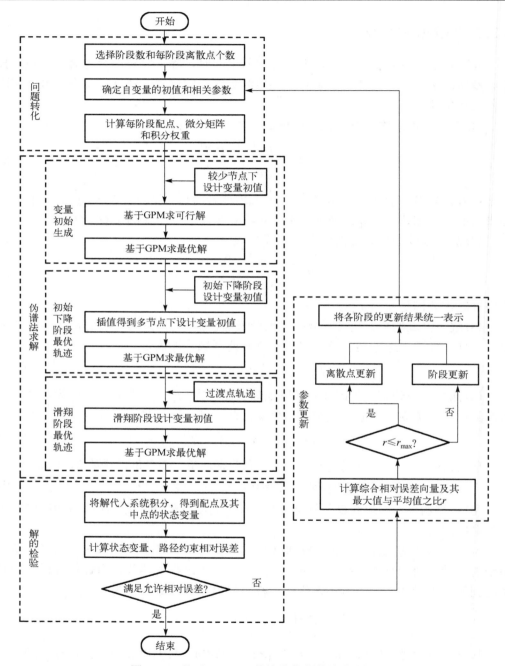

图 5-12　基于 MIGPM 的轨迹优化算法流程图

5.4　飞　行　控　制

5.4.1　自适应控制

　　高超声速飞行器因其大空域、宽速域与高机动等特征，并且环境复杂多变，故具有快时变、强耦合与不确定等复杂特性，而自适应控制正适合解决该类系统的控制问题。自适应飞行控制技术不依赖飞行器系统精确模型，具有强鲁棒性、自适应性和干扰抑制能力。自适应控制除了传统的模型参考自适应控制外，通常还与非线性控制、神经网络、模糊逻辑等方法结合使用，形成广义的自适应控制理论，有效地提高了控制系统的综合性能。

　　对于高超声速飞行器这种难以准确获得不确定性、外界干扰信息的飞行器，自适应控制技术通过在线辨识来获取系统不确定参数或动态，然后设计控制律，可以很好地保证闭环控制系统的全局稳定性和渐近跟踪特性。引入自适应控制思想对控制器参数进行实时更新，能够提高系统的控制精度，增强系统的鲁棒性。基于输出跟踪的自适应控制系统结构如图 5-13 所示[5]。它考虑参数不确定性问题，通过设计多变量自适应控制器，对控制器参数进行实时更新，使输出信号跟踪期望的参考模型输出信号，且系统中的所有闭环信号有界，根据关联矩阵和高频增益矩阵的相关理论，设计输出匹配条件，实现参考模型输出信号的跟踪。

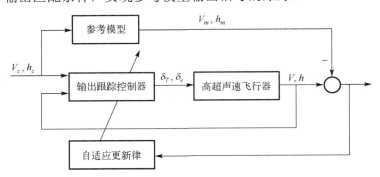

图 5-13　多变量自适应控制系统结构

　　高超声速飞行器具有强耦合、高度非线性以及大飞行包络的特性。基于微分同胚、李导数和李括号等非线性系统理论，利用求导和坐标变换方法对高超声速飞行器的动力学模型进行输入/输出反馈线性化处理，可以使控制器设计兼顾原系统的非线性特性和设计与分析的简洁性。结合自适应反演法和弹性控制法设计控制器，能够适应高超声速飞行器的非线性和强耦合特点，同时也能保证参数不确定性情况下的稳定性，基于弹性自适应控制方法的控制系统结构如图 5-14 所示[6]。

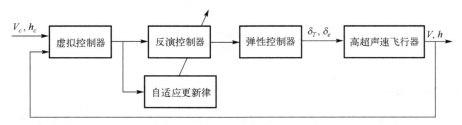

图 5-14　弹性自适应反演控制系统结构

由于高超声速飞行器的动力学具有显著的不确定性，控制器设计需要考虑鲁棒性能。在对象参数不确定性较大的情况下，μ-综合方法难以得到满足性能条件的控制器。当飞行器参数存在严重摄动时，采用多模型自适应混合控制的飞行控制系统结构如图 5-15 所示[7]。它将大范围的不确定参数按区间划分，构建多个不确定的子模型，分别设计 μ-综合鲁棒子控制器，设计参数辨识器获得不确定参数，设计信号混合策略，最终得到 YJBK 参数化多模型混合控制信号。YJBK 参数化方法是一种实现多控制器在线切换的有效方法。

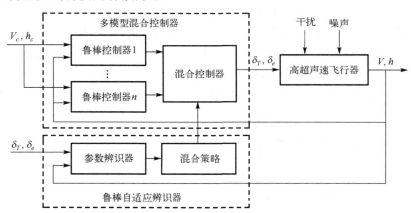

图 5-15　多模型自适应混合控制系统结构

为了使高超声速飞行器跟踪时变参考信号，基于控制输入支配思想，将飞行器系统分解成状态变量互联的速度子系统和姿态子系统，采用处理非线性参数化动力学的函数边界技术，结合调节多输出跟踪误差的非线性状态反馈控制技术，为非线性参数化近空间高超声速飞行器提供一种实用的自适应输出跟踪控制方法，其原理如图 5-16 所示[8]。

针对具有非匹配不确定性的吸气式高超声速飞行器跟踪控制问题，一种新的自适应反演控制系统结构如图 5-17 所示[9]。非匹配的不确定性通常可以通过反演和一些其他方法的组合来解决，如干扰观测器、神经网络和模糊逻辑系统，尽管有一些方法可以使跟踪误差在非匹配的不确定情况下收敛到零，但控制律是不连续的或非光滑的，并且需要在最后阶段假设扰动为常数，自适应反演控制利用平滑的控制输入来保证指令信号的渐近跟踪，能够处理复杂的不确定性问题。

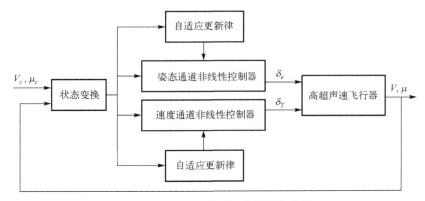

图 5-16　非线性自适应控制系统结构

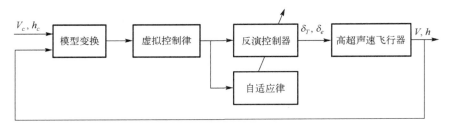

图 5-17　自适应反演控制系统结构

　　高超声速飞行器的过渡窗口定义为不同飞行阶段的连接点或发动机模式过渡点，飞行器只有精确跟踪过渡窗口，才能使组合动力发动机成功实现模式过渡，这就要求飞行器在规定时间内消除速度和位置跟踪误差，以准确到达过渡窗口。一种跟踪过渡窗口的分段鲁棒预见控制系统结构如图 5-18 所示[10]。该控制系统主要由参考轨迹生成器、动态瞬态轨迹生成器和鲁棒预见控制器组成，根据参考轨迹和实际轨迹生成动态瞬态轨迹，自适应地修改跟踪指令以扩展初始可行区域，分段鲁棒预见控制融合了未来参考信号、飞行器动力学约束和性能指标函数等信息。

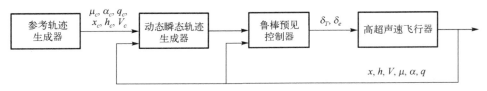

图 5-18　分段鲁棒预见控制系统结构

5.4.2 滑模控制

非线性控制方法能够直接对非线性模型的输入、输出进行精确的反馈线性化处理，在不影响模型准确度的同时，减小控制器设计的复杂度。基于非线性滑模控制的飞行控制系统结构如图 5-19 所示，通过设计滑模面和趋近律，消除稳态误差，从而实现指令精确跟踪。

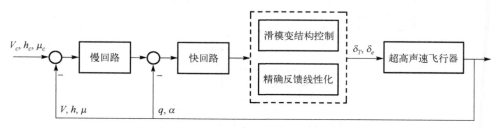

图 5-19 非线性滑模控制系统结构

灰色预测对不确定信息具有很好的预测效果，特别适合用来解决不确定性问题。将滑模控制与灰色预测相结合，利用灰色预测理论对不确定性参数和外部干扰值进行预测，由此可以设计具有鲁棒性的飞行控制系统，原理框图如图 5-20 所示[11]。

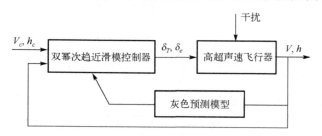

图 5-20 灰色预测滑模控制系统结构

模糊逻辑、自适应控制与滑模控制相结合，能够使飞行控制系统具有更好的稳定性、鲁棒性和自适应性。基于二型模糊自适应滑模控制系统结构框图如图 5-21 所示[12]。滑模面的输出作为模糊输入，二型模糊控制器通过模糊推理、降型和解模糊化后，输出主控制信号。补偿控制器用于补充二型模糊控制器输出与理想控制信号之间的偏差。参数估计器用于估计补偿控制器中的相关参数。自适应律用于抑制模型不确定性。二型模糊逻辑系统对隶属度值进行进一步模糊处理，提高了集合的模糊程度，使其在不确定性和外部干扰下逼近期望控制信号，从而更好地解决不确定性问题。

当高超声速飞行器具有较大的参数摄动时，一般鲁棒控制方法难以保证系统性能。为此，一种基于鲁棒自适应滑模控制的飞行控制系统结构如图 5-22 所示[13]。鲁棒自适应滑模控制方法结合了滑模控制、自适应参数估计和鲁棒补偿策略，对系统进行不确定性建模，提取不确定模型中的主要影响因素并适当简化，由此设计鲁棒自适应控制器来消除参数不确定性和模型误差的不利影响。

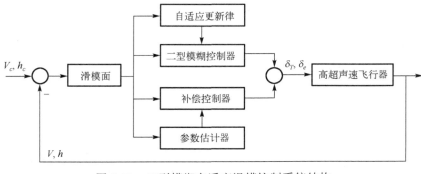

图 5-21　二型模糊自适应滑模控制系统结构

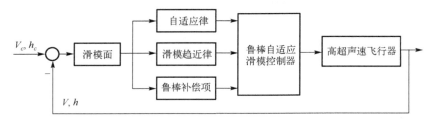

图 5-22　鲁棒自适应滑模控制系统结构

5.4.3　控制技术展望

　　高超声速飞行器系统存在很强的气动耦合、非线性、快时变和不确定性，给飞行控制带来很大的难度。常规控制方法难以解决具有上述特性的高超声速飞行器的稳定和精确控制问题。X-43A 飞行器是一种高超声速无人自主飞行器，在美国高超声速(Hyper-X)试验计划中应运而生。它的控制器设计是基于线性模型，包括刚体模式、二阶激励模式和某些动态特征，它避开了弹性模式效应作为增益裕度要求的一部分，避免使用单独的结构过滤器。将超前滞后补偿器用于提高稳定性裕度，使用前馈补偿器抑制推进系统和动态压力变化对空气动力学的影响。控制器参数根据迎角和马赫数增益调度得到，采用根轨迹方法设计，实现自适应调度，最大限度地提高稳定性和其他性能。

　　由于近空间高超声速飞行器的复杂动力学特性，以及外界复杂环境影响，飞行控制技术的研究仍然处于初始阶段，亟须解决跨大气层、宽速域、高机动、多模态、气动-结构-发动机集成、多控制面组合优化等特征下的复杂控制问题。因此，高超声速飞行器飞行控制关键技术展望如下所述[1]。

(1)强鲁棒非线性智能化自适应控制技术。由于高超声速飞行器飞行包络极大、飞行环境复杂，针对严重非线性、激烈快时变、强动态不确定、强耦合特点的高超声速飞行器，有必要设计强鲁棒非线性智能化自适应控制系统，有效融合智能控制与优化、鲁棒非线性控制等先进控制策略，提高爬升/巡航/再入过程的整体控制性能，减小各种不确定因素和外界干扰影响，满足跨大气层、跨声速、高机动、多构型和多任务模式需求，保证全包络稳定运行，真正实现智能自主控制。鲁棒非线性自适应控制系统的设计方案考虑采用鲁棒自适应高阶终端滑模控制、鲁棒自适应预见预测控制、模糊神经网络自适应控制、鲁棒自适应非线性动态逆控制等。高速飞行带来的弹性形变、多通道耦合、参数不确定以及高温高热环境等因素，容易导致控制系统的执行器和传感器出现故障，因此高超声速飞行器的故障容错控制技术已成为飞行控制领域的重要难题。

(2)气动-结构-发动机集成协调控制技术。高超声速飞行器的推进系统常采用超燃冲压发动机，对飞行姿态和动压变化极为敏感，迎角、速度和高度的剧烈变化将会使发动机偏离设计状态，甚至出现熄火。因此，飞行器气动-结构-发动机集成系统的一体化协调控制是需要解决的重要问题。将飞行控制系统同气动设计、发动机控制以及弹性振动控制等进行协调，实现多学科一体化设计，例如，考虑利用发动机推力矢量与气动舵面共同作用的协调复合控制技术，能够减小推力矢量偏角和气动舵面偏角，使总体控制能量最小、效率最高。

(3)多控制面组合优化控制技术。高超声速飞行器的飞行空域和速度范围变化极大，运动特性呈现很强的时变性、非线性和不确定性，为了获得最优的飞行轨迹，采用飞行姿态角与飞行器重心运动集成一体化的鲁棒自适应协调控制，因此有必要根据外界环境、飞行状态和机动要求，确定机翼构型变化，设计鲁棒自适应一体化协调稳定控制系统。结合高超声速飞行器集成一体化飞行控制系统具有多操纵面且能相互协调的特点，实现控制面作动器的组合控制优化。研究各飞行控制舵面(升降舵、方向舵、副翼、鸭翼和机翼可变后掠角控制)以及推力矢量舵面复合控制，随着飞行高度、速度变化而进行交替、补充控制，使飞行器的控制面组合控制达到能量和效率的整体最优化。

(4)放宽静稳定机动飞行主动控制技术。近空间区域空气稀薄，飞行器气动舵面的舵效下降很快，操纵性能严重恶化，舵面大偏转还会带来气动热不良影响。同时，典型高超声速飞行器长周期模态为欠阻尼或不稳定，短周期模态不稳定，静态稳定边界随着马赫数增加而降低，尤其是在高超声速飞行和伴随着机体气动结构变化时，焦点容易产生大幅度后移，稳定裕度显著增加，机动能力相对减弱。因此，引入主动控制技术，解决机动性和稳定性之间的矛盾，提高飞行器的稳定裕度和操纵性能。放宽静稳定度后的飞行器能够提高飞行效率，明显改善近空间飞行器的升力特性和机动性能。

（5）多模态转换鲁棒自适应切换控制技术。飞行器从起飞、爬升、巡航到再入返回需要经过大气平流层、中间层和热层，整个飞行过程中飞行马赫数、飞行高度、大气密度、环境温度以及动压等因素都会发生剧烈变化，因此每个飞行模态下飞行器自身构型、气动特性以及外界环境都有很大差异，单一控制器有时难以满足高性能要求。多模态转换鲁棒自适应切换控制技术能够使近空间高超声速飞行器实现质心运动和姿态角运动的协调稳定控制。针对模态切换前后控制律结构不变以及模态切换前后控制律结构改变的多模型自适应切换控制技术，结合神经网络、模糊逻辑和滑模非线性控制等先进算法，以保证不同模态切换过程的平滑、快速与稳定，抑制和补偿切换过程中的各种干扰和不确定性因素，提高多模态转换过程的鲁棒自适应能力。

此外，高超声速飞行器的故障诊断与容错控制、组合动力飞发一体化、轨迹与制导一体化、变体飞行等关键技术也正吸引着越来越多研究者的关注。

参 考 文 献

[1]　甄子洋, 朱平, 江驹, 等. 基于自适应控制的近空间高超声速飞行器研究进展[J]. 宇航学报, 2018, 39（4）: 355-367.

[2]　曹瑞. 空天飞行器爬升段指令鲁棒优化与预测跟踪控制研究[D]. 南京: 南京航空航天大学, 2022.

[3]　YIN C, QIAO C W, CAO R, et al. Aerodynamic parameter identification of hypersonic vehicles based on improved harris hawks optimization[C]. 2022 International Conference on Guidance, Navigation and Control, Harbin, 2022.

[4]　徐文莹. 近空间可变翼飞行器小翼最优伸缩策略研究[D]. 南京: 南京航空航天大学, 2019.

[5]　杨政. 近空间可变翼飞行器自适应控制方法研究[D]. 南京: 南京航空航天大学, 2018.

[6]　余朝军, 江驹, 甄子洋, 等. 高超声速飞行器弹性自适应控制方法[J]. 哈尔滨工程大学学报, 2018, 39（6）: 1026-1031.

[7]　蒋烁莹. 弹性高超声速飞行器多模型鲁棒自适应控制研究[D]. 南京: 南京航空航天大学, 2019.

[8]　YANG S H, TAO G, J B, et al. Practical output tracking control for nonlinearly parameterized longitudinal dynamics of air vehicles[J]. Journal of the Franklin Institute, 2020, 357: 12380-12413.

[9]　YU C J, JIANG J, ZHEN Z Y, et al. Adaptive backstepping control for air-breathing hypersonic vehicle subject to mismatched uncertainties[J]. Aerospace Science and Technology, 2020, 107: 1-19.

[10] CAO R, LU Y P, ZHEN Z Y. Tracking control of transition window for aerospace vehicles based on robust preview control[J]. Aerospace Science and Technology, 2021, 114: 106748.

[11] 焦鑫, 江驹, 孟宏鹏. 基于灰色预测滑模控制的鲁棒飞行控制器设计[J]. 飞行力学, 2015, 33(6): 542-546.

[12] JIAO X, FIDAN B, JIANG J, et al. Type-2 fuzzy adaptive sliding mode control of hypersonic flight[J]. Proceedings of the Institution of Mechanical Engineers Part G-Journal of Aerospace Engineering, 2017, 8: 2731-2744.

[13] 余朝军, 江驹, 肖东, 等. 一种高超声速飞行器鲁棒自适应控制方法[J]. 宇航学报, 2017, 38(10): 1088-1096.

第6章　变体无人飞行器制导与控制

变体飞行器是一类新概念飞行器，能够在不同的飞行环境和飞行任务中主动地改变外形结构，确保在不同的飞行阶段始终具有最优的飞行性能，从而提高环境或任务适应能力，满足多任务大范围飞行需求。与常规飞行器相比，采用变形技术的飞行器具有显著优势，能够执行多种类型的任务或传统飞行器无法实现的机动。随着空气动力学和飞行控制技术的不断进步，具有显著灵活性和机动优势的变体飞行器受到越来越多的关注，并在智能材料和结构等关键技术的支撑下，成为航空、航天、兵器等领域的研究热点，显露出了巨大的应用前景。

本章主要论述变体飞行器的基本原理，介绍几种现有的变形结构和材料，讨论常规变体飞行器的建模与控制方法，并研究可变翼空天飞行器和变后掠翼空天飞行器的制导与控制技术。

6.1　基本变形原理

6.1.1　概念与分类

变体飞行器是一种通过改变飞行器外形以实现任务改变或提供机动控制的飞行器。"变体"的概念涵盖的范围较宽，主要指空间尺度和时间尺度的连续变形。狭义范畴的变体飞行器主要是指通过改变飞机翼面后掠角、展弦比、翼型厚度、后缘弯度等来实现不同的气动构型。目前，国内外研究多数以飞行器的气动升力主要部件即机翼作为变形对象。

变体飞行器可按如下几种方式进行分类[1]。

(1)按照变形方式可分为两类：①刚性变形，通过机构的连续动作实现飞行器的外形改变，包括变后掠翼、折叠机翼、伸缩机翼等；②柔性变形，包括使用滑动蒙皮、智能压电材料、形状记忆合金和气囊等方式实现机体的变形。

(2)按照变形尺度可分为三类：①小尺度变形，是对机翼局部的改变，如鼓包、扰流等；②中尺度变形，是对机翼翼型的改变，如变弯度、变厚度、扭转等；③大尺度变形，是对机翼整体的改变，如伸缩、折叠、后掠等。如图6-1所示，三类不同尺度的变体方式对飞行器外形结构的改变程度逐渐加大，对飞行器气动特性的影响也逐渐增强。

(3)按照机翼变形部位可分为两类：①机翼平面变形，包括改变机翼的弦长、后掠角和展长，以及改变机翼展长方向的弯度；②翼型变形，包括改变翼型的厚度和弯度。

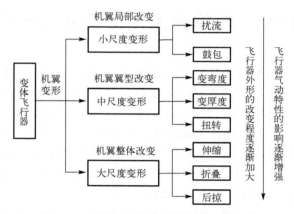

图 6-1　变体飞行器的机翼变形尺度分类

（4）按照变形实现过程可分为两类：①采用机械结构，通过变形控制实现变形，可能应用于分布式变形和整体大变形；②采用智能材料、智能结构和智能控制实现变形，有望应用于局部变形和分布式变形。其中，第一类变形已经应用于工程实践，并获得了良好的效果，但第二类的变形离应用还有很长的路要走。

6.1.2　总体特性

相比传统的固定结构飞行器，变体飞行器拥有了可变外形结构的能力，带来了更多可能的优势与潜力。变体飞行器的总体特性如图 6-2 所示。

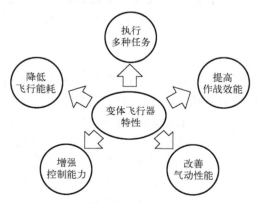

图 6-2　变体飞行器的特性描述

对于大部分变体飞行器而言，机翼是影响变体飞行器特性及其气动升力的关键部件。因此，通过改变机翼的相关参数，可以改变升力系数、升阻比、巡航时间和距离等。表 6-1 概述了变体飞行器气动性能与机翼主要参数之间的关系[2]。

表 6-1　气动特性与机翼主要参数的关系

气动性能	机翼参数			
	相对厚度	前缘半径	展弦比	后掠角
改善低速性能	增大	增大	—	—
改善高速性能	减小	减小	—	—
增大最大升力系数	增大	增大	—	减小
增大临界马赫数	—	—	—	增大
增大升阻比(增大巡航时间、距离)	—	—	增大	—
减小寄生阻力(提高机动性、增大最高速度)	—	—	减小	—

针对机翼大尺度变形的几类变体飞行器，相关特性也略有不同，下面结合气动特性与机翼参数的关系，分别描述几种不同类型的变体飞行器特性[3]。

(1)变厚度变体飞行器。机翼翼型的相对厚度对飞行器的升阻特性有一定影响，同时还决定了机翼内部容积。机翼变厚度是指在飞行中对称地改变两侧机翼翼型的相对厚度，并保持相对弯度、最大弯度位置等其他翼型几何参数不变。机翼厚度变形是一种中尺度变形，变形速率相对较快。由于机翼厚度变形只改变翼型，不改变飞行器的其他主要外形结构，因此机翼厚度变形对飞行器质心位置和俯仰转动惯量的影响可以忽略不计。

(2)变后掠翼变体飞行器。常见的变后掠翼变体方式如图 6-3 所示。大后掠角的翼型适用于大马赫数高速飞行的飞机，这种翼型能够有效地减小飞行器的激波阻力，但在亚声速低速飞行时升力不高，且诱导阻力很大，气动效率较低，此时可以选择小后掠角的翼型。在变后掠角过程中，飞行器的气动参数、气动中心、重心及转动惯量等会发生较大变化，这会给飞机的动力学特性带来较大影响。

(3)伸缩翼变体飞行器。机翼展长直接关系到展弦比，进而影响到升阻特性。大翼展飞机适合低速远距离飞行，小翼展飞机适合快速机动飞行，调节飞机的翼展以适应不同的速度，可以有效地拓宽飞机的飞行包线性能，常见的伸缩翼变体方式如图 6-4 所示。机翼展长变形是一种大尺度、变形速率较慢的变形。变翼展飞行器的机翼后掠角和上反角都约为 0°，因此机翼展长变形对飞行器的质心位置没有影响，对俯仰转动惯量的影响也忽略不计。机翼伸缩改变飞机展弦比的能力很强，对飞机续航能力影响显著，适用于需要提高续航性能的巡航类飞机。伸缩机翼概念的集中动态载荷只存在于内外翼连接处并且相对分散，承弯能力较强，因而可以广泛用于中、大展弦比飞机，在超大展弦比飞机上也有应用潜力。

(4)折叠翼变体飞行器。折叠翼变体飞行器如图 6-5 所示。它是一个由两侧内外翼和机身五部分构成的多刚体系统,机翼折叠时,变体飞行器的展弦比、机翼面积、惯性矩、全机气动焦点和重心都会发生改变,气动力、气动力矩和气动参数也会随之改变。折叠翼变体飞行器的机翼参考面积和全机浸湿面积的变化量很大,对飞机的升限和速度产生很大影响,适用于需要兼备高空盘旋监视能力和低空高速攻击能力的飞机。从气动特性的角度分析,折叠翼变体飞行器的展弦比变化量较小,对飞机的续航时间和航程的助益有限。从机体结构的载荷特点分析,折叠翼的各折叠关节位置承受集中动态载荷,对强度、刚度要求很高,因而最适合小展弦比的高机动类和超声速巡航类飞机使用。由于弯矩和翼展之间存在线性关系,折叠翼变体飞行器概念很难被应用于大展弦比和超大展弦比飞机,在中等展弦比飞行器上使用时也要注意权衡翼载和折叠关节的具体位置。

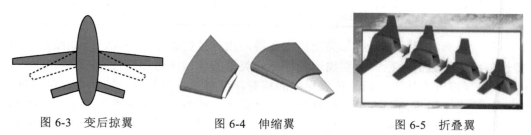

图 6-3　变后掠翼　　　　　　图 6-4　伸缩翼　　　　　　图 6-5　折叠翼

6.1.3　关键技术

变体飞行器作为一种未来飞行器的主要发展方向之一,经过数十年的发展,已经取得了长足的进步。它涵盖了总体布局、变形结构及驱动、智能材料、动力学建模、飞行控制等多个学科的前沿核心技术,如图 6-6 所示。

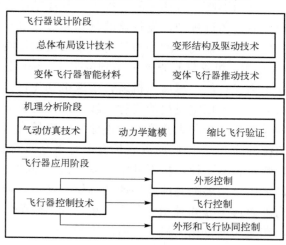

图 6-6　变体飞行器关键技术

与传统固定翼飞行器相比，变体飞行器在设计上提出了更高的要求，具体体现在以下几个方面。

(1)总体布局设计技术。传统飞行器的总体外形设计通常要综合考虑推进系统、导航设备、隐身性等因素，而变体飞行器在常规、盘旋、俯冲和机动等不同状态下，对飞行器气动和发动机的要求都不一样，而且优化目标与优化变量之间存在强烈耦合非线性关系，这决定了变体飞行器的总体设计和优化是一个更加复杂的研究课题。

(2)变形结构及驱动技术。变体飞行器无论采用哪种变形方式，都与变形结构的设计密切相关，因此变形运动结构设计是其关键技术之一。随着变形结构及驱动技术的不断发展，已涌现出一批以压电作动器和形状记忆合金作动器等为代表的新型智能驱动器。

(3)智能材料技术。驱动器的复合主动材料须权衡刚性、挠性和轻量化要求，以便能够承受飞行负载，满足飞行器对构形变化和重量的要求。以纤维增强柔性材料为代表的新型智能材料为变体飞行器的系统级设计提供了有力支撑。减轻基于形状记忆合金材料设计的质量，或提高压电系统致动变形幅度，是亟待攻克的关键技术方向。

(4)机体/推进一体化技术。高超声速变体飞行器的机体/推进一体化和飞行速度域有着较宽的特性，存在大量高灵敏度的设计变量和极强的耦合性，使得设计空间高度非线性。目前这方面的研究较少，仍是一项需要突破的关键技术。

(5)动力学建模技术。变体飞行器具有大型的变形结构，不宜像常规飞行器那样当作单个刚体来建模。大尺度变形的变体飞行器具有多刚体系统的特点，而中尺度和小尺度变形的变体飞行器具有柔性体的特点。多体系统建模得到的数学模型比较复杂，需要研究简化的高精度近似模型，以便设计飞行控制系统。空气动力学分析(包括非定常和瞬态空气动力学)对于精确描述变体飞行器的控制面尺寸、发动机兼容性和飞行控制设计很重要，也是精确系统建模的前提。

(6)飞行控制技术。变体飞行器的控制任务主要包括外形控制和飞行控制。传统上将外形控制和飞行控制分开设计，控制技术的发展主要经历了经典控制、现代控制和非线性及智能控制等阶段，目前以鲁棒增益调度控制和模型参考自适应控制等现代控制方法为主。实际上，自然界的鸟类在飞行过程中兼顾了外形与飞行的一体化控制。

此外，全局高度仿生化与高速跨域化、智能材料与变体结构一体化以及结构与控制耦合设计也是变体飞行器满足未来不同任务需求的主要发展方向。

6.2　变形结构与材料

6.2.1　自适应结构

变体飞行器的变形结构是使变体飞行器实现"变体"的部件。为了获得高气动效率，变体飞行器的变形过程应是连续光滑的，因此驱动器应该具有轻质高效、高精度、快速响应、结构紧凑等能力。变体飞行器的变形结构常用的驱动器有：①压电驱动器，具有响应速度快、体积小、驱动方便等优点，但不能用于应变较大的变形方式；②形状记忆合金，优点是变形较大，缺点是形变时间较长；③气动驱动器，优点是驱动力大，但该类型的驱动器占用空间也比较大；④液压驱动器，同样具有技术成熟、驱动力大的优点，但存在结构复杂、质量大等缺点；⑤线性机电驱动器，输出力大，价格相对较低，但体积较大；⑥绳索传动的柔顺机构，重量轻，易于实现分布式驱动，但设计过程过于复杂；⑦基于智能材料的驱动器，智能材料是一类特种材料，它们能扮演驱动器和传感器两种角色。例如，智能材料能使机械变形，与温度、电流或磁场变化产生耦合，能够充当能量传输介质，并发挥传感器作用，将机械变形转化为非机械响应（如热反应和电反应）。同样，它们也可以把非机械响应转化为机械变形，发挥驱动器的作用。

目前典型的自适应变形结构有如下几种[3,4]。

（1）机械连杆驱动机构。机械连杆驱动机构以美国 NextGen 航空公司设计的变形飞机结构机翼为代表，如图 6-7 所示，该机翼采用四连杆和四铰链的机械结构，将线性作动器安装在相邻连杆间，通过伸缩来改变机翼面积和后掠角，可以使展弦比变化 200%，机翼面积变化 70%。这样机翼就能在不同飞行条件下均能保持最优气动形状，最终达到改善飞机气动性能的目的[5]。

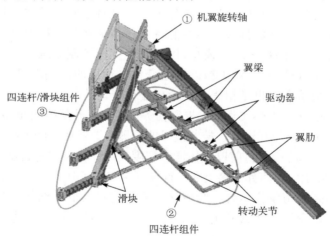

图 6-7　四连杆和四铰链机械结构

（2）扭矩自适应机翼系统。扭转自适应机翼系统（twist adaptive wing system，TAWS）是 20 世纪 90 年代由诺思罗普·格鲁曼公司提出的一个概念，由诺思罗普·格鲁曼公司和美国空军研究实验室合作研究，如图 6-8 所示为 TAWS 最简单的概念形式，即采用一个内部安装驱动器和外部安装固定结构的扭力管。图中也展示了伽马无人验证机的外部翼面新样式。

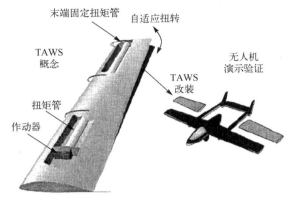

图 6-8　TAWS 概念

　　(3) 扣翼结构。诺特丹大学研究的变形无人机概念被称为带扣机翼。扣翼无人机可以将机翼构型从单个机翼更改为在两端连接的两个机翼，如图 6-9 所示，该项目的研究重点包括设计带扣无人机的机翼横截面。扣翼式机翼几何形状的设计可视为多层次、多目标的优化问题，该设计问题包括机动性和航程两个相互矛盾的目标。

　　(4) 灵活多主体结构。佐治亚理工学院提出了一种多主体结构变体无人战斗机概念。这种无人战斗机的结构和概念设计成功地利用了重要的几何变形来满足低速、高空巡航和超声速攻击能力的要求，这导致所需的机翼面积发生 200%的变化，后掠角从 20°改为 70°，纵横比从 3 改为 7，研究人员还对关节材料进行了研究，以尽可能减轻重量并最大限度地提高机构强度[6]。

　　(5) 具有无接缝机制的形状变形结构。密歇根大学开发了用于形状变形结构的无接缝机制，这种弹性变形是机械设计中实现受控运动和力传递的优选效果，该方法是可扩展的解决方案，它在适应性机翼上实现了最大 15°的前倾外倾变化和最大 20°的后沿变化。

　　(6) 翼肋滑动结构。美国印第安纳州基石研究小组为变形机翼的下层结构提出了一种滑动翼肋概念，该翼肋与致动器和无缝蒙皮集成在一起，如图 6-10 所示。

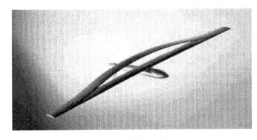

图 6-9　扣翼无人机概念

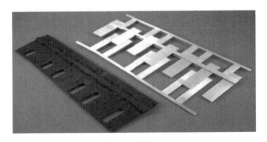

图 6-10　翼肋概念

　　(7)剪式连杆机构。宾夕法尼亚州立大学在变形飞机机翼项目中设计了一个重复的剪式连杆机构,链节通过销钉接头相互连接,未变形状态包括 102in(1in=2.54cm)的半跨翼、20.4in 的弦、无后掠角和 Clark-Y 机翼,变形状态包括一个 47.6in 的半跨翼、18.77in 的弦、43°的后掠角和类似的 Clark-Y 机翼。

　　(8)可变几何形状的蝙蝠翼帆结构。Richard Dryden 为变形机翼基础结构提供了一个新来源,如图 6-11 所示。它通过模拟蝙蝠翅膀的骨骼/肌肉结构,开发出了一种可变几何形状的机翼,这种帆架可以随着条件的变化而改变,适应性极强,除了依赖于空气动力载荷作用下的变形,还可能随着速度增加而改变形状。帆架的过渡桅杆分为上、中和下三个部分,这种方法产生的接头可以很好地承受高扭曲力,并且结构轻巧。

　　(9)八面体腱驱动柔顺细胞桁架结构。利用智能材料作为作动结构的变形机构在近年也迅速发展起来。美国宾夕法尼亚州立大学以八面体腱驱动柔顺细胞桁架作为变形机构,如图 6-12 所示,通过形状记忆合金柔性铰链连接各个单元的桁架杆件,代替传统的机械驱动系统,显著减轻了结构重量,通过分布式单元的共同运动,实现机翼连续稳定的大规模变形,机翼面积变化可达 50%,展弦比的变化可达 200%。

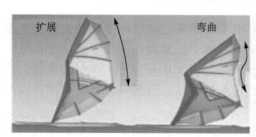 

　　图 6-11　自适应变化的蝙蝠翼帆结构　　　图 6-12　变形机翼的腱驱动柔顺细胞桁架

6.2.2　智能材料

　　应用于变体飞行器驱动器的复合主动材料需满足 3 个相互矛盾的标准:一是要有足够的刚性,以便能够承受飞行负载;二是能够提供足够的挠性,以满足飞行器对构形变化的要求;三是要足够轻,以满足现实飞行构件的重量要求。

　　智能材料不仅是结构材料,也是活性材料,可对环境变化做出反应。例如,可通过应力、应变、电、磁、热、光和微波辐射等刺激激发其活性。压电材料、铁电材料、形状记忆合金、形状记忆聚合物、电活性聚合物和多功能纳米复合材料都被认为是智能材料。目前,在多种微型飞行器、无人机和全尺寸飞机中,已经有智能材料应用其中,这充分表明智能材料在变体飞行器中的巨大潜力。在变体飞行器上有潜在应用的智能材料有以下几种。

（1）金属橡胶。美国化学家 Sonic 制作了一种毫米厚的闪光材料——金属橡胶。如图 6-13 所示。将金属橡胶扭曲、拉伸、加热至 200℃，并与喷气燃料混合使用，最后仍可以像橡胶一样回到原来的形状，同时又像固体金属一样可以导电。

（2）VERIFLEX 聚合物。基于 VERIFLEX 的复合材料具有自恢复能力，可用于制造和部署小规模的碳纤维增强机翼。如图 6-14 所示。小尺度机翼被加热、折叠并卷成一个紧密的包裹。冷却后，该结构保持卷起构型，直到加热并展开以实现记忆的机翼形状。

图 6-13 金属橡胶

图 6-14 自展开聚合物记忆翼

（3）NASTIC 硬聚合物。美国 DARPA 资助弗吉尼亚理工大学开发一种称为 NASTIC 的硬聚合物新型材料。在生物学上，NASTIC 是指植物因环境变化而自然移动，如跟踪阳光或浇水时变硬的植物。这种材料利用植物蛋白结构开发合成材料，通过内部压力变化引起较大的形状变化。NASTIC 材料的成功开发将提供一种直接将生化能转化为机械能的新材料，这才是真正集成的"智能"材料，为新一代具有生物启发性的工程系统奠定基础。

智能材料技术还不够成熟，要真正应用于变体飞行器，可能还需要改进材料性质，通过分子重组等技术进一步提高性能，或者加入添加剂（如碳纳米管、炭黑、石墨、铁粉和镍粉）使其具有多功能性，或者考虑材料的混合应用。

6.3 常规变体飞行器

6.3.1 动力学建模

变体飞行器不同于传统固定翼飞行器，因其具有复杂的变形结构和作动机械结构，通常不能被近似为一个完整的刚体，并且当气动外形发生变化时，气动参数也会发生变化，使得气动参数非定常，因此变体飞行器的建模比较困难。当前的主要建模方法包括以下几种。

（1）变形关联气动建模方法。变体飞行器气动外形的改变会体现在气动参数的变化上，因此可以通过气动分析建立气动力和变形参数的联系，进而得到带有变形参数的动力学模型。然而，这种建模策略的准确性不高，一般用于预研阶段的初步研究。

（2）放宽刚体刚性条件建模方法。该方法将飞行器每个方向的转动惯量考虑成时变函数，飞行器质心的偏移会使运动方程组中多出一些由质心偏移引起的额外项。然而，这种方法会忽略执行器的动力学特性。

（3）多体系统动力学建模方法。该方法将飞行器的每个部分视为独立的刚体，可以获得具有高度非线性、弱耦合或强耦合特征的微分方程组。然而，可运动部分的划分情况可能不一样，且计算量比常规刚体动力学方法更大。

获取飞行器气动数据的主要方式有理论分析数值计算方法、风洞实验测试、计算流体动力学 CFD 软件以及 DATCOM 软件等方法。目前，通常采用 CFD、DATCOM 等仿真软件获取变体飞行器的气动数据。美国弗吉尼亚理工大学以 Teledyne Ryan BQM-34"火蜂"飞机为变体飞行器研究平台，机翼设计具有较大的机翼跨度和机动配置，机翼可以向后倾斜 60°，采用 DATCOM 计算气动数据，建立了变体飞行器的空气动力学模型。美国西弗吉尼亚大学基于 Horten 型后掠翼无尾飞机，开发了多个 CFD 模型，重建了变形设计的实验气动数据，这些 CFD 模型已被用于研究各种翼型结构周围的压力和流场。美国 NextGen 航空公司设计了二自由度的 N-MAS 机翼，由一种包裹在专有的柔性外壳中的新型结构组成，可以同时改变后掠角、展长、机翼面积和弦长，有利于各种飞行条件，同时采用 DATCOM 软件计算获得了变形飞机模型的静态和动态稳定性导数。

6.3.2　飞行控制

变体飞行器的控制问题主要包括结构变形下的稳定控制和协调控制，前者一般将变形控制与飞行控制分开设计，后者是将变形机构当作控制机构，控制外形变化的同时辅助实现飞行控制。变体飞行器的结构变形与弹性效应使其空气动力学特性变得非常复杂，飞行器的重心、转动惯量变化大，模型有明显的非线性和不确定性，这给飞行控制系统设计带来了困难。

（1）经典控制方法。已在航空航天等实际工程中被广泛应用。英国克兰菲尔德大学针对柔性变形飞机 AX-1，设计了 C^* 纵向控制增稳系统和速率指令/姿态保持型横向控制增稳系统[7]。加拿大多伦多大学解决了变体飞行器执行器饱和和卡死故障下的容错控制问题，提出了一种控制增益随空速变化的线性变参数容错控制方法[8]。

（2）现代控制方法。由于变体飞行器的动力学模型具有不确定性，为了满足不同任务需求下的变形控制，常采用 H_2/H_∞ 混合控制等现代控制方法，先设计变体飞行器固定构型下的增稳控制系统，再设计变形过程的速度和高度控制器。美国宇航局艾姆斯研究中心和科学系统公司针对柔性翼飞行器联合设计了一种自适应输出反馈控制策略，以适应参数不确定性或空气动力学和结构参数的缓慢变化[9]。美国麻省理工学院针对具有 707 个状态、12 个输出和 2 个控制输入的变体飞行器，设计了模型参考自适应控制器,确保在不同的机翼形状和执行器异常时的稳定性[10]。美国宇航局艾姆斯研究中心和威奇托州立大学针对具有可移动后缘的变体飞行器,设计了分布式参数化模型,并开发了自适应优化控制器,以最大化与升力相关的性能指标[11]。美国宇航局艾姆斯研究中心联合 Stinger Ghaffarian Technologies 公司,针对柔性翼运输机,采用多目标最优控制技术,提出了几种获得最优控制解的实用近似技术,并证明了特定权重结构下最优控制器的稳定性[12]。美国 NextGen 航空公司设计了 N-MAS 机翼,可以同时改变后掠角、翼展、机翼面积和弦长,以利于各种飞行条件,并指定了盘旋、巡航、爬升、高升力和高速机动等五种具有特定性能优势的配置,几何变化如图 6-15 所示,并在 MFX-1 变体飞机上进行了验证研究[13]。所提出的控制策略使用了基于模型的间接自适应控制方法,包括修正序贯最小二乘参数辨识和滚动时域最优控制这两个部分,能够提供变形平面形状配置的精确闭环控制(即机翼形状控制),同时执行规定的闭环飞机动力学(即飞行控制)。

图 6-15　N-MAS 变形机翼

　　(3)智能控制方法。变体飞行器的研究正逐渐朝智能化方向发展。2005 年,美国得克萨斯农工大学针对变体无人飞行器的控制问题,提出了一种机器学习和自适应动态逆控制相结合的变形控制方法,它集成了使用结构自适应模型逆控制的轨迹跟踪功能与使用强化学习的变形控制功能,前者可以有效地处理具有时变性、参数不确定性、未建模动态和干扰的跟踪控制器设计问题,后者使用演员-批评家算法学习如何在每个飞行条件下生成最佳外形。随后,他们又提出了一种改进的自适应强化学习控制方法,飞行控制系统结构如图 6-16 所示,它集成了学习最优形状变化策略的强化学习变形控制函数与自适应动态逆控制轨迹跟踪函数,采用了一种基于 Q 学习方法的情景式无监督学习算法,以取代先前的精度较低的演员-批评家算法[14]。

　　近年来,国内对变体飞行器技术的研究取得了很大的进步,例如,北京航空航天大学研究了基于深度强化学习的变体飞行器外形自主优化问题;西北工业大学研究了基于增强学习的变体飞行器自适应变体策略与飞行控制方法;北京理工大学提出了一种基于深度确定性策略梯度算法的变展长及后掠角飞行器智能二维变形决策方法。南京航空航天大学长期从事变体飞行器技术研究,针对几种典型的变体飞行器设计了不同的飞行控制系统,主要成果包括:①以美国 NASA 的基本翼型 NACA1408 为初始翼型,建立了变弯度飞行器的参数化模型,并利用鲁棒最优控制方法研究了变形过程的控制问题[15];②以美国 Navion L-17 飞机为参考对象,采

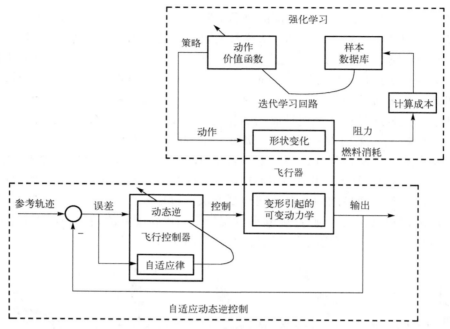

图 6-16　自适应强化学习控制系统结构

用 Digital DATCOM 软件建立了变翼展飞行器的气动模型，并设计了变增益控制器[16]；③建立了不同扭矩变形的展向变形器气动模型，并设计了鲁棒最优状态反馈控制方法[17]；④建立了变翼展飞行器和变厚度飞行器的气动模型和非线性动力学模型，采用基于滑模干扰观测器的鲁棒增益调度控制策略，研究了变翼展飞行器变形飞行过程的全局稳定和鲁棒性能，采用模糊鲁棒 H_∞ 控制策略研究了变形协同飞行的协调控制问题，采用非奇异动态终端滑模控制策略研究了变形辅助机动的协调控制问题[18]；⑤建立了折叠翼飞行器的气动参数模型与非线性动力学模型，设计了基于鲁棒变增益控制的增稳控制器和基于非奇异动态终端滑模控制器的辅助机动协调控制器[19]；⑥开发了一套由飞行控制计算机、机翼变形控制计算机、变形机翼智能平台组成的变体飞行器变形飞行原理演示系统，原理框图如图 6-17 所示。

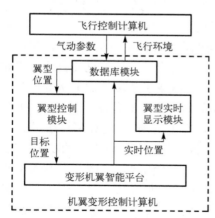

图 6-17　变形飞行原理演示系统框图

6.4　可变翼空天飞行器

6.4.1　小翼伸缩特性

研究的可变翼空天飞行器构型如图 6-18 所示，采用翼身融合布局，机体轮廓为三角形，大后掠机翼，机腹前部下表面为吸气动力系统进气道的预压缩面，将空气涡轮火箭组合发动机和超声速燃烧冲压发动机的组合方案作为推进动力，升降舵布置在机翼后缘，采用双斜立尾可增加航向稳定性，机翼翼梢增设伸缩小翼。机翼为可变形翼面，采用伸缩小翼的方式提高起飞升力和巡航飞行效率。飞行器地面起飞或着陆时，小翼伸出以增加翼展长度和面积来提高升力，当高超声速巡航时，小翼收回以减小阻力。

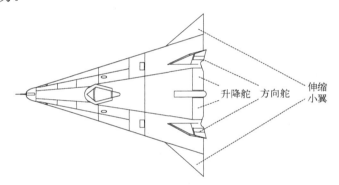

图 6-18　可变翼空天飞行器构型

小翼的伸缩会引起机翼面积和平均几何气动弦长的变化，以及升力、阻力和俯仰力矩系数的变化，从而影响升力、阻力和俯仰力矩。

(1)升力。它主要与机翼面积、飞行高度、马赫数、迎角、升降舵偏角相关。小翼未伸出时飞行器的升力计算式为

$$L = \left(\frac{1}{2}\rho V^2\right) S_w (C_{L0} + C_{L_\alpha 0} + C_{L\delta_e}\delta_e) \tag{6-1}$$

小翼伸出后飞行器的升力计算式为

$$L = \left(\frac{1}{2}\rho V^2\right)(S_w + \Delta S_w)(C_{L0} + C_{L_\alpha}\alpha + C_{L\delta_e}\delta_e + C_{L\delta_v}\delta_v) \tag{6-2}$$

式中，δ_v 为小翼变化量；$C_{L\delta_v}$ 为小翼引起的升力变化系数。当小翼收回时，δ_v 为零，机翼面积 S_w 不变；当小翼伸出后，S_w 增大 ΔS_w，δ_v 为正，展弦比增大，从而使升阻比和升力系数增大，升力增大，小翼伸出适用于起飞和降落阶段。

（2）阻力。它主要与飞行器外形、飞行高度、马赫数、迎角和操纵面偏角有关。小翼未伸出时飞行器的阻力计算式为

$$D = \left(\frac{1}{2}\rho V^2\right)(S_w)(C_{D0} + C_{D_\alpha}\alpha + C_{D\delta_e}\delta_e) \tag{6-3}$$

小翼伸出后飞行器的阻力计算式为

$$D = \left(\frac{1}{2}\rho V^2\right)(S_w + \Delta S_w)(C_{D0} + C_{D_\alpha}\alpha + C_{D\delta_e}\delta_e + C_{D\delta_v}\delta_v) \tag{6-4}$$

式中，$C_{D\delta_v}$ 表示小翼引起的阻力变化系数。当小翼收回时，δ_v 为零，飞行器的展弦比减小，机翼受力面积变小，从而使阻力减小；当小翼伸出后，S_w 增大 ΔS_w，δ_v 为正，阻力系数变大，飞行器的阻力增大，但是阻力增大的幅度小于升力，小翼收回适合高速巡航段。

（3）俯仰力矩。它主要与飞行速度、高度、迎角和升降舵偏角等相关，此外当俯仰角速度、迎角变化率和升降舵偏转角速率不为零时，还会产生附加的俯仰力矩，称为动态气动力矩。小翼未伸出时飞行器的俯仰力矩计算式为

$$M_A = \left(\frac{1}{2}\rho V^2\right)S_w c_A(C_{m,\alpha=0} + C_{m\alpha}\beta + C_{m\delta_e}\delta_e + C_{m\bar{q}}\bar{q} + C_{m\bar{\alpha}}\bar{\alpha} + C_{m\bar{\delta}_e}\bar{\delta}_e) \tag{6-5}$$

小翼伸出后飞行器的俯仰力矩计算式为

$$M_A = \left(\frac{1}{2}\rho V^2\right)(S_w + \Delta S_w)(c_A + \Delta c_A)(C_{m,\alpha=0} + C_{m\alpha}\beta + C_{m\delta_e}\delta_e + C_{m\bar{q}}\bar{q} + C_{m\bar{\alpha}}\bar{\alpha} + C_{m\bar{\delta}_e}\bar{\delta}_e) \tag{6-6}$$

小翼伸出后，机翼面积、翼展和飞机平均几何气动弦长都增大，俯仰力矩增大。

6.4.2　轨迹优化

轨迹优化是空天飞行器制导与控制技术的前提，影响飞行器爬升或再入阶段的飞行安全性、稳定性和任务效率。下面以可变翼空天飞行器爬升段的最省燃料飞行器轨迹优化问题为例，阐述基于改进高斯伪谱法的可变翼空天飞行器轨迹优化原理[20]。

可变翼空天飞行器在爬升过程中，需要经历平流层、中间层和部分热层。随着飞行速度和高度的增加，飞行状态变化显著，飞行约束条件也变得越来越苛刻。根据爬升模态下可变翼飞行器状态及发动机状态等的变化情况，划分为三个阶段：①起飞爬升段（$V < 4Ma$，$0\mathrm{m} \leqslant h < 20000\mathrm{m}$），通过加大油门开度，加大推力，并应尽量减少阻力，通过小翼伸缩变化改变升阻特性，使飞行器可以加速达到安全速度爬升；②迅速爬升段（$4Ma \leqslant V < 10Ma$，$20000\mathrm{m} \leqslant h < 35000\mathrm{m}$），飞行器处于低空大气层，空气密度高，随着飞行速度的增大，飞行器质量逐渐减少，动压迅速增大，可能导致机体受损，因此尽量缩短爬升时间，尽快脱离稠密大气层；③巡航接入段

（$V \geqslant 10Ma$，　$35000\mathrm{m} \leqslant h < 40000\mathrm{m}$），飞行速度和高度变化不大，接近指定巡航速度和高度，航迹角逐渐减少，保持为零，进入待巡航阶段。

　　飞行器在爬升过程中，需要消耗大量燃油，为了减少燃油消耗，以最省燃料为优化目标，故性能指标函数为

$$J_m = \max_t \left\{ m(t_0) - \sum_{p=1}^{3} \left[\int_{t_{p-1}}^{t_p} \dot{m}_p(\tau)\mathrm{d}\tau \right] \right\} \tag{6-7}$$

得到多段高斯伪谱法优化模型：

$$\min J_p = \varPhi[x_0^{(1)}(t_0), t_0, x_{N^{(p)}+1}^{(p)}(t_p), t_p] + \sum_{p=1}^{p} \frac{t_p - t_{p-1}}{2} \sum_{k=1}^{N^{(p)}} w_k^{(p)} g[x_k^{(p)}, u_k^{(p)}, \tau_k^{(p)}; t_{p-1}, t_p] \tag{6-8}$$

$$\text{s.t.} \begin{cases} \sum_{i=0}^{N^{(p)}} D_{k,i}^{(p)}(\tau)x_i^{(p)} - \dfrac{t_p - t_{p-1}}{2} f[x_k^{(p)}, u_k^{(p)}, \tau_k^{(p)}; t_{p-1}, t_p] = 0, \quad k = 1, 2, \cdots, N \\[2mm] C[x^{(p)}(t), u^{(p)}(t), t] \leqslant 0, \quad p = 1, 2, 3 \\[2mm] E_1[x_0^{(1)}(t_0), t_0] = 0 \\[2mm] E_2[x^{(p)}(t_p), t_p] = 0 \\[2mm] x_{N^{(p)}+1}^{(p)} - x_0^{(p)} - \sum_{i=1}^{N^{(p)}} x_i^{(p)} \sum_{k=1}^{N^{(p)}} w_k^{(p)} D_{k,i}^{(p)} = 0 \end{cases} \tag{6-9}$$

式中，N 为初始配点数；D 为状态微分矩阵；w 为高斯权重；C 为路径约束，包括热流、动压、过载等；E_1、E_2 分别为初始和终端边界约束。爬升段的约束条件包括：①边界约束，飞行器被助推到预定高度和速度后，发动机开始工作，因此飞行器的爬升初始状态和末端状态都有相应的约束；②路径约束，在加速爬升过程中，大气压强作用、摩擦作用导致飞行器表面温度迅速升高，为避免温度过高致使机体受到损坏，飞行器的动压、热流率及过载等需满足约束条件；③状态与控制约束，飞行器在爬升过程中对飞行状态 x 及控制输入 u 都有区间约束；④间断点约束，三个阶段出现两个间断点，需要满足间断点约束条件。

　　针对爬升走廊约束下的多段轨迹优化问题，传统高斯伪谱法在处理复杂目标函数、较多配点数的优化问题时，计算量较大，优化精度较低，因此设计一种改进多段整合优化的高斯伪谱法的求解策略，提高多配点下优化问题的求解效率。轨迹优化的主要步骤包括：①在每个子段内选取合适初值，更新各子段配点数；②利用多段高斯伪谱法离散优化状态变量和控制变量、约束条件及目标函数等；③将所有非线性离散优化问题转化为 NLP 问题，利用 SQP 法进行求解，将控制输入代入状态方程进行求解，将优化结果进行线性插值作为下一步的初值；④判断是否满足约束收敛，若不满足，则增加配点数，进入循环迭代；⑤否则退出循环，最终获得爬升段的最优飞行轨迹及小翼伸缩状态。

6.4.3　飞行控制

可变翼空天飞行器具有很强的非线性、时变性、不确定性等特点，自适应控制、滑模控制、反演控制等先进方法常被用于设计飞行控制系统。

自适应控制在被控对象模型未知或受到未知扰动等不确定情况下，通过在线调节控制参数，使控制系统能够适应环境和对象的变化，适合解决该类飞行器的飞行控制问题。基于状态反馈状态跟踪自适应控制的飞行控制系统以状态空间模型为参考模型，采用模型参考自适应设计方法，能够实现可变翼空天飞行器的全状态跟踪控制[21]。然而，状态反馈状态跟踪自适应控制器的设计匹配条件严格，相比之下，状态反馈输出跟踪自适应控制具有更宽松的匹配条件和更广泛的适用范围，其飞行控制系统结构如图 6-19 所示[22]。

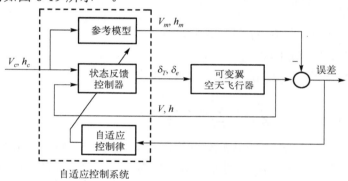

图 6-19　状态反馈输出跟踪自适应控制系统结构

滑模控制直接基于非线性模型设计，具有很强的鲁棒性，引入神经网络可以在线更新滑模趋近律参数，使得控制系统具有自适应能力。基于自适应滑模控制的可变翼空天飞行控制系统结构如图 6-20 所示[23]。自适应滑模控制器主要由滑模面、快速双幂次趋近律滑模控制律和神经网络构成，神经网络用于抑制控制输入在小翼伸缩过程的跳变，且实现快速收敛。

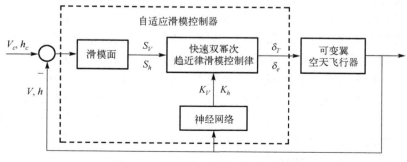

图 6-20　自适应滑模控制系统结构

反演控制基于 Lyapunov 稳定性理论，引入一系列虚拟控制量，并通过递归计算得到控制输入。基于自适应反演动态面控制的可变翼空天飞行器控制系统结构如图 6-21 所示[24]。它引入了径向基函数（radial basis function，RBF）神经网络逼近模型未知函数部分，并结合动态面控制，克服传统递推设计时控制器微分项数膨胀问题，并提高了控制系统的鲁棒性和自适应能力。

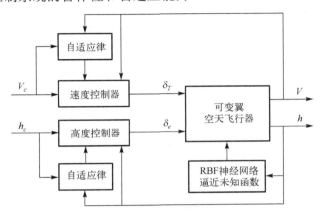

图 6-21　自适应反演动态面控制系统结构

可变翼空天飞行器的任务阶段可以分为爬升段、巡航段和再入段。巡航段包括平飞加速模态、姿态保持模态、空速保持模态、高度保持模态、协调转弯模态；再入返回段包括无动力滑翔段和末端能量管理段。整个飞行过程中，温度、动压、大气密度等环境因素变化复杂，飞行器的高度和速度跨域较宽，导致飞行器气动特性、发动机工作特性、操纵面效率等都会发生剧烈变化。引入可伸缩小翼，有助于飞行器在不同模态下适应环境和自身变化，提高控制性能，模态切换控制系统结构如图 6-22 所示[25]。

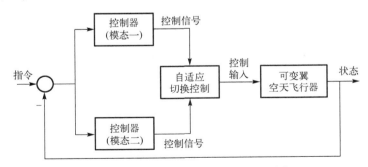

图 6-22　自适应模态切换控制系统结构

由于可变翼空天飞行器存在非线性、参数灵敏性和不确定问题，仅使用固定的滑模控制器有时难以使飞行状态满足控制要求，理想的期望控制信号难以获得。为了解决不同模态之间的切换控制问题，基于模糊滑模控制的自适应模态切换控制系统结构框图如图 6-23 所示[26]。它采用二型 TSK 模糊系统，隶属度函数是不确定的，比一型 TSK 模糊控制更适合于解决不确定性问题。模态一控制信号 u_1 和模态二控制信号 u_2 作为二型 TSK 模糊逻辑控制器的输入信号，经过二型模糊推理、降型以及解模糊化，得到二型 TSK 模糊控制器的输出 u_f。为了提高鲁棒性，设计了补偿控制律，其控制信号 u_n 可以补偿二型 TSK 模糊控制器输出与理想控制信号之间的差值。参数估计器用来估计补偿控制律的一些变量，通过 Lyapunov 稳定性分析方法，设计自适应律，使二型 TSK 模糊控制器的隶属度函数随着飞行状态的变化而自适应地变化。

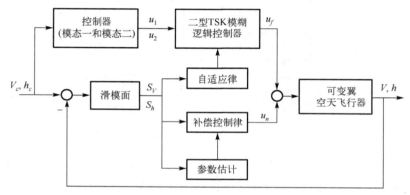

图 6-23　基于模糊滑模控制的自适应模态切换控制系统结构

6.5　变后掠翼空天飞行器

6.5.1　变后掠翼特性

研究的变后掠翼空天飞行器以美国 NASA 的单级入轨 GHAME 空天飞行器模型为基础。该空天飞行器采用三角翼、大后掠角、细长机身和升降副翼，可以从常规跑道水平起飞，加速到轨道速度，进入近地轨道，并返回地球实现水平着陆。机身总长为 71.45m，起飞总质量可达 136077kg，可携带的燃油质量为 81646kg。变后掠翼空天飞行器的构型如图 6-24 所示，它能够在飞行过程中自主改变飞行器的后掠角，两侧机翼后掠角对称地增大或者减小，后掠角的变化范围为 55°～75°[27]。

方便起见，后掠角的变化用变形率来描述，定义为

$$\xi = 1 - \frac{\varLambda - \varLambda_{\min}}{\varLambda_{\max} - \varLambda_{\min}} \tag{6-10}$$

式中，$\varLambda_{\min} \sim \varLambda_{\max}$ 为后掠角的变形范围；ξ 为变形率，且 $\xi \in [0,1]$。

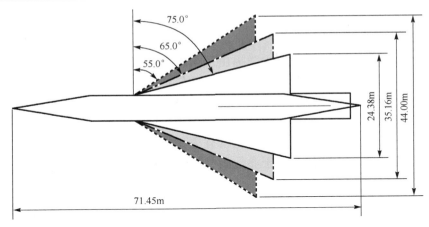

图 6-24　变后掠翼空天飞行器构型

变后掠翼空天飞行器的纵向气动力及力矩表示为

$$\begin{cases} D = C_D(\xi)QS(\xi) \\ L = C_L(\xi)QS(\xi) \\ M_A = C_m(\xi)QS(\xi)c_A(\xi) \end{cases} \tag{6-11}$$

式中，Q 为动压；S 为机翼表面积；c_A 为平均气动弦长；C_L、C_D 和 C_m 分别为升力系数、阻力系数和俯仰力矩系数，均是后掠角变形率 ξ 的函数。

定义 75° 构型下的气动系数为

$$\begin{cases} \overline{C}_D = \overline{C}_{D0}(Ma,\alpha) + \overline{C}_{D\alpha}(Ma,\alpha)\alpha \\ \overline{C}_L = \overline{C}_{L0}(Ma,\alpha) + \overline{C}_{L\alpha}(Ma,\alpha)\alpha \\ \overline{C}_m = \overline{C}_{m0}(Ma,\alpha) + \overline{C}_{m\alpha}(Ma,\alpha)\alpha + \overline{C}_{m\delta_e}(Ma,\alpha)\delta_e + \overline{C}_{mq}(Ma,\alpha)q\overline{c}_A/(2V) \end{cases} \tag{6-12}$$

式中，气动导数均是关于 Ma、α 的非线性函数，一般可以通过插值获得气动系数，也可通过拟合函数得到代理模型。通过高维插值实时获得 75° 构型下不同状态的气动导数，然后考虑变形量进一步拟合得到不同构型、不同状态下的气动系数。气动系数可拟合为与后掠角变形率 ξ 有关的多项式，表示为

$$\begin{cases} C_D(\xi) = C_{D0}(\xi) + C_{D\alpha}(\xi)\alpha \\ C_L(\xi) = C_{L0}(\xi) + C_{L\alpha}(\xi)\alpha + C_{L\delta_e}(\xi)\delta_e \\ C_m(\xi) = C_{m0}(\xi) + C_{m\alpha}(\xi)\alpha + C_{m\delta_e}(\xi)\delta_e + C_{mq}(\xi)qc_A(\xi)/(2V) \end{cases} \tag{6-13}$$

通过数值计算可以得出，随着后掠角的增大，升力系数和阻力系数都呈现减小的趋势，而随着迎角的增大，升力系数的减小趋势也变大，而阻力系数的减小趋势较为均匀，升阻比呈现减小的趋势。此外，后掠角越大，俯仰力矩系数越小。

6.5.2　气动模型辨识

2009 年，荷兰代尔夫特理工大学提出了一种从分散的多变量数据中创建高精度静态非线性映射的新方法，它在新的线性回归方案中使用多元单纯形样条的 B 样条多项式。多元样条是一种分段的多项式函数，每个基函数多项式都定义在一个单纯形上。多元样条函数的逼近幂不仅与多项式次数成比例，而且与多项式的数量和密度成比例。与普通多项式模型相比，它具有更高的逼近能力。与神经网络等其他全局函数估计器相比，它的优势在于参数线性特性和数值稳定性。

1. 离线辨识

为估计变后掠翼空天飞行器的气动模型，将所有观测值合并到观测矩阵 Y 中，将回归器合并到回归矩阵 X 中，得到标准回归形式。使用最小二乘估计计算气动模型参数，即

$$C = (X_p^T X_p)^{-1} X_p^T Y \tag{6-14}$$

式中，X_p 为多项式模型的回归矩阵。对于多元样条模型，每个子函数都用样条函数估计，气动模型结构如下：

$$
\begin{cases}
s_D = s_{D0}(V,\alpha) + s_{D\alpha}(V,\alpha)\alpha \\
s_L = s_{L0}(V,\alpha) + s_{L\alpha}(V,\alpha)\alpha + s_{L\delta_e}(V,\alpha)\delta_e \\
s_m = s_{m0}(V,\alpha) + s_{m\alpha}(V,\alpha)\alpha + s_{m\delta_e}(V,\alpha)\delta_e + s_{mq}(V,\alpha)qc_A/(2V)
\end{cases}
\tag{6-15}
$$

式中，s_D、s_L、s_m 分别对应 C_D、C_L 和 C_m；$s_i(V,\alpha)$ 为需要估计的样条函数模型（$i=D$, L, m），分别对应了等式右边的各个气动系数。

变后掠翼空天飞行器的 B 样条多项式的样条函数线性回归模型表示为

$$
\begin{cases}
y_D(i) = [B_{1D}^{d_{1D}}(i) \quad B_{2D}^{d_{2D}}(i)\alpha][c_{1D}^T \quad c_{2D}^T]^T = X_D(i)c_D \\
y_L(i) = [B_{1L}^{d_{1L}}(i) \quad B_{2L}^{d_{2L}}(i)\alpha \quad B_{3L}^{d_{3L}}(i)\delta_e][c_{1L}^T \quad c_{2L}^T \quad c_{3L}^T]^T = X_L(i)c_L \\
y_m(i) = \left[B_{1m}^{d_{1m}}(i) \quad B_{2m}^{d_{2m}}(i)\alpha \quad B_{3m}^{d_{3m}}(i)\delta_e \quad B_{4m}^{d_{4m}}(i)\dfrac{qc_A}{2V}\right][c_{1m}^T \quad c_{2m}^T \quad c_{3m}^T \quad c_{4m}^T]^T = X_m(i)c_m
\end{cases}
\tag{6-16}
$$

式中，c_{1D}^T 和 c_{2D}^T 分别为样条函数 s_{D0} 和 $s_{D\alpha}$ 的 B-系数；c_{1L}^T、c_{2L}^T 和 c_{3L}^T 分别为样条函数 s_{L0}、$s_{L\alpha}$ 和 $s_{L\delta_e}$ 的 B-系数；c_{1m}^T、c_{2m}^T、c_{3m}^T 和 c_{4m}^T 分别为样条函数 s_{m0}、$s_{m\alpha}$、$s_{m\delta_e}$ 和 s_{mq} 的 B-系数；$B_{1D}^{d_{1D}}(i)$ 为样条函数 s_{D0} 的基本多项式，与样条空间（包括多项式维度 d_{1D}、连续性条件 r_{1D} 和样条空间中的单形数量 $\mathcal{T}_{1D}$），以及迎角和马赫数转换到单形中的质心坐标等有关。

表 6-2 列出了每个子函数所选的样条空间 $S_{d_i}^r(\mathcal{T})$，其中 r 是连续性条件，d 是多项式阶数。

表 6-2　基于多元样条的气动模型结构

函数	模型结构	函数	模型结构
$s_{D0}(V,\alpha)$	$S_5^0(\mathcal{T}_2)$	$s_{m0}(V,\alpha)$	$S_5^0(\mathcal{T}_2)$
$s_{D\alpha}(V,\alpha)$	$S_5^0(\mathcal{T}_4)$	$s_{m\alpha}(V,\alpha)$	$S_5^0(\mathcal{T}_4)$
$s_{L0}(V,\alpha)$	$S_5^0(\mathcal{T}_2)$	$s_{m\delta_e}(V,\alpha)$	$S_5^0(\mathcal{T}_4)$
$s_{L\alpha}(V,\alpha)$	$S_5^0(\mathcal{T}_4)$	$s_{mq}(V,\alpha)$	$S_5^0(\mathcal{T}_4)$
$s_{L\delta_e}(V,\alpha)$	$S_5^0(\mathcal{T}_4)$		

为了保证单纯形之间的连续性，需要定义一个全局平滑矩阵来组合所有样条回归器的连续性条件。全局平滑度矩阵表示为

$$H_D = \begin{bmatrix} H_{1D} & 0 \\ 0 & H_{2D} \end{bmatrix}, \quad H_L = \begin{bmatrix} H_{1L} & 0 & 0 \\ 0 & H_{2L} & 0 \\ 0 & 0 & H_{3L} \end{bmatrix}, \quad H_m = \begin{bmatrix} H_{1m} & 0 & 0 & 0 \\ 0 & H_{2m} & 0 & 0 \\ 0 & 0 & H_{3m} & 0 \\ 0 & 0 & 0 & H_{4m} \end{bmatrix} \tag{6-17}$$

2. 在线辨识

在线实时辨识方法结合了计算效率高的多元样条递归最小二乘算法和可变遗忘因子，可以在每次检测到模型误差时进行自校正，以补偿模型的不确定性，具有更好的适应性[27]。

在线实时辨识方法的主要步骤如下所述。

步骤 0：初始化 $\tilde{P}(0)$ 和 $\tilde{X}(0)$ 。

步骤 1：更新增益：

$$L(t) = \tilde{P}(t-1)\tilde{X}^{\mathrm{T}}(t)[1 + \tilde{X}(t)\tilde{P}(t-1)\tilde{X}^{\mathrm{T}}(t)]^{-1} \tag{6-18}$$

步骤 2：更新误差：

$$\varepsilon(t) = y(t) - \tilde{X}(t)\hat{\tilde{c}}(t-1) \tag{6-19}$$

步骤 3：更新替换参数：

$$\hat{\tilde{c}}(t) = \hat{\tilde{c}}(t-1) + L(t)\varepsilon(t) \tag{6-20}$$

步骤 4：对平滑矩阵进行奇异值分解（singular value decomposition，SVD）后，计算样条参数：

$$\hat{c}(t) = V_2\hat{\tilde{c}}(t) \tag{6-21}$$

步骤 5：更新可变遗忘因子：

$$\lambda(t) = 1 - [1 - \tilde{X}(t)L(t)]\varepsilon^2(t) / \Sigma_0 \tag{6-22}$$

其中，对 λ 的限制如下：

$$\lambda(t) = \max[\lambda(t), \lambda_{\min}] \tag{6-23}$$

步骤 6：更新协方差，返回步骤 1：

$$\tilde{P}(t) = [1 - L(t)\tilde{X}(t)]\tilde{P}(t-1)\frac{1}{\lambda(t)} \tag{6-24}$$

6.5.3　飞行控制

针对变后掠翼空天飞行器这类复杂的非线性系统，可以采用非线性动态逆控制方法来设计控制器。为了提高控制系统的鲁棒性，引入在线辨识方法得到气动模型辨识参数，使在飞行器变构型时也能在线更新先验气动模型，以实现对模型不确定下的变后掠翼空天飞行器的自适应控制。

以俯仰角速度内回路的设计为例，基于气动模型在线辨识的自适应非线性动态逆控制系统如图 6-25 所示。

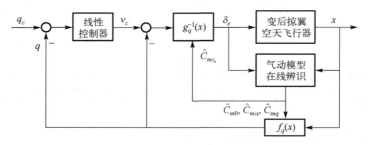

图 6-25　俯仰角速度内回路控制系统

考虑输入仿射形式的飞机状态方程：

$$\dot{q} = f_q(x) + g_q(x)\delta_e \tag{6-25}$$

$$\begin{cases} f_q(x) = \dfrac{QS(\xi)c_A(\xi)[\hat{C}_{m0} + \hat{C}_{m\alpha}\alpha + \hat{C}_{mq}qc_A(\xi)/(2V)]}{I_y} \\[3mm] g_q(x) = QS(\xi)c_A(\xi)\hat{C}_{m\delta_e} / I_y \end{cases} \tag{6-26}$$

假设 $g_q(x)$ 可逆，含气动模型辨识参数的非线性动态逆控制器设计为

$$\delta_e = g_q^{-1}(x)[\nu_c - f_q(x)] \tag{6-27}$$

$$\nu_c = k(q_c - q) \tag{6-28}$$

固定构型（$\Lambda=75°$）和变构型（$\Lambda=55°\sim75°$）飞行器在含气动不确定性时的气动模型在线辨识与飞行控制效果如图 6-26 所示，标称模型特指基于 $\Lambda=75°$ 时的离线

气动模型，样条模型特指基于多元样条理论的在线气动模型。从图中可以看出，基于多元样条理论的气动模型在线辨识效果较好，并有助于提高非线性动态逆控制系统的性能。

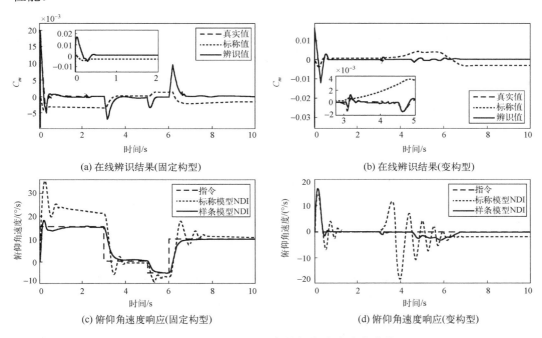

(a) 在线辨识结果(固定构型)　　　　　　(b) 在线辨识结果(变构型)

(c) 俯仰角速度响应(固定构型)　　　　　　(d) 俯仰角速度响应(变构型)

图 6-26　在线辨识结果与俯仰角速度响应曲线

　　总之，人工智能技术的进步，促进了材料、传感器、致动器及其相关支持硬件和微电子技术的发展，也推动了变体飞行器的研究热潮，当变体技术完全实现并应用于各种飞行器时，将很有可能在飞行安全性、可承受性和环境兼容性等方面产生巨大影响，甚至很有可能带来未来航空航天飞行器的革命性变化。

参 考 文 献

[1]　甄子洋, 刘攀, 陆宇平. 变体飞行器智能变形与飞行控制技术研究进展[J]. 南京航空航天大学学报, 2022, 54(6): 995-1006.

[2]　陆宇平, 何真, 吕毅. 变体飞行器技术[J]. 航空制造技术, 2008, 22: 26-29.

[3]　RODRIGUEZ A R. Morphing aircraft technology survey[C]. Proceedings of the 45th AIAA Aerospace Sciences Meeting and Exhibit, Reno, 2007: 15064-15079.

[4]　RUSNELL, MICHAEL T, RENAUD, et al. Morphing UAV pareto curve shift for enhanced performance[C]. Proceedings of the 45th AIAA/ASME/ASCE/AHS/ASC Structures, Structural

Dynamics, and Materials Conference, Plam Springs, 2004.

[5] GERALD R A, COWAN D L, PIATAK D J. Aeroelastic modeling, analysis and testing of a morphing wing structure[C]. Proceedings of the 48th AIAA/ASME/ASCE/AHS/ASC Structures, Structural Dynamics, and Materials Conference, Hawaii, 2007.

[6] HONG C, CHEPLAK M, CHOI J Y, et al. Flexible multi-body design of a morphing UCAV [C]. AIAA "Unmanned Unlimited" Technical Conference, Chicago, 2013.

[7] ANDREWS S P. Modelling and simulation of flexible aircraft handling qualities with active load control[D]. Cranfield: Cranfield University, 2011.

[8] FAN W, LIU H, KWONG R. Gain-scheduling control of flexible aircraft with actuator saturation and stuck faults[J]. Journal of Guidance, Control, and Dynamics, 2017, 40(3): 510-520.

[9] BOSKOVIC J, JACKSON J A, WISE R, et al. Adaptive output feedback control of elastically shaped aircraft[C]. 2018 AIAA Guidance, Navigation, and Control Conference, Kissimmee, 2018: 0873.

[10] ZHENG Q, ANNASWAMY A M. Adaptive output-feedback control with closed-loop reference models for very flexible aircraft[J]. Journal of Guidance, Control, and Dynamics, 2016, 39(4): 873-888.

[11] MENON A N, CHAKRAVARTHY A, NGUYEN N T. Adaptive control for hybrid PDE models inspired from morphing aircraft[C]. 2018 AIAA Guidance, Navigation, and Control Conference, Kissimmee, 2018.

[12] HASHEMI K E, NGUYEN N T, DREW M C. Time-varying weights in multi-objective optimal control for flexible wing aircraft[C]. AIAA Scitech, San Diego, 2019.

[13] GANDHI N, JHA A, MONACO J, et al. Intelligent control of a morphing aircraft[C]. Proceedings of the 48th AIAA/ASME/ASCE/AHS/ASC Structures, Structural Dynamics, and Materials Conference, Hawaii, 2007: 1716.

[14] VALASEK J, DOEBBLER J, TANDALE M D, et al. Improved adaptive-reinforcement learning control for morphing unmanned air vehicles[J]. IEEE Transactions on Systems Man & Cybernetics—Part B: Cybernetics, 2008, 38(4): 1014-1020.

[15] 庄知龙, 陆宇平, 殷明. 基于 CFD 的一种变形翼亚声速气动特性仿真分析[J]. 飞行力学, 2013, 31(2): 110-112, 117.

[16] 郭淑娟. 可变体飞行器的飞行协调控制问题研究[D]. 南京: 南京航空航天大学, 2012.

[17] 陶晓荣, 陆宇平, 殷明. 展向变形飞行器机翼扭转时的鲁棒飞行控制与分析[J]. 电子设计工程, 2014, 22(10): 159-162.

[18] 殷明, 陆宇平, 何真, 等. 变体飞行器变形辅助机动的建模与滑模控制[J]. 系统工程与电子技术, 2015, 37(1): 128-134.

[19] 薛辰. 折叠翼飞行器变形过程飞行控制研究[D]. 南京: 南京航空航天大学, 2018.

[20] 徐文莹, 江驹, 甄子洋, 等. 改进多段高斯伪谱法的近空间可变翼飞行器小翼伸缩优化研究 [J]. 哈尔滨工程大学学报, 2020, 41 (7): 1043-1051.

[21] 杨政, 甄子洋, 蒋烁莹, 等. 近空间可变翼飞行器模态切换自适应控制研究[J]. 飞行力学, 2018, 36 (3): 37-41.

[22] 杨政, 甄子洋, 蒋烁莹, 等. 近空间可变翼飞行器小翼切换自适应控制方法[J]. 哈尔滨工程 大学学报, 2019, 40 (5): 886-891.

[23] 杨铭超, 江驹, 甄子洋, 等. 空间可变翼飞行器小翼伸缩自适应滑模控制[J]. 哈尔滨工程大 学学报, 2017, 38 (9): 1420-1425.

[24] 徐文莹, 江驹, 甄子洋, 等. 基于 Back-stepping 鲁棒自适应动态面的近空间飞行器控制[J]. 电光与控制, 2018, 25 (11): 15-20.

[25] 顾臣风, 江驹, 甄子洋, 等. 近空间飞行器多模态切换控制研究[J]. 飞行力学, 2015, 33: 222-225.

[26] JIAO X, FIDAN B, JIANG J, et al. Adaptive mode switching of hypersonic morphing aircraft based on type-2 TSK fuzzy sliding mode control[J]. Science China Information Sciences, 2015, 58 (15): 070205.

[27] 刘攀. 变体空天飞行器建模与控制方法研究[D]. 南京: 南京航空航天大学, 2023.

第7章 无人飞行器集群智能协同控制

无人飞行器集群是一种模拟具有社会属性的生物群体智能行为的自组织系统。集群自组织系统通常由大量简单的微观智能体构成，通过集体内个体之间的相互作用，在宏观层面自发涌现出非平衡结构。简而言之，简单智能体通过个体之间的协同来涌现全局智能行为。无人飞行器集群自组织系统通常规模较大、飞行器成本较低、个体功能较简单，能够利用共识自主性实现集群协同，适应环境或任务的变化而动态调整，自主完成任务规划与运动控制，最终高效地执行任务。

本章主要研究无人飞行器集群的智能协同控制技术，具体包括集群自组织系统的基本框架、任务规划、信息交互和运动控制等内容。

7.1 自组织系统模型框架

基于生物群体的自组织原理，采用自底向上的方法，可以构建无人飞行器集群的智能行为模型框架，在该框架下可以具体定义无人飞行器、环境和自组织行为的数学模型。集群自组织系统的框架模型如图 7-1 所示，由环境、智能体、状态、行为等要素构成，具有计算简单、鲁棒性强等优点[1]。

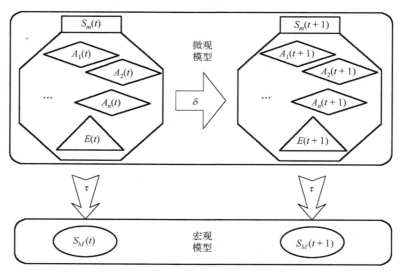

图 7-1 集群自组织系统的框架模型

集群自组织系统的框架模型组成单元主要包括以下几点。

1. 宏观状态

自组织系统的状态是指宏观状态，也称全局状态，反映自组织系统的动态特征，表示为 s_M。该动态特征与智能体及其决策过程外部观察到的属性直接相关。例如，蚂蚁群体的宏观状态是它所处的位置和正在做的事情，传感器网络的宏观状态是通信内容及特定频率。

宏观状态空间是指自组织系统所有有效宏观状态的集合，表示为 S_M，且 $s_M \in S_M$。它限制了宏观状态的变化范围，防止非期望状态的出现。

2. 环境

环境被认为是状态转换的一个促成因素，由一系列实体组成，具体可以用一组效应器来描述。效应器集合是指除了自组织系统宏观状态之外的所有作用因素，将环境中的实体及相关信息表示为 entity，则一组环境实体集表示为

$$E = \{\text{entity}_1, \text{entity}_2, \cdots, \text{entity}_n\} \tag{7-1}$$

蚂蚁群体的效应器集合由除了蚂蚁本身之外的影响蚂蚁移动空间的所有事物组成，如信息素。对于传感器网络而言，效应器集合类似于传感器的通信介质。

对外部环境简化后，可以设定环境模型仅由维度约束、障碍、对象集和目标集组成，则环境模型表示为

$$E = R \times R \times O \times A \times T \tag{7-2}$$

式中，$R \times R$ 表示二维空间下任意实体的笛卡儿坐标位置；O 为障碍物集合；A 为智能体的相关信息集合；T 为场景中存在的目标集合。

3. 宏观状态转换函数

宏观状态转换函数是指自组织系统的宏观状态在环境效应器的作用下实现状态更新。更新方式为隐式或显式。例如，蚂蚁释放信息素是隐式的，而食蚁兽攻击蚁群是显式的。因此，系统状态在前一个系统状态以及效应器影响下进行更新，这些变化可以在马尔可夫链中跟踪。将环境效应器作用到系统状态转换中，可得到下一时刻集群自组织系统的宏观状态为

$$S_M(t) \times E(t) \to S_M(t+1) \tag{7-3}$$

4. 马尔可夫链

通过更新环境的效应器集和自组织系统的宏观状态，无法反推出上一时刻的宏观状态，这种状态的不可逆性是由自组织系统的能量耗散性质造成的。由于这种耗散是单向的，因此无法从显现的系统响应中轻易推断出自组织系统的状态转换原因。

若将自组织系统的状态转换建模为马尔可夫链，通过使用马尔可夫假设，可以仅基于先前状态预测下一状态，对宏观状态转换的概率链建模如下：

$$P[S_M(t+1)] = P[S_M(t+1)|E(t),S_M(t)]P[S_M(t)] \tag{7-4}$$

5. 智能体

自组织系统由一组简单的智能体组成，它们的相互作用会产生一个涌现的全局状态。智能体也有自己的个体状态，称为微观状态，是指智能体用于导出未来行为的所有属性，表示为

$$A = [P,D,\text{BA},p,H,\hat{N},\hat{T},\hat{O}] \tag{7-5}$$

式中，P 为智能体的位置；D 为速度矢量；BA 为行为原型；p 为目标指示的先前值，如蚂蚁感知到的信息素浓度；H 为剩余的生命值；$\hat{N}$ 为可交互信息的邻域智能体集合；$\hat{T}$ 为探测到的目标集合；$\hat{O}$ 为探测到的环境障碍物集合。其实，智能体所包含的信息比微观状态更多。

动态自组织系统的微观状态集合 $S_m(t)$ 由系统中处于特定宏观状态的所有有效智能体集合 $A(t)$ 和当前效应器集合 $E(t)$ 组成，即 $S_m(t) = (A(t),E(t))$。将动态系统状态中存在的特定特征映射到可观测系统宏观状态仍然是证明宏观和动态自组织系统状态之间相关性的必要条件。微观层面上的动态状态与宏观状态之间的映射定义如下：

$$\tau : A(t)+E(t)+\eta \rightarrow S_M(t) \tag{7-6}$$

式中，η 为映射需要的额外信息。微观系统与宏观系统之间存在着单向且不可逆的映射关系。一个微观状态仅对应一个宏观状态，但多个微观状态可导致同一个宏观状态的出现。

智能体的微观状态依据自身和环境信息进行更新，更新函数表示为

$$\delta : A(t) \times E(t) \rightarrow A(t+1) \tag{7-7}$$

无人飞行器集群自组织系统的模型框架自上而下划分为宏观和微观两个层面，微观层面上获取局部信息并做出相应的反应和决策，宏观层面上体现总体的表现效果。在运行过程中，系统各个组成部分仅在微观层面上发生变化，无法直接改变宏观层面的状态，但在宏观层面上可以观察到系统的行为模式和状态的变化。此过程可以概述为微观层面的实体获取本地信息和环境信息，通过交互作用进行协同决策和规划，通过整体的正向反馈机制促使系统进行组织和合作行为，从而在宏观层面产生整体的行为模式和状态改变。

7.2　协同任务规划

7.2.1　基于市场机制的任务分配

无人飞行器集群任务规划将任务有效地分配给飞行器或子群,生成一组优化且可行的飞行航迹,内部成员在保持其集群行为属性的同时,到达目的地并有效地执行任务。协同任务分配即无人飞行器集群指派一个或一组任务,使整体效率和资源配比达到最优,根据任务需求进行目标、资源、火力等协同分配决策。它本质上是建立无人飞行器集群与总体任务之间的关联和映射关系,是典型的多约束离散空间组合优化问题,关键在于建立数学模型及性能指标函数。

基于市场机制的任务分配算法是一种快速有效的协商方法,通过无人飞行器之间的信息交互模拟市场活动流程,为无人飞行器分配任务,使任务与无人飞行器之间建立高效的映射关系。基于合同网协议和基于拍卖算法是两种典型的任务分配方法。

假设有 n 个从不同位置出发的无人飞行器($U_i, i=1,2,\cdots,n$),将要飞往 m 个不同的目标位置,执行相应的任务($T_k, k=1,2,\cdots,m$)。针对地面静止目标时,优化目标为全部无人飞行器执行任务的总航程距离最短、总飞行时间最少且任务收益最高,同时考虑无人飞行器的任务负载尽量均衡。按照无人飞行器与任务数量之间的关系,如图 7-2 所示,任务分配可以分为一对一、多对一、一对多三种情形:①无人飞行器与任务数量相同($n=m$),一对一执行任务分配,一旦有无人飞行器毁伤,可能会导致最终任务失败;②无人飞行器多于任务数量($n>m$),至少一个任务可以分配给多个无人飞行器共同执行,避免部分无人飞行器失效而导致任务失败的问题;③无人飞行器少于任务数量($n<m$),一个无人飞行器可分配多个任务目标,并按照一定的次序依次执行这些目标,它是一个对应关系不平衡的寻优问题,对无人飞行器的性能要求较高,但所需无人飞行器数量较少。

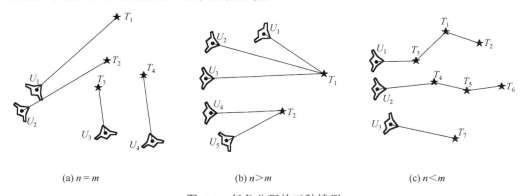

(a) $n=m$　　　　　　　　(b) $n>m$　　　　　　　　(c) $n<m$

图 7-2　任务分配的三种情形

基于市场机制的任务分配通常依据某一评估标准，评估函数与无人飞行器集群执行所有任务的航程距离、飞行时间、任务收益以及任务负载率等因素相关，可以设计为

$$f = \frac{w_1}{\sum\limits_{i=1}^{n}\sum\limits_{k=1}^{m} d_{ik} X_{ik}} + \frac{w_2}{\sum\limits_{i=1}^{n}\sum\limits_{k=1}^{m} t_{ik} X_{ik}} + \frac{w_3}{\sum\limits_{i=1}^{n}\sum\limits_{k=1}^{m} r_i^2 X_{ik}} + w_4 \sum\limits_{i=1}^{n}\sum\limits_{k=1}^{m} p_k X_{ik} \tag{7-8}$$

式中，w 为权重因子；X_{ik} 为决策变量，表示第 i 个无人飞行器是否执行第 k 个任务，若 $X_{ik}=1$，则第 k 个任务分配给第 i 个无人飞行器，否则 $X_{ik}=0$；d_{ik} 为航程代价；t_{ik} 为执行时间；r_i 为无人飞行器的任务负载率，分配结果越均衡，其值越接近 0；p_k 为任务收益。因此，任务分配过程即为该评估函数的最大化过程。

1. 合同网协议算法

合同网协议模拟市场竞标活动中的"招标、投标、中标、签约"流程，是一种典型的多智能体分布式协同任务分配算法。

合同网协议算法的基本原理如图 7-3 所示，多智能体分为招标者、投标者和中标者三类，招标者发布任务，相关类型的无人飞行器即投标者，它们根据自身的类型、位置、资源等对执行任务的收益、代价进行计算，发送给招标者参与投标，通过评估对比，选取最优的无人飞行器中标，其余无人飞行器则落标。

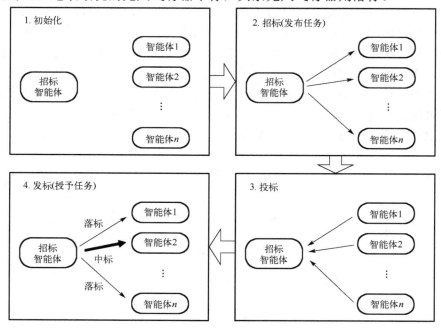

图 7-3　合同网协议算法原理

所有任务的状态向量构成任务集合 $T = (T_1, T_2, \cdots, T_m)$ ，每个任务的状态向量表示为

$$T_k = (x_k, y_k, q_k, e_k), \quad k = 1, 2, \cdots, m \tag{7-9}$$

式中，(x_k, y_k) 为任务（如目标）的坐标位置；q_k 为任务类型；e_k 为分配的无人飞行器列表。

所有无人飞行器的状态向量构成集群集合 $U = (U_1, U_2, \cdots, U_n)$ ，每个无人飞行器的状态向量表示为

$$U_i = (x_i, y_i, f_i, V_i, \theta_i, s_i, c_i) \tag{7-10}$$

式中，(x_i, y_i) 为无人飞行器的坐标位置；f_i 为无人飞行器类型；V_i 为无人飞行器的速度；θ_i 为执行无人飞行器速度与招标无人飞行器位置间的夹角；s_i 为分配的任务列表；c_i 为无人飞行器分配到的任务数量。

基本合同网协议思想解决协同任务分配问题。首先获悉任务（如探测到目标）的无人飞行器作为招标者进行广播招标，相应的投标者根据招标信息（即任务信息）对自身能力进行评估，若满足任务和自身能力的要求则会进行投标。招标者依据投标者的信息按照最优态势进行分配，同时引入时序调整和负载均衡策略，保证无人飞行器能有效地按顺序执行任务，同时每个无人飞行器都不会超出负载阈值。根据无人飞行器和任务的特性，任务分配可以分为一对多任务分配和多对一任务分配。

（1）一对多任务分配。针对一对多任务分配场景，考虑时序约束，同时引入负载均衡策略。时序约束体现了任务之间的执行顺序和依赖关系，表示无人飞行器执行任务的时序和多时窗逻辑特性。时序约束要求态势最优的任务优先执行。无人飞行器被分配多个任务时，所有任务要在规定时窗内执行：

$$t_k = t_{k-1} + \Delta t_{\min} \tag{7-11}$$

式中，$\Delta t_{\min}$ 为无人飞行器执行两个任务的最小时间间隔；t_k 为无人飞行器执行任务 k 的时间。负载均衡策略以航程代价为指标，表示为无人飞行器完成任务分配列表内所有任务的航程总和。同类无人飞行器的平均负载表示为该类无人飞行器的航程代价与该类无人飞行器数量之比。任务负载率表示为航程代价与同类无人飞行器的平均负载之差占平均负载的比例，即

$$r = \left(L - \frac{1}{n_p} \sum_{i=1}^{n_p} L_i \right) \Big/ \left(\frac{1}{n_p} \sum_{i=1}^{n_p} L_i \right) \tag{7-12}$$

式中，L 为无人飞行器的航程代价；n_p 为同类无人飞行器的数量。若无人飞行器的任务负载率高于最高值，即无人飞行器分配任务过多或者航迹过长；若其低于最低值，即无人飞行器分配的任务与同类别无人飞行器相比过少，或者由于态势优势较低未被分配到任务。

（2）多对一任务分配。针对多对一任务分配场景，引入同时到达时间约束和负载均

衡策略。同时到达时间约束即执行相同任务的无人飞行器的时间窗口有交集，表示为

$$[t_{\max}, t_{\min}] \neq \varnothing, \quad \max(t_i) \leqslant t_{\max}, \quad \min(t_i) \geqslant t_{\min}, \quad i = 1, 2, \cdots, n \tag{7-13}$$

式中，$t_{\max}$、$t_{\min}$ 分别为执行相同任务的最大和最小时间。为了确保多无人飞行器同时到达任务位置，引入等待时间，允许某些飞行器等待一段时间后再出发。任务负载均衡的计算与调整过程与一对多任务分配模式类似。

2. 一致性拍卖算法

拍卖算法模拟市场竞拍活动，即参与者依据一些确定性规则，通过对物品竞价争夺所有权，在任务分配问题中得到广泛使用。在基于拍卖算法的分布式任务分配算法中，假设集群中的无人飞行器无法获知所有任务的信息，只能竞标自身所获知的任务，并通过与邻域的信息交互消除分配冲突，获得统一的任务分配方案，能够支持无人飞行器的动态加入和退出。

迭代分布式一致性拍卖算法采用多轮竞拍机制，以寻求总收益更大的任务分配方案，每一轮竞拍开始前，先根据无人飞行器对各任务的收益，采用轮盘赌法初始化任务分配方案，然后对拍卖阶段和一致性阶段不断循环迭代。

在每一次迭代中，每个无人飞行器对自身所维护的分配列表和收益列表进行更新。下面以某一轮竞拍中，第 i 个无人飞行器的第 t 次迭代为例。

(1)拍卖阶段。若无人飞行器执行某一任务的收益大于当前所获知竞选该任务的邻域飞行器的最大收益，则该任务为无人飞行器的有效任务。每个无人飞行器判断自身是否已分配任务，若未分配则按规则进行竞标。有效任务列表的更新公式表示为

$$s = \Theta(f > f_{\max}) \tag{7-14}$$

式中，$\Theta(\cdot)$ 为指示函数，其值为 1 代表无人飞行器可竞拍该任务，否则为 0。f 为无人飞行器执行该任务的收益；$f_{\max}$ 为无人飞行器所获知的竞拍该任务的邻域飞行器的最大收益。

(2)一致性阶段。无人飞行器集群内部通过通信网络传递竞拍信息，并根据一致性无冲突法则，消除任务分配冲突，使所有无人飞行器的竞标信息收敛为一个统一的分配决策方案。假设无人飞行器集群系统采用动态拓扑交互机制，t 时刻集群系统通信拓扑网络的邻接矩阵记为 $G(t)$，第 i 个无人飞行器的邻域集合记为 N_i'。若第 i 个无人飞行器能够接收到第 j 个邻域飞行器的信息，则 $g_{ij}(t) = 1$ 且 $j \in N_i'$。在一致性阶段，首先第 i 个无人飞行器接收所有邻域无人飞行器的竞标信息；接着结合自身的竞标信息，更新自身的分配列表和收益列表，消除分配冲突；然后，更新所有邻域无人飞行器所保存的最大收益值，即

$$Y_{ik}(t) = \begin{cases} \max g_{ij}(t) \cdot Y_{jk}(t), & Y_{jk}(t) > Y_{ik}(t) \\ Y_{ik}(t), & \text{其他} \end{cases} \tag{7-15}$$

若存在其他无人飞行器对其收益更大，则第 i 个无人飞行器将该任务从自身分配列表中删除。

拍卖阶段和一致性阶段不断迭代，直到所有无人飞行器的收益列表均不再发生变化，视为本轮竞拍结束，得到本轮任务分配方案及相应的总收益。若总收益大于之前所存储的最优分配方案的总收益，则将最优分配方案替换为本轮方案。

7.2.2　基于群体智能优化的任务分配

典型的群体智能优化算法包括蚁群优化算法、粒子群优化算法、遗传算法等。将无人飞行器集群协同任务分配问题抽象为函数优化问题，即可利用群体智能优化算法来求解。

下面简要介绍人工蜂群-粒子群优化[2]和自适应模拟退火-非支配排序遗传优化[3]两种任务分配智能决策方法。

1.　人工蜂群-粒子群优化算法

粒子群优化算法是由 Eberhart 和 Kennedy 在 1995 年提出的一种群体智能优化算法，是通过模拟鸟群的社会行为得到的一种启发式优化算法。

假设搜索空间为 D 维，第 i 个粒子在空间中的位置和速度分别可以表示为 $x_i = (x_{i1}, x_{i2}, \cdots, x_{iD})$，$V_i = (V_{i1}, V_{i2}, \cdots, V_{iD})$，粒子 i 的个体历史最优位置为 $p_i = (p_{i1}, p_{i2}, \cdots, p_{iD})$，群体的全局历史最优位置为 $p_g = (p_{g1}, p_{g2}, \cdots, p_{gD})$。第 i 个粒子的速度和位置更新公式为

$$V_i(t+1) = w \cdot V_i(t) + c_1 \cdot r_1 \cdot [p_i - x_i(t)] + c_2 \cdot r_2 \cdot [p_g - x_i(t)] \tag{7-16}$$

$$x_i(t+1) = x_i(t) + V_i(t+1) \tag{7-17}$$

式中，w 为惯性权重，影响算法的搜索速度；c_1、c_2 为加速因子，分别反映个体最优以及群体最优对粒子速度的影响；r_1、r_2 为 [0,1] 区间内的随机数。为了防止粒子远离寻优空间，需要限制粒子的速度区间及位置范围。

为了提高粒子群优化算法的全局搜索能力，引入人工蜂群优化，主要策略如下。

(1) 为了使粒子在搜索过程中自动调整对历史最优位置的学习速度，初期粒子倾向于学习个体历史最优位置，后期趋向于学习全局历史最优解。因此，加速因子做如下异步改进：

$$c_1 = c_{10} + (\overline{c}_1 - c_{10}) \frac{t}{t_{\max}}, \quad c_2 = c_{20} + (\overline{c}_2 - c_{20}) \frac{t}{t_{\max}} \tag{7-18}$$

式中，c_{10}、$\overline{c}_1$ 分别为加速因子 c_1 的初值和终值；c_{20}、$\overline{c}_2$ 分别为加速因子 c_2 的初值和终值；$t_{\max}$ 为最大迭代次数。

(2) 为了提高算法的全局探索能力，引入人工蜂群算法的搜索算子，使旧解移向

(或远离)从总体中随机选择的另一个解。将新蜜源位置 $x_i(t+1)$ 控制在 $x_i(t)$ 的邻域内，当 x_i 与 x_j 接近时，邻域范围也会相应减小，因此引入人工蜂群算法的随机搜索算子：

$$x_i(t+1) = x_i(t) + r_3[x_i(t) - x_j(t)] \tag{7-19}$$

式中，r_3 为均匀分布在 $[-1,1]$ 范围内的随机数。

将人工蜂群-粒子群优化算法运用到任务分配中，需要先设计粒子的编码方式，每个粒子编码代表一种候选的任务分配方案，采用矩阵编码方式，可以简化编码过程。假设任务场景中有 m 个任务，首先构造一个 $2m$ 维空间，将每个粒子对应的 $2m$ 维位置向量 x 分成两个 m 维向量：x_U 表示执行该任务的无人飞行器编号；x_r 表示该任务在无人飞行器路径中的序号。该粒子编码方式保证了每个任务都能分配给无人飞行器，且只能分配一次。

2. 自适应模拟退火-非支配排序遗传算法

非支配排序遗传算法依据拥挤度进行排序选择，结合参考点机制，将非支配且接近参考点的种群个体保留到下一次迭代。为提高算法的全局收敛能力，引入了自适应交叉变异算子、模拟退火机制和基因分布集合。

(1)自适应交叉变异算子。采用自适应方法使交叉概率 P_c 与变异概率 P_m 值能够随着适应度改变而发生改变，表示为

$$P_c = \begin{cases} \dfrac{P_{c1}+P_{c2}}{2} - \dfrac{P_{c1}-P_{c2}}{2} \cdot \cos\left[\left(\dfrac{f_{\max}-f_{\min}}{\delta_c} + \dfrac{f_{\max}-f_{\mathrm{ave}}}{f_{\max}-f_{\min}}\right) \cdot \dfrac{\pi}{2}\right], & f_{\max}-f_{\min} \geqslant \delta_c \\ \dfrac{P_{c1}+P_{c2}}{2}, & f_{\max}-f_{\min} < \delta_c \end{cases} \tag{7-20}$$

$$P_m = \begin{cases} \dfrac{P_{m1}+P_{m2}}{2} - \dfrac{P_{m1}-P_{m2}}{2} \cdot \cos\left[\left(\dfrac{f_{\max}-f_{\min}}{\delta_m} + \dfrac{f_{\max}-f_{\mathrm{ave}}}{f_{\max}-f_{\min}}\right) \cdot \dfrac{\pi}{2}\right], & f_{\max}-f_{\min} \geqslant \delta_m \\ \dfrac{P_{m1}+P_{m2}}{2}, & f_{\max}-f_{\min} < \delta_m \end{cases} \tag{7-21}$$

式中，$f_{\max}$、$f_{\min}$、f_{ave} 分别为适应度函数在当前解的最大值、最小值、平均值；δ_c、δ_m 分别为交叉和变异操作的适应度函数值宽度预计值；P_{c1}、P_{c2} 分别为设定交叉概率的最大值、最小值；P_{m1}、P_{m2} 分别为设定变异概率的最大值、最小值。

(2)模拟退火。全局搜索主要基于非支配排序遗传算法，但在局部搜索中引入模拟退火机制，在原算法优化的候选解附近随机拓展邻域以产生新解：

$$x_{\mathrm{new}} = \begin{cases} x_{\mathrm{pre}} + (x_{\max}-x_{\mathrm{pre}}) \cdot \varsigma(T) \cdot \xi \cdot \zeta_1, & x_{\mathrm{pre}}-x_{\min} < x_{\max}-x_{\mathrm{pre}} \\ x_{\mathrm{pre}} - (x_{\mathrm{pre}}-x_{\min}) \cdot \varsigma(T) \cdot \xi \cdot \zeta_2, & x_{\mathrm{pre}}-x_{\min} \geqslant x_{\max}-x_{\mathrm{pre}} \end{cases} \tag{7-22}$$

$$\varsigma(T) = T\left(1 + \dfrac{1}{T}\right)^{\tau_{\mathrm{sa}}} - T_0 \tag{7-23}$$

式中，x_{new} 为新解；x_{pre} 为当前解；x_{max}、x_{min} 分别为适应度函数取最大和最小的解；ξ、ς_1、ς_2 均为随机数；$\varsigma(T)$ 为扰动函数；T 为当前退火温度，T_0 为初始温度；τ_{sa} 为常系数。若新解 x_{new} 更优，则保留；否则，以如下概率判断是接受还是保留：

$$P_{\text{save}} = \begin{cases} 1, & f(x_{\text{new}}) \geqslant f(x_{\text{pre}}) \\ \exp\{-[f(x_{\text{pre}}) - f(x_{\text{new}})]/T\}, & f(x_{\text{new}}) < f(x_{\text{pre}}) \end{cases} \quad (7\text{-}24)$$

（3）基因分布集合。种群中的基因集合采用与染色体相同长度的数据结构来存储，同时也可以读取整体熵及其不稳定等位基因的位置。整体熵反映当前群体的熵的变化趋势。若在连续几个周期内，整体熵变化较小，则表示群体进入稳定阶段，可以结束迭代。

7.2.3　基于 RRT-Connect 的自主航迹规划

无人飞行器的航迹规划是指在一些规定约束条件下，寻找可以充分满足无人飞行器性能指标的从初始点指向目标点的运动轨迹。协同航迹规划通常是在单机航迹规划基础上引入协同机制，然后考虑无人飞行器的运动约束和协同距离约束。下面给出基于 RRT-Connect（rapidly-exploring random tree-connect）的自主航迹规划算法原理[4]。

RRT-Connect 算法中，初始化两棵树，向着对方空间交替扩展，相当于算法反复迭代，直到两棵树相遇，形成一条从起点到终点的路径。每次迭代中，首先在环境中为第 1 棵树选择随机点 q_r，在当前生长树上选择一个距离 q_r 点最近的点 q_n 作为生长点，在 q_r 和 q_n 点的连线上以 q_n 为中心点，获取一个生长步长的位置，即为新的节点 q_s。判断 q_n 和 q_s 之间的路径上有无障碍物，若无障碍物，则将 q_s 点加入到第 1 棵树中，将 q_n 和 q_s 点放入已探索节点集 E_1。将 q_s 点作为第 2 棵树的选择点 q_r' 点，同样按上述步骤求得 q_n' 和 q_s'，更新第 2 棵树和已探索节点集 E_2。然后，判断两棵树的最新节点距离是否满足要求，若满足则结束迭代，记录最短路径长度，否则继续循环迭代。

基本快速搜索随机树（RRT）算法中的新节点只朝着随机点生长，规划出的路径耗时长且距离远。为了避免过度探索，减小时间复杂度，对基本 RRT-Connect 算法进行改进。在选取随机树节点 q_r 时，引入目标位置吸引策略，将选取的范围控制在无人飞行器位置与目标位置分别作为对角点构成的矩形范围内。q_s 点选择为

$$q_s = q_n + \lambda_1 \frac{q_r - q_n}{|q_r - q_n|} + \lambda_2 \frac{q_g - q_n}{|q_g - q_n|} \quad (7\text{-}25)$$

式中，λ_1 是随机树向任意方向扩展的步长；λ_2 是随机树向目标方向扩展的步长；$|q_g - q_n|$ 为目标点 q_g 与生长点 q_n 的欧氏距离。当引入目标引力函数后，q_s 的选取向 q_g 倾斜。

考虑无人飞行器的运动约束，表示为

$$\begin{cases} V(t) \leqslant V_{\max} \\ \left| \psi(t) - \psi(t-1) \right| \leqslant \dot{\psi}_{\max} \\ \left| \theta(t) - \theta(t-1) \right| \leqslant \dot{\theta}_{\max} \end{cases} \qquad (7\text{-}26)$$

式中，$V_{\max}$、$\dot{\theta}_{\max}$、$\dot{\psi}_{\max}$ 分别为无人飞行器的最大速度、最大俯仰角速率及最大偏航角速率。为满足无人飞行器运动约束条件，对航迹进行拟合平滑。

为了防止路径上的障碍物范围超过矩形范围，导致无法规划出合理的航迹，设定一个安全裕度 r，q_r 节点的位置表示为

$$q_r = \lambda(q_g - q_0 + r) \qquad (7\text{-}27)$$

式中，q_g 为目标位置；q_0 为无人飞行器初始位置；$\lambda \in (0,1)$ 为混沌变量，使随机树生长过程中的随机节点尽量覆盖整个任务环境。

完成航迹规划之后，以航路点为中心坐标，建立人工势场，保证其他无人飞行器的航迹不会出现在人工势场所示范围内，从而实现防撞。人工势场示意图如图 7-4 所示，虚线为人工势场，圆点为已规划的航路点，λ 为最小步长的一半，$d_{\min}$ 为无人飞行器之间的安全距离，$R = \sqrt{d_{\min}^2 + \lambda^2}$ 为设定的势场范围。

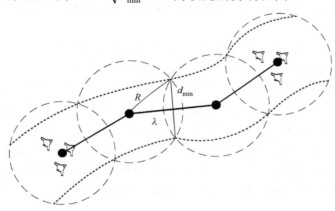

图 7-4　人工势场示意图

7.3　信息感知与交互

7.3.1　环境信息感知

集群信息交互分为智能体与外部环境的信息交互和集群内部智能体之间的信息交互。

第 i 个无人飞行器的机载传感器探测信息表示为

$$\forall_{i\in U} N_i' = \{\forall j \in N' \,\big|\, j \neq i \wedge d_{ij} \leqslant d_s\} \tag{7-28}$$

$$\forall_{i\in U} T_i' = \{\forall k \in T' \,\big|\, d_{ik} \leqslant d_s\} \tag{7-29}$$

$$\forall_{i\in U} O_i' = \{\forall o \in O' \,\big|\, d_{io} < d_s\} \tag{7-30}$$

式中，N_i'、T_i'、O_i' 分别为第 i 个无人飞行器可探测到的邻域无人飞行器、目标及障碍物的集合；U、T'、O' 分别为无人飞行器集群、目标群及障碍物的集合；d_{ij}、d_{ik}、d_{io} 分别为第 i 个无人飞行器与第 j 个邻域飞行器、第 k 个目标以及第 o 个障碍物之间的距离；d_s 为无人飞行器的传感器探测范围。从实际应用角度来看，可以进一步考虑传感器的探测概率。

无人飞行器对目标的探测信息也可以采用隐式表示，例如，模拟蚁群通过信息素进行信息交互，根据是否检测到目标来设定信息素的浓度：

$$\tau_i = \begin{cases} 1, & T_i' \neq \varnothing \\ \tau_0, & T_i' = \varnothing \wedge T_j' \neq \varnothing \\ 0, & \text{其他} \end{cases} \tag{7-31}$$

式中，若当前飞行器检测到目标，则其信息素置为 1；若当前飞行器检测到的目标集 T_i' 为空集，但其邻域飞行器检测到目标集 T_j' 不为空，则该无人飞行器的信息素置为 τ_0；其他情况下信息素置为 0。

无人飞行器对环境的探测信息也可以由任务区域的覆盖率来表示。覆盖率是已探测的栅格数与任务区域栅格总数的比值。

7.3.2　集群内部信息交互

无人飞行器集群内部的两种典型信息交互方式如图 7-5 所示，一种是尺度距离交互方式，即每个飞行器与其感知半径内的所有邻域飞行器进行交互；另一种是拓扑距离交互方式，它采用固定邻域飞行器个数。当集群密度较大时，若采用尺度距离交互方式，则需要庞大的通信通道，也会存在较大的信息冗余。拓扑距离交互方

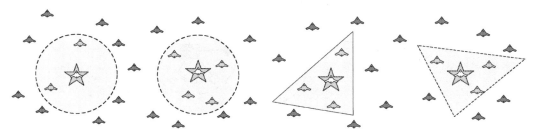

(a) 尺度距离交互　　　　　　　　　　　　　　　(b) 拓扑距离交互

图 7-5　集群内部信息交互方式示意图

式启发于对椋鸟群体和食蚊鱼群体的运动研究，它们往往只与 6～7 个邻居信息交互，与相对邻居的距离无关，它采用固定邻居个数，使智能体利用较少的邻居信息实现信息共享。

采用拓扑距离交互方式作为集群信息交互规则时，每个无人飞行器实时调整其信息交互半径，使得飞行器与数量恒定且距离最近的邻域飞行器进行通信。第 i 个无人飞行器在 $t+1$ 时刻的信息交互半径 r_i 可表示为

$$r_i(t+1) = r_i(t) + k \cdot r_{\max} \cdot \left[1 - \frac{n_i'(t)}{n_{ic}'}\right] \tag{7-32}$$

式中，参数 $k \in (0,1)$ 用于调节 r_i 变化速率；$r_{\max}$ 为飞行器信息交互的最大范围；n_i' 为第 i 个飞行器的实际邻域飞行器数量；n_{ic}' 为期望的邻域飞行器数量。若邻域飞行器数量小于期望数，则信息交互半径增大，反之交互半径缩小。

无人飞行器之间的通信拓扑结构用无向图 $G(U,C,A)$ 表示，其中 $U = \{U_i, i=1,2,\cdots,n\}$ 为 n 个飞行器的节点集合，$C \in U \times U$ 为边的集合，每一条边 $c_{ij} = (U_i, U_j) \in C$ 表示第 j 个飞行器可以向第 i 个飞行器发送信息。节点 U_j 到 U_i 的连接权重 a_{ij} 表示为

$$a_{ij} = \begin{cases} 1, & U_j \in N_i' \\ 0, & U_j \notin N_i' \end{cases} \tag{7-33}$$

7.3.3　信息交互网络拓扑

LEACH（low energy adaptive clustering hierarchy）协议是无线传感网络中较早提出的一种分簇路由协议，结构如图 7-6 所示。该协议使大多数节点间的通信在簇内进行，仅簇头节点间进行较远距离通信，这种分簇思想使网络整体能耗降低。

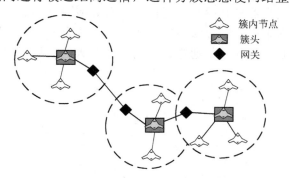

图 7-6　LEACH 协议结构示意图

选取簇头节点时，每个节点生成随机数并与阈值对比，小于该阈值则选取该节点为本轮的一个簇头，该阈值表示为

$$T_l(n) = \begin{cases} \dfrac{p}{1-p\cdot[r\bmod(1/p)]}, & n \in G_l \\ 0, & \text{其他} \end{cases} \tag{7-34}$$

式中，r 为当前轮数；p 为节点成为簇头节点的百分数；G_l 为在最近的 $1/p$ 轮中未当选簇头节点的集合；mod 函数是一个求余函数。每轮中节点被选择为簇头后，会告知网络中其他节点，非簇头节点根据信号强度选择簇头节点，建立本簇通信。

LEACH 协议的簇头节点选择机制可能会造成簇头节点分布不均、簇头能量过低的问题，从而导致中途失效，可能还会产生极大簇或极小簇，造成网络能量浪费。为更好地适应无人飞行器集群的通信需求，引入谱聚类方法进行分簇，基于特征向量采用 K-均值聚类，然后选取能量值最高的节点作为簇首，簇首与同类成员建立通信网络。LEACH 协议通常采用基于时分多址(time division multiple access，TDMA)的介质访问控制层机制来减少簇内、簇间的冲突，但是 TDMA 很难实时动态地调整时隙分配，难以适应通信网络的快速动态拓扑特性，而载波侦听多路访问/冲突避免(carrier sense multiple access with collision avoid，CSMA/CA)按需采用信道，适用于不需要精确时间同步的无人飞行器集群。

无人飞行器集群中的个体往往不具备感知全局信息的能力，可以建立分布式单连通通信拓扑，使得飞行器作为自身通信网络的中央节点与邻域飞行器进行信息交互。当飞行器之间存在机间遮挡的问题时，可以采用动态遮挡通信拓扑结构，如图 7-7 所示，飞行器 i 可以直接与飞行器 1、3、5 建立通信，飞行器 3 和 4 建立直接通信。

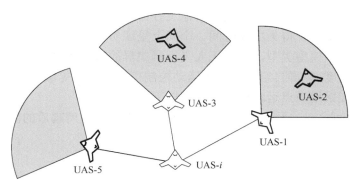

图 7-7　无人飞行器机间遮挡通信示意图

当无人飞行器处在集群的通信范围外，或者无人飞行器出现故障造成通信链路的断开时，需要中继飞行器来重新实现网络的全连接。当前飞行器 i 仅存在一个邻域飞行器 j，而飞行器 j 的邻域飞行器不只有飞行器 i 时，将邻域飞行器 j 设定为中继飞行器，并对其施加额外的中继偏转力控制中继飞行器向飞行器 i 靠近，如图 7-8 所示。

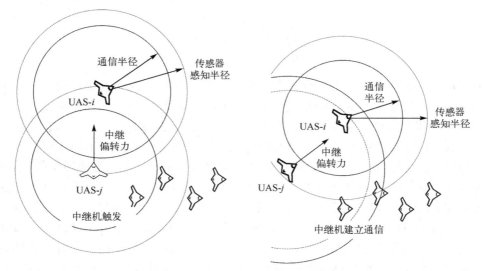

图 7-8　无人飞行器中继通信示意图

7.4　高等级集群控制

7.4.1　高等级运动模型

自组织系统的运动控制是一种分布式控制方式，利用分布式一致性策略，无人飞行器根据环境信息和通信获取到的其他飞行器状态信息做出对应的决策，调整航向、速度等状态量，使得集群在时间、空间上呈现协调统一的状态。依据生物种群启发得到的自组织模型类型，实现无人飞行器集群的协同控制。根据智能体运动模型的不同简化程度，集群自组织系统的运动控制可以分为低等级和高等级两种形式。高等级模型一般采用质点运动模型，包括以下几种。

（1）连续时间模型。无人飞行器作为智能体，高度通道解耦后的简化模型表示为

$$\begin{cases} \dot{x}_i = V_i \cos\varphi_i \\ \dot{y}_i = V_i \sin\varphi_i \\ \dot{h}_i = w_i \\ \dot{V}_i = g(V_i, V_{ic}) \\ \dot{\varphi}_i = f(\varphi_i, \varphi_{ic}) \\ \ddot{h}_i = l(h_i, h_{ic}, \dot{h}_i) \end{cases} \tag{7-35}$$

式中，(x, y, h) 为飞行器的位置；V、φ、w 分别为解耦后的水平速度、航迹方位角、垂向速度；g、f、l 分别定义了速度、航向和高度控制回路的自动驾驶仪，表示为

$$\begin{cases} \dot{V}_i = -\dfrac{1}{\tau_V}V_i + \dfrac{1}{\tau_V}V_{ic} \\[2mm] \dot{\varphi}_i = -\dfrac{1}{\tau_\varphi}\varphi_i + \dfrac{1}{\tau_\varphi}\varphi_{ic} \\[2mm] \ddot{h}_i = -\dfrac{1}{\tau_h}\dot{h}_i + \dfrac{1}{\tau_h}(h_{ic}-h_i) \end{cases} \tag{7-36}$$

式中，τ_V、τ_φ、τ_h、τ_h 分别表示关于三个通道的时间常数。根据任务需要，上述模型也可以进一步简化为

$$\begin{cases} \dot{x}_i = V_i \\ \dot{V}_i = u_i \end{cases} \tag{7-37}$$

式中，u_i 为第 i 个飞行器的加速度。

（2）离散时间模型。为简化无人飞行器的集群运动建模，将任务区域离散化为 $N_x \times N_y$ 个栅格，每个栅格的长、宽分别记为 L_x、L_y，此时无人飞行器集群在栅格点上运动。建立第 i 个飞行器的状态方程为

$$\begin{bmatrix} x_i(t+1) \\ y_i(t+1) \\ \varphi_i(t+1) \end{bmatrix} = \begin{bmatrix} x_i(t) + \mathrm{In}\{V_i(t)\cdot\Delta t\cdot\cos[\varphi_i(t)+\Delta\varphi_i(t)]\} \\ y_i(t) + \mathrm{In}\{V_i(t)\cdot\Delta t\cdot\sin[\varphi_i(t)+\Delta\varphi_i(t)]\} \\ \varphi_i(t)+\Delta\varphi_i(t) \end{bmatrix} \tag{7-38}$$

式中，$(x_i(t),y_i(t)),\ x_i\in\{1,2,\cdots,N_x\}, y_i\in\{1,2,\cdots,N_y\}$ 为第 i 个飞行器在 t 时刻的位置；$\varphi_i(t)$、$\Delta\varphi_i(t)$ 分别为航向角和偏转角度；$V_i(t)$ 为飞行速度；$\mathrm{In}\{\}$ 为取整操作。可以看出，无人飞行器的状态信息包括位置和航向，输入信息包括飞行速度和偏转角度。飞行器的输入通常需要决策，决策输入时既要考虑目标函数，又要考虑飞行器的性能约束。在决策输入的作用下，飞行器集群会在离散状态空间中朝着期望的位置方向移动。

以长僚机模式为例，僚机为参考坐标系下的无人飞行器集群队形间距表示为

$$\begin{bmatrix} x_{iL} \\ y_{iL} \\ h_{iL} \end{bmatrix} = \begin{bmatrix} \cos\varphi_i & \sin\varphi_i & 0 \\ -\sin\varphi_i & \cos\varphi_i & 0 \\ 0 & 0 & 1 \end{bmatrix} \begin{bmatrix} x_L - x_i \\ y_L - y_i \\ h_L - h_i \end{bmatrix} \tag{7-39}$$

式中，下标 L 表示长机；(x_{iL},y_{iL},h_{iL}) 表示第 i 号僚机与长机之间的相对距离。无人飞行器集群的相对运动方程表示为

$$\begin{cases} \dot{x}_{iL} = V_L\cos(\varphi_L-\varphi_i) - V_i + \dot{\varphi}_i y_{iL} \\ \dot{y}_{iL} = V_L\sin(\varphi_L-\varphi_i) - \dot{\varphi}_i x_{iL} \\ \dot{h}_{iL} = \dot{h}_L - \dot{h}_i \end{cases} \tag{7-40}$$

7.4.2　基于自组织行为的集群控制

受生物集群的启发，通过模拟鸟群飞行、鱼群巡游、蝗虫跃迁等群集运动现象，诞生了多种群集运动模型，群集运动建模方法主要包括自上而下的宏观建模方法和自下而上的微观建模方法，从智能体的运动以及交互规则出发的微观建模是比较常见的建模方式。

1. 自组织行为原理

Reynolds 最早提出了为人熟知的群集运动模型——Boids 模型，该模型中的智能体遵循分离、对齐和聚集三条基本行为规则，称为 SAC 规则，示意图如图 7-9 所示[5]。分离和聚集行为用于实现智能体之间的位置协同，遵循"短距排斥、长距吸引"的原则，在避免智能体发生碰撞的同时，保持群体的空间聚集性；而对齐行为强调智能体与邻居保持速度一致。这三条行为规则共同作用，便可模拟出与生物群体相似的集体运动形式。

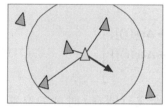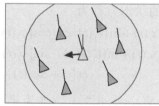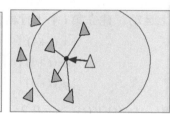

图 7-9　分离-对齐-聚集行为规则示意图

Reynolds 进一步扩展了如图 7-10 所示的行为规则[6]：①搜寻和逃离，引导智能体朝向指定目标位置搜寻或逃离，速度矢量需要径向正面或者反面朝向目标；②追踪和逃避，通过预测目标未来位置对其进行追击，或者避开目标未来位置；③偏移追击，即沿着一条离目标保持一定距离的路径追击；④到达，即在接近目标时减速，最终停留在目标处；⑤障碍回避，即寻找一条虚拟的圆柱体自由空间来避开障碍物；⑥漫游，即转向力从一个方向到另一个方向的随机行进；⑦路径跟随，即沿着预定路径运动且保持在距离中心线一定半径范围内即可；⑧边界跟随和封锁，即沿着边界附近保持一定距离运动；⑨流场跟随，即转向运动使其与流场（也称力场或向量场）对齐；⑩未对齐防撞，即防止在任意方向上移动的智能体相互碰撞；⑪领导者跟随，即聚集跟随某一指定的领导者，保持在领导者附近而不挤占领导者的空间。无人飞行器集群的相关任务可以通过模拟上述智能行为来实现。

2. 自组织集群控制

受启发于自然界生物群体的智能行为，建立典型的无人飞行器集群行为规则[3]。

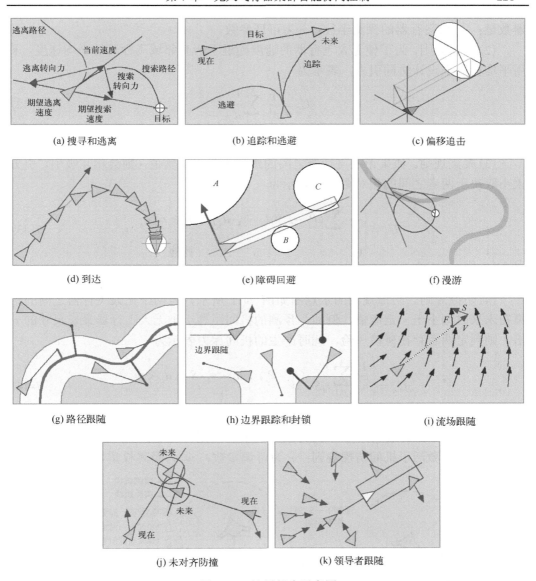

(a) 搜寻和逃离　　　　　　　(b) 追踪和逃避　　　　　　　(c) 偏移追击

(d) 到达　　　　　　　　　(e) 障碍回避　　　　　　　　(f) 漫游

(g) 路径跟随　　　　(h) 边界跟踪和封锁　　　　(i) 流场跟随

(j) 未对齐防撞　　　　　　　(k) 领导者跟随

图 7-10　扩展行为示意图

（1）分离规则。无人飞行器靠近其他无人飞行器时，会存在排斥力，表示为

$$U_1 = \begin{cases} \dfrac{1}{n'_i} \cdot \displaystyle\sum_{j=1}^{n'_i} [(P_i - P_j)(r_1 \cdot d_s - d_{ij})], & d_{ij} \leqslant r_1 \cdot d_s \\ 0, & \text{其他} \end{cases} \tag{7-41}$$

式中，P_i、P_j 分别为第 i 和第 j 个飞行器的当前位置；n'_i 为第 i 个飞行器的邻域飞行

器数量；d_s 为飞行器的探测半径；r_1 为可调参数。

（2）对齐规则。为了使无人飞行器的速度趋近于所有邻域飞行器的平均速度，采用平均机制来设计协同引力，表示为

$$U_2 = \frac{1}{n_i'} \cdot \sum_{j=1}^{n_i'} \frac{V_j}{d_{ij}} \tag{7-42}$$

式中，V_j 为第 j 个邻域飞行器的飞行速度。

（3）聚集规则。如果无人飞行器之间的距离大于一定阈值，则会相互吸引，引力大小取决于两者之间的相对距离，表示为

$$U_3 = \begin{cases} \dfrac{1}{n_i'} \cdot \displaystyle\sum_{j=1}^{n_i'} (P_j - P_i)(d_{ij} - r_3 \cdot d_s), & d_{ij} \geqslant r_3 \cdot d_s \\ 0, & \text{其他} \end{cases} \tag{7-43}$$

式中，r_3 为可调参数。

（4）防撞规则。防撞规则的示意图如图 7-11 所示，若两个无人飞行器之间的距离在未来时刻小于一定阈值，例如，预测的机间距离小于无人飞行器最长尺寸的 r_4 倍，则判定两者存在碰撞风险，此时产生的机间斥力表示为

$$U_4 = \begin{cases} \dfrac{1}{n_i'} \cdot \displaystyle\sum_{j=1}^{n_i'} \frac{w_{ij}}{r_4 S} \cdot (P_i - P_j), & \hat{d}_{ij} < r_4 \cdot S \wedge \hat{d}_{ij} < w_{ij} \\ 0, & \text{其他} \end{cases} \tag{7-44}$$

式中，S 为飞行器的最长尺寸；$\hat{d}_{ij}$ 为预测的下一时刻飞行器 i 与 j 之间的相对距离，用于判定是否激活了机间防撞规则；r_4 为可调参数；w_{ij} 为距离权重，且

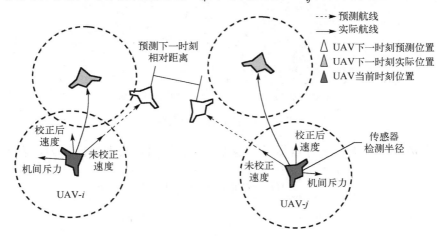

图 7-11　防撞规则的示意图

$$w_{ij} = \begin{cases} d_{ij}, & d_{ij} > 1 \\ 1, & 其他 \end{cases} \tag{7-45}$$

（5）避障规则。避障规则的示意图如图 7-12 所示，当无人飞行器前方遇到环境障碍物时，结合当前飞行方向与障碍物之间的夹角和相对距离，确定是否进行避障以及避障斥力的大小方向，避障斥力表示为

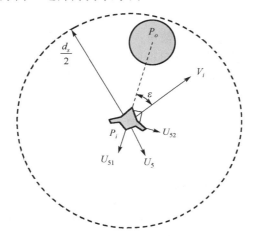

图 7-12 避障规则的示意图

$$U_5 = \sum_{o=1}^{O} \left(\frac{U_{51} + U_{52}}{r_5 \displaystyle\sum_{o=1}^{O} d_{io}} \cdot d_{io} \right) \tag{7-46}$$

式中，O 为飞行器 i 探测到的障碍物数量；d_{io} 为飞行器与障碍物的相对距离；r_5 为可调参数。飞行器的当前速度方向与障碍物相交时产生的斥力表示为

$$U_{51} = \begin{cases} \dfrac{\pi/6}{\varepsilon} \cdot P_{io}, & \varepsilon < \pi/6 \\ 0, & 其他 \end{cases} \tag{7-47}$$

式中，P_{io} 为飞行器和障碍物之间的垂线矢量，选取与飞行器原速度方向的角度差较小的方向；ε 为飞行器速度与障碍物的夹角。飞行器与障碍物接近至探测半径 d_s 的一半时会产生斥力，表示为

$$U_{52} = \begin{cases} \dfrac{d_s - d_{io}}{d_s} \cdot (P_i - P_o), & d_{io} < d_s/2 \\ 0, & 其他 \end{cases} \tag{7-48}$$

（6）导航规则。若无人飞行器探测到目标集合，则飞向目标集合的质心方向，即目标对无人飞行器产生一个引力，表示为

$$U_6 = \begin{cases} \sum_{k=1}^{m} P_k - P_i, & m > 0 \wedge d_{ik} \geqslant r_6 \cdot d_s \\ \sum_{j=1}^{n'_i} P_j - P_i, & \text{其他} \end{cases} \tag{7-49}$$

式中，m 为飞行器 i 探测到的目标数量；P_k 为第 k 个目标的位置；r_6 为可调参数。该规则旨在使无人飞行器在定位到目标时停止搜索，转而向目标位置移动，并保持与目标之间的距离在自身传感器探测半径的一定范围内，以便发动协同攻击。

因此，以上合力产生的无人飞行器加速度表示为

$$u_i = \sum_{l=1}^{6} w_l \cdot U_l \tag{7-50}$$

式中，w_l 为各规则的权重。

7.4.3　基于一致性控制的集群控制

无人飞行器集群运动有时采用松散队形，有时采用紧密队形，本节分别针对这两种情形，设计基于多智能体一致性理论的集群运动控制算法[7,8]。

1. 一致性控制原理

一致性控制算法主要针对多智能体系统，以一定通信拓扑形式共享信息为基础，通过设计合适的控制协议，最终实现状态一致。它综合了多智能体系统、图论和矩阵论等多学科理论，图论主要描述智能体之间的通信，而矩阵论可以验证多智能体系统的稳定性。

假设多智能体系统中含有 n 个智能体，且其通信拓扑结构为 $G(U,C,A)$，其中，$U = \{U_i, i = 1,2,\cdots,n\}$ 为节点集，$C = \{(C_i, C_j)|i, j = 1,2,\cdots,n\}$ 为边集，$A = [a_{ij}]_{n\times n}$ 为加权邻接矩阵，a_{ij} 表示节点 i 和节点 j 之间的通信情况，加权值大于 0 表示节点间存在通信，等于 0 则表示节点间无通信。若连接边带有权重则称为加权图，没有权重的图也可以看作所有连接边权重为 1 的加权图。根据节点间是否存在箭头判断其是否为有向图。

入度矩阵和出度矩阵分别对应多智能体之间的收发要求。对于节点 i，入度和出度分别定义为

$$\begin{cases} \deg_{\text{in}}(i) = \sum_{j=1}^{n} a_{ji} \\ \deg_{\text{out}}(i) = \sum_{j=1}^{n} a_{ij} \end{cases} \tag{7-51}$$

出度矩阵定义为

$$D = \text{diag}\{\text{deg}_{\text{out}}\} \tag{7-52}$$

　　根据出度矩阵和邻接矩阵，可得有向图 G 的拉普拉斯矩阵 L 为

$$L = D - A \tag{7-53}$$

拉普拉斯矩阵是判断多智能体系统稳定性的主要依据。

　　对于一阶多智能体系统，实现状态一致的充要条件是通信拓扑中具有有向生成树，一阶系统的一致稳定性与通信拓扑结构有关。设第 i 个智能体的状态变量为 x_i，控制输入 u_i，各节点状态满足一阶动态方程：

$$\dot{x}_i = u_i \tag{7-54}$$

一致性控制即设计一个合适的控制律，如

$$u_i(t) = -\sum_{j=1}^{n_i'} a_{ij}(x_i - x_j) \tag{7-55}$$

使每个智能体的状态最终收敛一致，即

$$\lim_{t \to \infty} \left| x_i(t) - x_j(t) \right| = 0 \tag{7-56}$$

　　二阶多智能体系统的一致性问题与一阶系统的有所不同。假设第 i 个智能体的状态向量为 x_i，状态向量的导数为 v_i，控制输入为 u_i，此时系统状态方程表示为

$$\begin{cases} \dot{x}_i(t) = v_i(t) \\ \dot{v}_i(t) = u_i(t) \end{cases} \tag{7-57}$$

要求确定一个理想的控制输入，如

$$u_i(t) = -\sum_{j=1}^{n_i'} a_{ij}[(x_i - x_j) + k(v_i(t) - v_j(t))] \tag{7-58}$$

式中，k 为增益，使得各智能体的状态最终趋于一致，即

$$\begin{cases} \lim_{t \to \infty} |x_i(t) - x_j(t)| = 0 \\ \lim_{t \to \infty} |v_i(t) - v_j(t)| = 0 \end{cases} \tag{7-59}$$

二阶系统一致性控制算法的稳定性不仅与通信拓扑结构有关，还与增益有关。

2. 松散集群控制

　　松散集群控制是指在无人飞行器集群不要求形成精确队形的情况下的时间一致性控制。松散集群控制的目标描述为

$$\lim_{t \to \infty}(t_i - t_j) = 0 \tag{7-60}$$

式中，t_i、t_j分别为处于通信状态的第i、j个飞行器到达目标集结点所需的时间。

假设已规划出无人飞行器的待飞航迹和飞行速度，计算各飞行器到达目标集结点的时间，则飞行器共同到达目标集结点的时间交集表示为

$$t_0 = t_1 \bigcap t_2 \bigcap \cdots \bigcap t_n \tag{7-61}$$

若t_0不为空集，则通过控制速度即可实现松散集结；若t_0为空集，则飞行器需绕圈飞行。

假设第i个无人飞行器的最短到达时间为$t_{i\min}$，最长到达时间为$t_{i\max}$，所有飞行器以最快速度飞行时同时到达的最短时间为$t_{\min} = \max\{t_{1\min}, t_{2\min}, \cdots, t_{n\min}\}$，则第$i$个飞行器的绕圈数表示为

$$C_i = \begin{cases} 0, & t_{i\max} \geqslant t_{\min} \\ \mathrm{ceil}\left(\dfrac{t_{\min} - t_{i\max}}{\Delta t_i}\right), & t_{i\max} < t_{\min} \end{cases} \tag{7-62}$$

式中，ceil 表示向上取整；Δt_i 为绕一圈所需时间，$\Delta t_i = 2\pi R_{\min}/V_i$，$R_{\min}$ 为最小转弯半径。

此时，第i个无人飞行器若以当前速度继续飞行至目标点，估计的到达时间为

$$\hat{t}_i = t + \tau_i \tag{7-63}$$

式中，τ_i 为第i个飞行器的剩余飞行时间估计值。为实现飞行器集群同时到达目标点，将集结时间一致性问题转换为剩余飞行时间一致性问题。因此，以τ_i为协同变量，一致性控制律设计为

$$u_i = -\sum_{j=1}^{n_i'} a_{ij}(\tau_i - \tau_j) \tag{7-64}$$

3. 紧密集群控制

紧密集群控制是指无人飞行器集群在考虑预设队形情况下的协调飞行运动，即要求无人飞行器集群按指定队形飞行，使集群飞行状态保持一致。紧密集群控制的目标描述为

$$\begin{cases} \lim_{t \to \infty}(V_i - V_j) = 0 \\ \lim_{t \to \infty}(\varphi_i - \varphi_j) = 0 \\ \lim_{t \to \infty}(x_i - x_j) \in x_{ij}^* \\ \lim_{t \to \infty}(y_i - y_j) \in y_{ij}^* \\ \lim_{t \to \infty}(h_i - h_j) \in h_{ij}^* \end{cases} \tag{7-65}$$

式中，x_{ij}^*、y_{ij}^*、h_{ij}^* 分别表示期望队形在编队坐标系的投影。

为实现无人飞行器集群紧密运动控制，一致性控制算法设计为

$$\begin{cases} \dot{V}_i = -\sum_{j=1}^{n_i'} a_{ij}[(V_i - V_j) + k_V(x_{ij} - x_{ij}^*)] \\[2mm] \dot{\varphi}_i = -\sum_{j=1}^{n_i'} a_{ij}[(\varphi_i - \varphi_j) + k_\varphi(y_{ij} - y_{ij}^*)] \\[2mm] \ddot{h}_i = -\sum_{j=1}^{n_i'} a_{ij}[(\dot{h}_i - \dot{h}_j) + k_h(h_{ij} - h_{ij}^*)] \end{cases} \tag{7-66}$$

为加快集群状态的收敛速度，引入虚拟长机策略，改进的一致性控制算法表示为

$$\begin{cases} \dot{V}_i = -a_{iL}[(V_i - V_L) + k_V(x_{iL} - x_{iL}^*)] - \sum_{j=1}^{n_i'} a_{ij}[(V_i - V_j) + k_V(x_{ij} - x_{ij}^*)] \\[2mm] \dot{\varphi}_i = -a_{iL}[(\varphi_i - \varphi_L) + k_\varphi(y_{iL} - y_{iL}^*)] - \sum_{j=1}^{n_i'} a_{ij}[(\varphi_i - \varphi_j) + k_\varphi(y_{ij} - y_{ij}^*)] \\[2mm] \ddot{h}_i = -a_{iL}[(\dot{h}_i - \dot{h}_L) + k_h(h_{iL} - h_{iL}^*)] - \sum_{j=1}^{n_i'} a_{ij}[(\dot{h}_i - \dot{h}_j) + k_h(h_{ij} - h_{ij}^*)] \end{cases} \tag{7-67}$$

式中，下标 L 表示虚拟长机。

7.4.4　基于深度强化学习的集群控制

强化学习（RL）是一种从环境状态映射到动作的学习方法，它是机器学习领域的一个重要分支。强化学习的基本原理描述为：当任务满足马尔可夫决策过程（MDP）时，通过设计合理的动作空间与奖励，使智能体能够从环境中获得最大奖励。强化学习的优势在于不依赖环境模型，可以在环境中自行学习到最佳策略，因此在无人飞行器领域受到越来越多的关注，并已在航迹规划、机动决策、飞行控制等领域得到应用研究。下面阐述一种基于深度强化学习的集群运动控制原理[9]。

1. 深度强化学习原理

强化学习的目标是使智能体在与环境交互过程中获得最大的累积奖励。强化学习问题的建模通常采用马尔可夫决策过程，定义一个四元组 $\langle S, A, R, P \rangle$ 来描述智能体与环境的交互过程，其中 S 表示状态空间，A 表示动作空间，R 表示奖励，P 表示状态转移函数。在智能体与环境交互的过程中，智能体观测到环境状态 $s \in S$，并根据策略 $\pi(a|s)$ 从动作空间 A 中采取动作 $a \in A$，执行动作 a 后，环境状态以概率 $P(s'|s,a)$ 转移到新的状态 s'，并得到即时奖励 r。智能体的目标是学习得到一个最

优策略 $\pi^*=P(a|s)$ ，即状态空间到动作空间的映射，以最大化期望折扣奖励。

深度 Q 网络(deep Q-network，DQN)是人工智能公司 DeepMind 提出的一种深度学习与强化学习相结合的算法，其特点是利用神经网络来代替传统状态-动作价值函数，并采用目标网络和经验回放方法来训练网络。DQN 由相同结构的评估网络与目标网络构成，在每次训练过程中，只更新评估网络的权重，而不更新目标网络的权重。状态-动作价值的估计值表示为

$$Q_{\text{DQN}} = r' + \gamma \max_{a'} Q(s',a';\theta^-) \tag{7-68}$$

式中，参数 θ^- 表示目标网络的参数；r' 表示下一时刻获得的奖励；γ 表示折扣因子。

然而，该策略容易导致 Q 值的高估，可能会选中非最优的动作，即出现过估计问题。为此，DeepMind 公司又提出一种双重深度 Q 网络(double deep Q-network，DDQN)算法，它能够有效降低过估计问题。DDQN 使用评估网络选择动作，目标网络估计 Q 值的过程表示为

$$Q_{\text{DDQN}} = r' + \gamma Q[s',\arg\max_{a'} Q(s',a';\theta);\theta^-] \tag{7-69}$$

式中，参数 θ 为评估网络的参数。

2. 强化学习智能集群控制

假设无人飞行器集群采用长僚机模式，采取深度强化学习算法，设计集群运动控制系统，使僚机与长机的速度、航向、相对距离等状态保持一致。将无人飞行器看作智能体，智能体通过与环境交互，通过试错经验得到最优行为策略。基于 DDQN 算法的无人飞行器集群控制系统结构如图 7-13 所示。

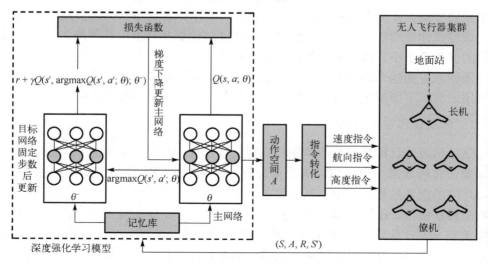

图 7-13 基于深度强化学习的集群控制系统结构

基于 DDQN 算法原理，t 时刻智能体与环境交互得到状态 s，采取动作 a 后，得到新状态 s' 与奖励 r，反复循环直至结束。下面依次设计状态空间、动作空间、奖励函数。

(1)状态空间。集群控制目标是使僚机与长机的相对距离、速度、航向保持一致，因此状态空间表示为

$$S = \begin{cases} s_1 = e_x, s_2 = \int e_x \\ s_3 = e_V, s_4 = \int e_V \\ s_5 = e_y, s_6 = \int e_y \\ s_7 = e_\varphi, s_8 = \int e_\varphi \end{cases} \tag{7-70}$$

式中，$e_x = x_{iL}^* - x_{iL}$；$e_y = y_{iL}^* - y_{iL}$；$e_V = V_L - V$ 为长机与僚机的相对速度；$e_\varphi = \varphi_L - \varphi$ 为长机与僚机的相对航向角。

(2)动作空间。由于无人飞行器的飞行速度、航向角范围较大，若直接连续输出飞行指令，会导致动作过多，不利于后期训练，因此将飞行速度与航向指令离散化，并设计飞行动作库。定义僚机的动作 $(a_1, a_2) \in A$，速度指令 $a_1 \in \{-1,0,1\}$ 分别表示减速、匀速和加速三种动作，航向指令 $a_2 \in \{-1,0,1\}$ 分别表示左偏航、航向不变和右偏航三种动作，共组合出 9 种飞行动作，如表 7-1 所示。基于动作空间，僚机的飞行指令表示为

$$\begin{cases} V_c = \begin{cases} V - \Delta V, & a_1 = -1 \\ V, & a_1 = 0 \\ V + \Delta V, & a_1 = 1 \end{cases} \\ \varphi_c = \begin{cases} \varphi - \Delta \varphi, & a_2 = -1 \\ \varphi, & a_2 = 0 \\ \varphi + \Delta \varphi, & a_2 = 1 \end{cases} \end{cases} \tag{7-71}$$

考虑真实飞行环境，速度指令与航向角指令需要进行限幅。

表 7-1　僚机飞行动作

指令	动作	指令	动作
(−1,−1)	减速并左偏航	(−1,0)	减速航向不变
(−1,1)	减速并右偏航	(0,−1)	匀速并左偏航
(0,0)	匀速航向不变	(0,1)	匀速并右偏航
(1,−1)	加速并左偏航	(1,0)	加速航向不变
(1,1)	加速并右偏航		

（3）奖励函数。无人飞行器集群控制问题的奖励函数为

$$\begin{cases} R = r_1 + r_2 + r_3 + r_4 \\ r_1 = \begin{cases} Q, & |e_x| \leqslant \overline{e}_x \\ 0, & \text{其他} \end{cases} \\ r_2 = \begin{cases} Q, & |e_y| \leqslant \overline{e}_y \\ 0, & \text{其他} \end{cases} \\ r_3 = -k_x|e_x| \\ r_4 = -k_y|e_y| \end{cases} \tag{7-72}$$

式中，$\overline{e}_x$、$\overline{e}_y$ 为阈值；k_x、k_y 为可调参数。由于集群运动控制是一个稀疏奖励问题，仅靠智能体探索很难获得奖励，因此添加惩罚项 r_3、r_4，相对距离误差越大惩罚越大，同时设置奖励项大于惩罚项，使最终奖励为正。

7.4.5　基于群体智能优化的集群控制

自然界的生物群体能够时而聚集、时而分散，可以根据实际需要变换队形，具有很强的灵活性、鲁棒性、适应性和自组织性，这种稳健和协调的全局群体行为其实只是个体之间以及个体与环境之间的局部简单互动行为引起的。广义地讲，大多数集群运动控制方法都受启发于生物群体智能。基于群体智能的集群运动控制强调自组织性、分布性和并行性，利用相对简单的智能体之间的直接或间接的本地通信机制，引导集群实现运动控制。集群运动控制原理与生物群体的自然习性密切相关，下面以模拟蚂蚁群体为例。

自然界蚁群觅食行为的基本思想为：蚂蚁从蚁巢出发，在经过的路径上会释放一种称为信息素的化学物质，某一路径上经过的蚂蚁越多，留下的信息素浓度也就越高，蚂蚁也更倾向于选择信息素浓度高的路径，因此随着时间的流逝，较短路径上的信息素越积越多，而较长路径上的信息素会因为挥发而逐渐消减，最终使整个蚁群找到通往食物源的最短路径。蚂蚁从当前节点转移到下一节点的状态转移概率表示为

$$P_{ij}(t) = \frac{[\tau_{ij}(t)]^{\alpha}[\eta_{ij}(t)]^{\beta}}{\sum\limits_{l \subset \text{allowed}} [\tau_{il}(t)]^{\alpha}[\eta_{il}(t)]^{\beta}} \tag{7-73}$$

式中，$\tau_{ij}(t)$ 为该路径上存留的信息量；$\eta_{ij}(t)$ 为能见度，反映蚂蚁从节点 i 转移到节点 j 的期望程度；α、β 为启发性因子；t 为蚁群批次，也表示算法迭代次数。当蚁群完成一次搜索任务时，路径上信息素的浓度更新规则表示为

$$\tau_{ij}(t+1) = (1-\rho)\tau_{ij}(t) + \Delta\tau_{ij}(t) \tag{7-74}$$

$$\Delta \tau_{ij}(t) = \sum_{k=1}^{N} \Delta \tau_{ij,k}(t) \tag{7-75}$$

式中，若第 k 只蚂蚁经过该段路径，则 $\Delta \tau_{ij,k}(t) = Q/L_k(t)$ ，否则 $\Delta \tau_{ij,k}(t) = 0$ ， Q 为信息素强度， $L_k(t)$ 为蚂蚁 k 在本次搜索中所走路径的总长度； ρ 为信息素挥发系数， $\rho \subset [0,1)$ ； N 为当前批次出巢的蚂蚁数目。

基于信息素引导的无人飞行器集群运动控制算法最核心的步骤是信息素更新机制，改进后的信息更新策略描述如下[10]。

(1) 局部信息素更新。设第 k 只蚂蚁掌握了集群内第 k' 只蚂蚁的历史位置 $(x_{k'}, y_{k'})$ 和运动方向 $\psi_{k'}$ ，基于离散时间运动模型即可预测得到第 k' 只蚂蚁的下一步位置 $(x_{k'}^*, y_{k'}^*)$ 和运动方向 $\psi_{k'}^*$ 。基于预测信息，第 k' 只蚂蚁造成的第 k 只蚂蚁本地信息素衰减量表示为

$$\Delta \tau_k = \begin{cases} -\dfrac{R^4 - d^4[(x_k, y_k),(x_{k'}^*, y_{k'}^*)]}{R^4} \Delta \tau_0, & d[(x_k, y_k),(x_{k'}^*, y_{k'}^*)] \leqslant R \\ 0, & d[(x_k, y_k),(x_{k'}^*, y_{k'}^*)] > R \end{cases} \tag{7-76}$$

式中， $\Delta \tau_0$ 为常量； $d(\cdot)$ 为两个栅格点之间的距离。

(2) 全局信息素更新。由于环境的不确定性，每隔一段时间对所有网格的信息素进行全局增强，确保对整个任务区域的持续覆盖。全局信息素的增量表达式为

$$\Delta \tau_k = \eta \Delta \tau_0' \tag{7-77}$$

式中， $\eta \in (0,1)$ 为环境不确定性系数； $\Delta \tau_0'$ 为常量。

(3) 召集信息素更新。当第 k 只蚂蚁发现食物源后，它会将该食物源的信息传递给其他蚂蚁，其他蚂蚁在获知该食物源信息后对其本地的信息素结构进行更新，以便决策是否向其移动，新增的信息素表示为

$$\Delta \tau_k = \Delta \tau_0' f_s e^{-\frac{d^2[(x_k, y_k),(x_s, y_s)]}{2\delta^2}} \tag{7-78}$$

式中， f_s 是食物源的价值； (x_s, y_s) 是食物源的位置； δ 是影响因子，通过调整其大小可以对召集范围进行调整，反映了蚂蚁之间的合作程度和范围。当食物源被耗尽时，食物源附近区域的信息素浓度需要降低到被发现之前的水平，以消除召集信息素的影响。

基于信息素的启发式转移规则表示为

$$s_j = \begin{cases} w_1 \underset{s_j \in \Omega}{\arg\max}\{[\tau^\alpha] \times [\eta^\beta]\} + w_2 \underset{s_j \in \Omega}{\arg\min}(|L_{\text{left}} - D_{\text{left}}|), & r \leqslant r_0 \\ S, & 其他 \end{cases} \tag{7-79}$$

式中， r 为随机数； r_0 为常值； S 为一个随机候选栅格； D_{left} 为目的地与候选栅格之间的距离； L_{left} 为在下一时刻的剩余航程。

除了上述高等级集群控制方法外，博弈论在多智能体分布式控制领域已有较多应用，尤其非合作博弈论是当前的研究热点之一，目前大多数分布式算法都被用来在非合作博弈中寻求静态纳什均衡，无人飞行器集群控制问题也可以建模为一个动态非合作博弈问题，设计分布式控制器来寻求时变纳什均衡[11]。

7.5　低等级集群控制

7.5.1　低等级运动模型

集群自组织系统的低等级模型即采用更全面的数学模型来描述无人飞行器的运动。通常采用六自由度全量运动方程来描述无人飞行器的数学模型，可以分为以下几种。

（1）非线性模型。它可以由一组非线性微分方程组表示，简写为

$$\dot{X} = f(X, U, D, E) \tag{7-80}$$

式中，$X = [V, \alpha, \beta, p, q, r, \theta, \psi, \phi, x, y, h]^{\mathrm{T}}$ 为状态向量；$U = [\delta_T, \delta_e, \delta_a, \delta_r]^{\mathrm{T}}$ 为控制输入向量；D 为外界干扰量；E 为不确定量，根据不确定性的来源，既可以表示为外部输入量，又可以表示为系统参数摄动量。

（2）线性化模型。无人飞行器的非线性模型在平衡点 $\{X^*(t), U^*(t)\}$ 处，经过小扰动线性化处理后，即可得到线性化模型，表示为

$$\begin{cases} \dot{x}(t) = Ax(t) + Bu(t) + Fd(t) \\ y(t) = Cx(t) \end{cases} \tag{7-81}$$

式中，A、B、C、F 为系统参数矩阵；$d(t)$ 为干扰；$x(t)$ 为状态，且 $x(t) = X(t) - X^*(t)$；$u(t)$ 为控制输入，且 $u(t) = U(t) - U^*(t)$。

飞行器集群在紧密飞行时，通常会考虑相互之间的气动耦合影响。以长机-僚机模式为例，长机产生的尾涡流效应会影响僚机的飞行状态，相对位置需要保持在指定距离内才能有效利用尾涡流。因此，有必要分析气动耦合效应，可算出长僚机之间的最佳相对位置，在最大限度上利用涡流产生的升力、减小阻力和消除侧力，尾涡流的示意图如图 7-14 所示[12]。

在长机机体坐标系中，长机两侧马蹄涡流对僚机质心产生的诱导速度分别为

$$\begin{cases} V_R = \dfrac{W_0}{2\pi r_R} \cdot \dfrac{r_R^2}{r_R^2 + r_c^2} \\[2mm] V_L = \dfrac{W_0}{2\pi r_L} \cdot \dfrac{r_L^2}{r_L^2 + r_c^2} \end{cases} \tag{7-82}$$

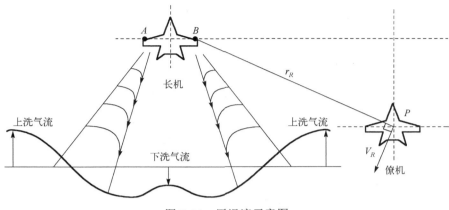

图 7-14　尾涡流示意图

式中，r_R 为长机右翼涡线到僚机质心的位置；r_L 为长机左翼涡线到僚机质心的位置；r_c 为尾涡流的涡核半径；W_0 为尾涡流初始强度。然后将诱导速度转化为以僚机质心为原点的机体坐标系。

僚机的诱导速度表示为

$$W_b = S_{Fgb}^{\mathrm{T}} S_{Lgb}(m_R \cdot V_R + m_L \cdot V_L) \tag{7-83}$$

式中，S_{Lgb} 表示地面坐标轴到长机机体轴的转换矩阵；S_{Fgb} 表示僚机机体轴到地面坐标轴的转换矩阵；m_R 和 m_L 分别表示尾涡诱导速度单位矢量。将僚机作为六点简化模型，取僚机上的一点 p 在指定方向上移动，机体轴各方向的涡流诱导速度为 $W_b = [W_x, W_y, W_z]^{\mathrm{T}}$。

将尾涡对僚机的作用力和力矩影响表征为速度、迎角、侧滑角和角速度的增量，可得

$$\begin{cases} u' = u + W_{x\mathrm{eff}} \\ v' = v + W_{y\mathrm{eff}} \\ w' = w + W_{z\mathrm{eff}} \end{cases} \tag{7-84}$$

$$\begin{cases} \alpha = \arctan(w'/u') \\ \beta = \arcsin\left[v'\Big/\sqrt{(u')^2 + (v')^2 + (w')^2}\right] \end{cases} \tag{7-85}$$

$$\begin{cases} p' = p - \left(\dfrac{\partial W_z}{\partial y}\right)_{\mathrm{eff}} \\ q' = q + \left(\dfrac{\partial W_z}{\partial x}\right)_{\mathrm{eff}} \\ r' = r - \left(\dfrac{\partial W_y}{\partial x}\right)_{\mathrm{eff}} + \left(\dfrac{\partial W_x}{\partial y}\right)_{\mathrm{eff}} \end{cases} \tag{7-86}$$

式中，W_{xeff}、W_{yeff}、W_{zeff} 分别为僚机机体轴各方向的有效风速。由此可知，集群紧密飞行时，气动耦合影响会带来无人飞行器的动力学和运动学模型的变化。

7.5.2　基于制导控制一体化的集群控制

长机-僚机模式下的无人飞行器集群运动控制问题，可以转换为具有模型参数不确定性和未知外部干扰的多智能体一致性控制问题。由于涉及轨迹制导和姿态控制问题，制导控制一体化（IGC）方法的提出，很大程度上简化了制导控制系统的设计，并提升了综合性能。多变量自适应控制（多变量或多输入、多输出系统的自适应控制）是一个既具有理论挑战又具有实际意义的研究领域，许多实际系统具有多输入和多输出，尤其是新兴技术应用中的系统。多变量自适应控制中的一个关键技术问题是如何处理系统输入和输出之间的动态交互，以及处理系统参数、结构和环境不确定性的控制问题。基于制导控制一体化设计思想，基于多变量自适应控制的无人飞行器集群控制结构原理如图 7-15 所示[13,14]。

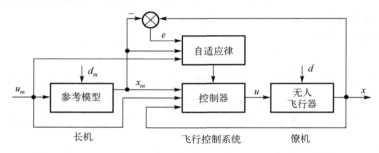

图 7-15　基于制导控制一体化的无人飞行器集群控制结构

长机和僚机的动力学表达式分别为

$$\begin{cases} \dot{x}_m(t) = A_m x_m(t) + B_m u_m(t) + B_m d_m(t) \\ d_m(t) = d_{m0} + \sum_{\beta=1}^{q_m} d_{m\beta} f_{m\beta}(t) \end{cases} \tag{7-87}$$

$$\begin{cases} \dot{x}(t) = A x(t) + B u(t) + B d(t) \\ d(t) = d_0 + \sum_{\beta=1}^{q} d_\beta f_\beta(t) \end{cases} \tag{7-88}$$

式中，A_m、B_m 为长机的未知常数矩阵；A、B 为僚机的未知参数矩阵；d_0、d_β 和 d_{m0}、$d_{m\beta}$ 为未知干扰；$x(t)$ 为僚机的状态；$u(t)$ 为僚机的控制输入；$x_m(t)$ 为长机的状态；$u_m(t)$ 为长机的有界控制输入；$f_\beta(t)$ 和 $f_{m\beta}(t)$ 为已知的有界连续函数。

假设：①对于每个无人僚机，至少存在一条从长机指向僚机的有向路径且不含有环形，不存在多个具有相同起点和终点的弧；②存在四个参数矩阵 K_1^*、K_2^*、K_3^* 和 K_4^*，满足式（7-89）和式（7-90）；③存在已知矩阵 S 使得 $K_4^* S$ 是正定对称的。

$$A_e = A + BK_1^{*\mathrm{T}}, \quad B_e = BK_4^* \tag{7-89}$$

$$A_m = A + BK_3^{*\mathrm{T}}, \quad B_m = BK_2^* \tag{7-90}$$

式中，A_e、B_e 为已知矩阵。

基于自适应控制的集群控制律表示为

$$u(t) = K_1^{\mathrm{T}}(t)[(x(t) - x_m(t)] + K_2(t)u_m(t) + K_3^{\mathrm{T}}(t)x_m(t) + K_5(t) \tag{7-91}$$

$$K_5(t) = K_{50}(t) + \sum_{\beta=1}^{q} K_{5\beta}(t)f_\beta(t) + \sum_{\beta=1}^{q_m} K_{5m\beta}(t)f_{m\beta}(t) \tag{7-92}$$

$$\dot{K}_1^{\mathrm{T}}(t) = -S^{\mathrm{T}} B_e^{\mathrm{T}} Pe(t)e^{\mathrm{T}}(t) \tag{7-93}$$

$$\dot{K}_2(t) = -S^{\mathrm{T}} B_e^{\mathrm{T}} Pe(t)u_m^{\mathrm{T}}(t) \tag{7-94}$$

$$\dot{K}_3^{\mathrm{T}}(t) = -S^{\mathrm{T}} B_e^{\mathrm{T}} Pe(t)x_m^{\mathrm{T}}(t) \tag{7-95}$$

$$\dot{K}_{50}(t) = -S^{\mathrm{T}} B_e^{\mathrm{T}} Pe(t) \tag{7-96}$$

$$\dot{K}_{5\beta}(t) = -S^{\mathrm{T}} B_e^{\mathrm{T}} Pe(t)f_\beta^{\mathrm{T}}(t), \quad \beta = 1, 2, \cdots, q \tag{7-97}$$

$$\dot{K}_{5m\beta}(t) = -S^{\mathrm{T}} B_e^{\mathrm{T}} Pe(t)f_{m\beta}^{\mathrm{T}}(t), \quad \beta = 1, 2, \cdots, q_m \tag{7-98}$$

式中，$P = P^{\mathrm{T}} > 0$，且满足 $A_e^{\mathrm{T}} P + PA_e = -Q < 0$，$Q$ 为任意正定对称矩阵。集群控制器能够保证线性系统的所有闭环信号有界且状态跟踪误差渐近收敛到零。

具有模型和外界扰动不确定性的分布式一致性控制系统，纵向控制器和横侧向控制器分别设计为

$$u_{\mathrm{lon}} = K_{1\mathrm{lon}}^{\mathrm{T}}(x_{\mathrm{lon}} - x_{m\mathrm{lon}}) + K_{2\mathrm{lon}}u_{m\mathrm{lon}} + K_{3\mathrm{lon}}^{\mathrm{T}}x_{m\mathrm{lon}} + K_{5\mathrm{lon}} \tag{7-99}$$

$$u_{\mathrm{lat}} = K_{1\mathrm{lat}}^{\mathrm{T}}(x_{\mathrm{lat}} - x_{m\mathrm{lat}}) + K_{2\mathrm{lat}}u_{m\mathrm{lat}} + K_{3\mathrm{lat}}^{\mathrm{T}}x_{m\mathrm{lat}} + K_{5\mathrm{lat}} \tag{7-100}$$

式中，控制增益矩阵 K 进行在线自适应更新。

7.5.3　基于制导控制分离的集群控制

对于飞行器而言，传统上将制导回路和控制回路分开进行设计，没有考虑两者之间的耦合关系。采用长机-僚机模式，基于制导控制分离的无人飞行器集群控制结构原理如图 7-16 所示[7]。该控制结构由集群控制器和单机控制器组成，前者采用滑模自适应控制方法，后者采用模型参考自适应控制方法。图中下标 L 和 i 分别为长机和第 i 号僚机。

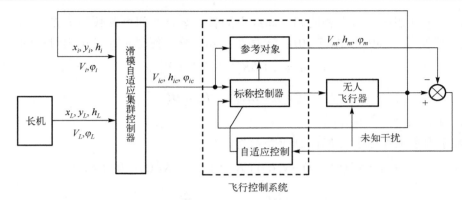

图 7-16　基于制导控制分离的无人飞行器集群控制结构

地面坐标系下的无人飞行器集群相对位置误差表示为

$$\begin{cases} \begin{bmatrix} e_x \\ e_y \end{bmatrix} = \begin{bmatrix} \cos\varphi_i & -\sin\varphi_i \\ \sin\varphi_i & \cos\varphi_i \end{bmatrix} \begin{bmatrix} x_{iL} - x_{iL}^* \\ y_{iL} - y_{iL}^* \end{bmatrix} \\ e_h = h_{iL} - h_{iL}^* \end{cases} \tag{7-101}$$

无人飞行器紧密集群飞行过程中,飞行器的尾涡流相互作用能够提高气动效率,但是也给飞行器的控制带来干扰。

1. 水平面集群控制器

对水平相对位置误差方程求二阶导数,并考虑尾涡影响,可得

$$\begin{bmatrix} \ddot{e}_x \\ \ddot{e}_y \end{bmatrix} = CG\begin{bmatrix} \dot{V}_i \\ \dot{\varphi}_i \end{bmatrix} + \begin{bmatrix} \dot{V}_L\cos\varphi_L - \dot{\varphi}_L V_L\sin\varphi_L \\ \dot{V}_L\sin\varphi_L + \dot{\varphi}_L V_L\cos\varphi_L \end{bmatrix} + \dot{C}\begin{bmatrix} V_i \\ \varphi_i \end{bmatrix} + C\begin{bmatrix} f_{1i} \\ f_{2i} \end{bmatrix} \tag{7-102}$$

式中, $C = \begin{bmatrix} -\cos\varphi_i & x_{iL}^*\sin\varphi_i + y_{iL}^*\cos\varphi_i \\ -\sin\varphi_i & -x_{iL}^*\cos\varphi_i + y_{iL}^*\sin\varphi_i \end{bmatrix}$; $G = \begin{bmatrix} \dfrac{1}{\tau_V} & 0 \\ 0 & \dfrac{1}{\tau_\varphi} \end{bmatrix}$; f_{1i}、f_{2i} 分别为飞行速度

和航向受到尾涡流的干扰量, 表示为

$$\begin{cases} f_{1i} = \dfrac{qS}{m}(\Delta C_{Dx}x_{iL} + \Delta C_{Dy}y_{iL} + \Delta C_{Dz}h_{iL}) \\ f_{2i} = \dfrac{qS}{mV}(\Delta C_{Yx}x_{iL} + \Delta C_{Yy}y_{iL} + \Delta C_{Yz}h_{iL}) \end{cases} \tag{7-103}$$

在尾涡流扰动未知的情况下,通过设计全局快速终端滑模自适应控制器,得到僚机的速度指令 V_{ci} 和航向指令 φ_{ci},使平面相对位置误差趋向于零。相比于传统滑模控制,该控制器具有良好的鲁棒性和自适应性。选取全局快速终端滑模面:

$$s = \begin{bmatrix} s_x \\ s_y \end{bmatrix} = \begin{bmatrix} \dot{e}_x \\ \dot{e}_y \end{bmatrix} + k_4 \begin{bmatrix} e_x \\ e_y \end{bmatrix} + \eta \begin{bmatrix} e_x \\ e_y \end{bmatrix}^{\frac{q}{p}} \tag{7-104}$$

式中，k_4、η 为正数。选取滑模面趋近律：

$$\dot{s} = -k_1 s - k_2 s - k_3 \mathrm{sign}(s) - \gamma \begin{bmatrix} s_x \\ s_y \end{bmatrix}^{\frac{q}{p}} + c \begin{bmatrix} f_{1i} \\ f_{2i} \end{bmatrix} \tag{7-105}$$

假设气流耦合产生的干扰 f_{1i}、f_{2i} 有界，且符合：

$$\left\| \begin{bmatrix} f_{1i} \\ f_{2i} \end{bmatrix} \right\| \leqslant \alpha d_1 + \beta d_2 \tag{7-106}$$

式中，参数 α 和 β 均为正整数；d_1 和 d_2 分别表示尾涡流下的耦合扰动。

因此，水平集群控制律设计为

$$\begin{cases} \begin{bmatrix} V_{ic} \\ \varphi_{ic} \end{bmatrix} = -(CG)^{-1} \left\{ (k_1 + k_2)s + k_3 \mathrm{sign}(s) + \gamma \begin{bmatrix} s_x \\ s_y \end{bmatrix}^{\frac{q}{p}} + \overline{x} + k_4 \begin{bmatrix} \dot{e}_x \\ \dot{e}_y \end{bmatrix} + \eta \dfrac{\mathrm{d}}{\mathrm{d}t} \begin{bmatrix} s_x \\ s_y \end{bmatrix}^{\frac{q}{p}} \right\} \\[2mm] \overline{x} = \begin{bmatrix} \dot{V}_L \cos\varphi_L - \dot{\varphi}_L V_L \sin\varphi_L \\ \dot{V}_L \sin\varphi_L + \dot{\varphi}_L V_L \cos\varphi_L \end{bmatrix} + \dot{C} \begin{bmatrix} V_i \\ \dot{\varphi}_i \end{bmatrix} - CG \begin{bmatrix} V_i \\ \varphi_i \end{bmatrix} \end{cases} \tag{7-107}$$

式中，k_1、k_3、γ 均为大于 0 的可调参数；k_2 满足

$$k_2 = \frac{\|C\| [\alpha \quad \beta]}{\|s\|} \begin{bmatrix} \hat{d}_1 \\ \hat{d}_2 \end{bmatrix} \tag{7-108}$$

气动耦合扰动的估计值 $\hat{d}_1$ 和 $\hat{d}_2$ 的自适应律为

$$\begin{cases} \dot{\hat{d}}_1 = \|s\| \cdot \|C\| \cdot \alpha \\ \dot{\hat{d}}_2 = \|s\| \cdot \|C\| \cdot \beta \end{cases} \tag{7-109}$$

2. 垂向集群控制器

对垂向误差求二次导数，可得

$$\ddot{e}_h = -\frac{1}{\tau_h} \dot{e}_h - \frac{1}{\tau_h} e_h + \frac{1}{\tau_h} h_{ic} + \frac{qS}{m} \Delta C_{Ly} y_{iL} - \frac{1}{\tau_h} h_{Lc} \tag{7-110}$$

式中，h_{Lc}、h_{ic} 分别表示长机和僚机的高度指令信号。

选取全局快速终端滑模面：

$$s = \dot{e}_h + k_4 e_h + \eta(e_h)^{\frac{q}{p}} \tag{7-111}$$

式中，k_4、η 为正数。选取滑模面趋近律：

$$\dot{s} = -k_1 s - k_2 s - k_3 \text{sign}(s) - \gamma (s)^{\frac{q}{p}} + f_{3i} \tag{7-112}$$

假设气流耦合产生的干扰 f_{3i} 有界，且符合：

$$f_{3i} \leqslant Q d_3 \tag{7-113}$$

式中，Q 为正整数；d_3 表示尾涡流下的耦合扰动。

因此，垂向集群控制律设计为

$$h_{ic} = \tau_h \left[-k_1 s - k_2 s - k_3 \text{sign}(s) - \gamma (s)^{\frac{q}{p}} - k_4 \dot{e}_h - \eta \frac{q}{p} (e_h)^{\frac{q-p}{p}} \right] + \frac{\tau_h}{\tau_h} \dot{e}_h + e_h + h_{Lc} \tag{7-114}$$

式中，k_1、k_3、γ 为大于 0 的可调参数，k_2 满足

$$k_2 = \frac{Q \hat{d}_3}{|s|} \tag{7-115}$$

气动耦合扰动估计值的自适应律为

$$\dot{\hat{d}}_3 = Q|s| \tag{7-116}$$

滑模自适应集群控制器与模型参考自适应飞行控制器相结合，能够抑制尾涡流气动耦合影响，实现无人飞行器集群稳定飞行。

总之，无人飞行器集群智能协同控制所涉及的关键技术包括组网通信、运动控制、目标分配、协同感知、导航防撞、协同制导、机动决策等，集群智能协同控制技术对于协同作战、跨域作战、联合作战等新作战模式至关重要。此外，随着新一代人工智能的发展，无人自动驾驶技术越来越成熟，深度学习、强化学习等人工智能算法经过大数据的学习和训练，根据环境条件和任务目标，可以在线直接生成控制指令，这将很大程度地改变无人飞行器的控制原理，从而提升自主性。

参 考 文 献

[1] PRICE I C. Evolving self-organized behavior for homogeneous and heterogeneous UAV or UCAV swarms [D]. Dayton: Air Force Institute of Technology, 2006.

[2] 陈棪. 无人机集群协同侦察任务规划及仿真研究[D]. 南京: 南京航空航天大学, 2020.

[3] 张丹萌. 无人机自组织集群协同攻击任务规划技术研究[D]. 南京: 南京航空航天大学, 2020.

[4] 张丹萌, 甄子洋, 陈棪. 基于改进 RRT-Connect 的协同航迹规划[J]. 电光与控制, 2020, 28(9): 25-29.

[5] REYNOLDS C W. Flocks, herds, and schools: A distributed behavioral model[J]. ACM SIGGRAPH Computer Graphics, 1987, 21(4): 25-34.

[6] REYNOLDS C. Steering behaviors for autonomous characters[C]. Proceedings of Game Developers Conference, San Jose, 1999: 763-782.

[7] 文梁栋. 无人机紧密编队自适应控制技术研究[D]. 南京: 南京航空航天大学, 2020.

[8] 文梁栋, 甄子洋, 龚华军. 基于一致性的有限区域内紧密编队集结控制[J]. 电光与控制, 2020, 105: 68-74.

[9] 赵启, 甄子洋, 龚华军. 基于深度强化学习的无人机编队控制[J]. 电光与控制, 2022, 29(10): 29-33.

[10] ZHEN Z Y, CHEN Y, WEN L D, et al. An intelligent cooperative mission planning scheme of UAV swarm in uncertain dynamic environment[J]. Aerospace Science and Technology, 2020, 100: 1-16.

[11] YUWEN C, ZHEN Z Y, LIU X Y, et al. Multi-UAV formation control with time-varying Nash equilibrium[C]. 2022 International Conference on Guidance, Navigation and Control, Harbin, 2022.

[12] ATILLA D, SRIRAM V, WILLIAM B. Modeling of aerodynamic coupling between aircraft in close proximity[J]. Journal of Aircraft, 2005, 42: 941-955.

[13] 甄子洋, 龚华军, 陶钢, 等. 基于自适应控制的大型客机编队飞行一致性控制[J]. 中国科学 技术科学, 2018, 48(3): 336-346.

[14] ZHEN Z Y, TAO G, XU Y, et al. Multivariable adaptive control based consensus flight control system for UAVs formation[J]. Aerospace Science and Technology, 2019, 93: 1-7.

第8章　无人飞行器集群智能协同作战

随着无人飞行器性能的提升和功能的拓展，未来战场上将出现越来越多的无人飞行器，无人飞行器已经成为现在战争的重要装备。随着人工智能、组网通信、分布式指挥与控制技术的日益发展，无人飞行器集群作战模式受到世界军事强国的高度重视，被认为是一种具有颠覆性意义的新型作战手段。智能协同技术涵盖了人工智能、计算机、通信、传感器、自主控制等众多领域的相关知识和技术，对于提高无人飞行器集群作战效能至关重要。

本章主要围绕集群协同广域点目标侦察、广域面目标侦察、对地打击、突防打击、饱和攻击、空战对抗等若干典型作战任务，阐述无人飞行器集群智能协同作战的基本算法原理。

8.1　集群协同广域点目标侦察

侦察是为了在不确定环境中获取任务情报信息或者搜索目标信息。点目标侦察的对象主要有行人、车辆、建筑、舰船等。无人飞行器集群点目标侦察的关键在于设计一种高效的在线协同决策方法，在满足无人飞行器相关约束条件的前提下，使无人飞行器集群在尽量短的时间内侦察更多的目标以及覆盖更多的任务区域。本节主要研究结合人工势场和蚁群优化的无人飞行器集群点目标协同侦察方法[1]。

8.1.1　点目标协同侦察任务

无人飞行器集群的点目标协同侦察的任务场景示意图如图 8-1 所示。假设任务区域内存在 m 个时敏目标，由 n 个无人飞行器组成的集群前往任务区域侦察目标，并且需要尽量避开威胁区域。无人飞行器的平台性能约束包括最大转弯角、最大巡航速度和最大航程约束。点目标可以分为固定目标和活动目标，前者包括基站、地面建筑等面积较小的目标，后者包括行人、车辆等运动目标。无人飞行器从目标上空飞过时，采用聚束模式进行侦察，目标完全包含在传感器的视场探测区域内。威胁主要包括探测威胁和火力威胁，无人飞行器若未能躲避探测威胁，则会处于火力威胁中。集群通信采用拓扑距离交互方式，每个无人飞行器实时调整其信息交互半径，从而保证与数量恒定的最近邻居进行通信。

集群协同侦察点目标任务主要考虑以下几个方面。

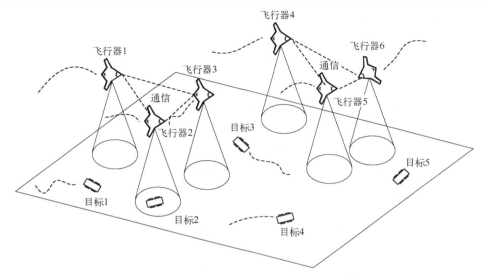

图 8-1　集群协同点目标协同侦察场景示意图

（1）环境侦察收益。它定义为已侦察过的区域覆盖率，即已侦察的栅格数与总栅格数的比值：

$$J_E = \sum_{x=1}^{N_x}\sum_{y=1}^{N_y}N_{xy}\bigg/\left(N_xN_y\right) \tag{8-1}$$

式中，$N_{xy}=0$ 表示网格 (x,y) 未被侦察，$N_{xy}=1$ 表示已被侦察；N_x 和 N_y 分别为侦察区域的长与宽上的栅格数目。

（2）目标侦察收益。它定义为已侦察到的目标总数 m'，即

$$J_T = m' \tag{8-2}$$

将环境侦察收益和目标侦察收益分解为每个飞行器收益的加权求和，并考虑协同侦察的约束条件，主要包括机动约束、防撞约束、威胁规避约束和航程约束。因此，分布式集群协同侦察的任务模型表示为

$$\begin{cases} u^* = \arg\max_u\left[w\sum_{i=1}^n \mu_i J_{Ti} + (1-w)\sum_{i=1}^n \mu_i J_{Ei} \right] \\ \text{s.t.}\begin{cases} \psi_i - \psi_{\max} \leqslant 0 \\ d_{\min} - d_{ij} \leqslant 0 \\ r_h - d_{ih} \leqslant 0 \\ l_i - l_{\max} \leqslant 0 \end{cases} \end{cases} \tag{8-3}$$

式中，$i,j=1,2,\cdots,n$，$i\neq j$；u^* 为飞行器下一时刻的路径点，即决策变量；$w\in\{0,1\}$，

$w=1$ 表示飞行器对目标进行信息采集，$w=0$ 表示飞行器进行任务区域覆盖；μ_i 表示第 i 架无人机的权重系数；ψ_i 为第 i 个飞行器的转弯角度；ψ_{max} 为飞行器的最大转弯角度；d_{ij} 为第 i 个飞行器和第 j 个飞行器的机间距离；d_{min} 为飞行器之间的最小安全距离；d_{ih} 为第 i 个飞行器与第 h 个威胁中心的距离；r_h 为威胁半径；l_i 为第 i 个飞行器的航迹长度；l_{max} 为飞行器的最大航程。

点目标侦察任务决策问题即无人飞行器集群在当前状态下，寻找最优的决策输入，使性能指标函数最大化，也就是侦察收益值最大化。

8.1.2 基于人工势场与蚁群优化的协同侦察

无人飞行器集群协同侦察过程的原理如图 8-2 所示。无人飞行器集群对任务区域进行协同覆盖侦察，在通信允许范围内，实时通信并交换任务区域信息以及自身决策信息，进行任务协调，并在线实时规划路径，自主飞行侦察目标。

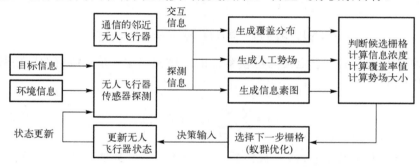

图 8-2　自主协同侦察过程

1. 点目标概率分布

目标概率分布图可以描述目标在任务区域网格中的概率分布情况。无人飞行器根据自身传感器探测的信息以及邻近飞行器传递的信息，对自身的目标概率分布图进行更新，并将结果作为下一时刻决策的先验信息。图 8-3 所示为飞行器的目标概率分布更新原理图。

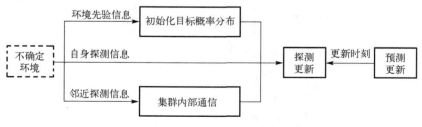

图 8-3　目标概率分布更新原理图

(1)初始化。飞行器集群开始侦察任务前，根据预先的情报信息，可以分为以下四种情况：①点目标初始位置及信息完全未知；②已知点目标的初始位置为 (x_{T0}, y_{T0})，目标速度信息及运动方向未知；③已知点目标的初始位置为 (x_{T0}, y_{T0})，目标运动速度大小为 V_T，目标运动方向未知；④已知点目标的初始位置为 (x_{T0}, y_{T0})，目标运动速度大小为 V_T，方向为 θ_T。根据以上不同时敏目标特性，计算得到栅格 (x, y) 处的目标概率分布密度函数 $f(x, y)$，再进行积分运算，得到栅格 (x, y) 的目标存在概率为

$$p_{xy} = \int_{(y-1)L_y}^{yL_y} \int_{(x-1)L_x}^{xL_x} f(x, y) \mathrm{d}x \mathrm{d}y \tag{8-4}$$

式中，L_x 和 L_y 分别为侦察栅格的长和宽。对 p_{xy} 进行归一化后，得到初始目标概率分布为

$$P_{xy} = p_{xy} \left/ \sum_{x=1}^{N_x} \sum_{y=1}^{N_y} p_{xy} \right. \tag{8-5}$$

(2)探测更新。考虑到机载传感器探测过程的不确定性，传感器存在探测概率分布，基于贝叶斯概率公式，得到无人飞行器探测获得的目标存在概率为

$$p_{xy}(t+1) = \begin{cases} \tau p_{xy}(t), & \text{未探测} \\ \dfrac{p_D \cdot p_{xy}(t)}{p_F + (p_D - p_F) \cdot p_{xy}(t)}, & \text{已探测且} b(t) = 1 \\ \dfrac{(1-p_D) \cdot p_{xy}(t)}{1 - p_F + (p_F - p_D) \cdot p_{xy}(t)}, & \text{已探测且} b(t) = 0 \end{cases} \tag{8-6}$$

式中，p_D 为目标在探测距离内的探测概率；p_F 为目标在探测距离外却虚警的探测概率；$\tau \in [0,1]$ 为动态因子，若栅格处未被飞行器探测，则该位置的目标存在概率衰减；$b(t) = 1$ 表示传感器视场范围内存在目标，$b(t) = 0$ 表示传感器视场范围内不存在目标。

(3)预测更新。考虑目标运动特性，需要对目标运动进行预测，否则会增加概率分布图的不确定性。针对目标信息是否已知的四种情况，分别设计转移概率密度函数。对预测更新后的概率密度函数进行积分处理，可得栅格处的目标存在概率，再进行归一化处理，可得预测更新后的目标概率分布图。

2. 人工势场

在侦察任务区域的目标点处构建引力场，无人飞行器在引力场的作用下朝目标运动，快速发现任务区域目标。在侦察任务区域的威胁处构建斥力场，无人飞行器在斥力场的作用下远离威胁，保证任务执行过程中自身的安全。

无人飞行器集群在人工势场中的受力情况如图 8-4 所示，主要包括以下几点。

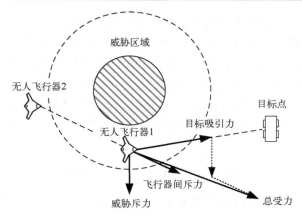

图 8-4　人工势场受力示意图

（1）目标引力。根据目标概率分布图，设计目标引力场函数。目标存在的可能性越大，引力场就越强。无人飞行器受到的目标引力与引力势场函数在该位置处的梯度 ∇P 相关，因此，目标引力表示为

$$F_a = k_a \cdot \nabla P \tag{8-7}$$

式中，$k_a > 0$ 为引力场系数常量。

（2）威胁斥力。当无人飞行器探测到某一威胁区域时，受到的威胁斥力表示为

$$F_r = \begin{cases} k_r \cdot \left[\dfrac{1}{d^2} - \dfrac{1}{(d_l - d_0)^2} \right] \cdot \dfrac{d'}{d}, & d \leqslant d_l \\ 0, & d > d_l \end{cases} \tag{8-8}$$

式中，k_r 为斥力场系数常量；d 为威胁与飞行器之间的距离；d' 为威胁指向飞行器的位置矢量；d_l 为威胁的斥力场作用半径；d_0 为飞行器与威胁中心之间的最小安全距离。

（3）机间斥力。无人飞行器之间的斥力与相对距离相关，表示为

$$F_p = -\left(a - b \cdot \mathrm{e}^{\frac{d_{ij}^2}{c}} \right) d'_{ij} \tag{8-9}$$

综上，飞行器的受力矢量和表示为

$$F = F_a + F_r + F_p \tag{8-10}$$

在人工势场力作用下，无人飞行器集群也可以进行协同侦察。然而，人工势场方法参数较难调节，往往使得侦察效果欠佳。为此，将人工势场法与蚁群优化算法相结合，用于无人飞行器集群的点目标协同侦察。人工蚂蚁对应无人飞行器，蚂蚁的食物搜索行为对应无人飞行器的目标侦察行为，蚂蚁在栅格点之间的转移对应飞行器在航

路点之间的飞行。蚂蚁与无人飞行器类似，具有感知、记忆、运动、通信能力，这些能力也受约束。蚁群优化算法的一步迭代等同于无人飞行器集群的一个飞行步长。

3. 任务区覆盖分布

无人飞行器集群对任务区域进行协同覆盖侦察，以侦察到尽量多的目标。

无人飞行器基于自身传感器得到视场范围内的栅格集合，第 i 个飞行器存储的覆盖分布定义为

$$C_i = \{N_{xy} \mid x = 1, 2, \cdots, N_x; y = 1, 2, \cdots, N_y\} \tag{8-11}$$

然后结合其他飞行器通信传达的覆盖分布图 C_j，更新产生最新的覆盖分布图，表示为

$$C_i' = C_i \mid C_j \tag{8-12}$$

基于覆盖分布图，计算得到任务区域的覆盖率，可以作为蚁群优化算法中的能见度，从而影响蚂蚁的侦察路径选择。

4. 状态转移

蚂蚁在任务区域转移时，受到势场力、覆盖分布图、信息素图的影响。每只蚂蚁建立其本地信息素图，并且在侦察过程中得到局部和全局信息素更新。无人飞行器会结合自身的状态及其约束条件，基于状态转移规则选择侦察路径。

（1）基于势场力的转移规则。当飞行器所受的势场力较大时，忽略其他因素的影响，而根据势场力进行状态转移，快速到达目标点，或尽快远离威胁源，或避免飞行器之间碰撞。此时，飞行器将选择与势场力方向夹角最小的节点进行转移，使飞行器在提高侦察效率的同时，能够规避威胁或其他飞行器。确定性状态转移规则定义为

$$g = w_1 g_1 + w_2 g_2 \tag{8-13}$$

$$g_1 = \arg\min_{\Omega}(\theta), \quad r_1 < r_{g1} \tag{8-14}$$

$$g_2 = \arg\min_{\Omega}(|L_l - D_l|) \tag{8-15}$$

$$w_2 = \begin{cases} 0, & L \leqslant \dfrac{1}{2} L_{\max} \\ 1, & L > \dfrac{1}{2} L_{\max}; r_2 < r_{g2} \end{cases} \tag{8-16}$$

式中，g 为待转移栅格；g_1 和 g_2 分别为势场力和考虑航程约束下的待转移栅格；w_1、w_2 为权重，采用布尔值，且满足 $w_1 + w_2 = 1$；Ω 为飞行器的下一步待选节点集合；θ 为 g_1 处的势场力方向与候选路径的夹角；r_1 为 [0,1] 范围内的随机数；$r_{g1} = \lambda F / F_{\max}$ 表示阈值，λ 为环境感知因子，F 为当前势场力大小，$F_{\max}$ 为当前时刻探测半径内势

场力的最大值；r_2 是 [0,1] 范围内的随机数，r_{g2} 为一个阈值；L 为航迹长度；L_{max} 为最大航程；D_l 为起始位置或目的地与候选栅格之间的距离；L_l 为飞行器在下一时刻的剩余航程。

(2)基于信息素的转移规则。当势场力无法明确飞行器的状态转移方向时，根据信息素和能见度进行状态转移。路径的能见度定义为从当前节点转移到候选节点后任务区域的覆盖率值，可以更好地保证区域覆盖侦察。

(3)基于覆盖率的转移规则。若蚁群优化算法经过一定迭代后，区域覆盖率保持不变，则蚂蚁将根据覆盖分布图选择最近的未侦察过的网格作为待转移节点。若存在多个满足条件的候选节点，则选择偏转角最小的节点为最终路径点。

基于人工势场-蚁群优化的无人飞行器集群协同点目标侦察流程如图 8-5 所示。

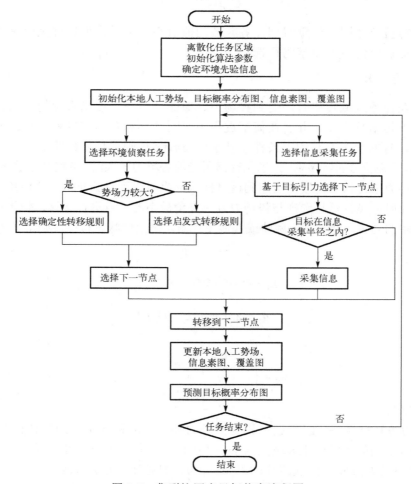

图 8-5　集群协同点目标侦察流程图

无人飞行器集群的协同点侦察航迹如图 8-6 所示，集群规模为 15 架，仿真结果显示集群能够在未知环境下较好地协同侦察点目标，同时也能避开威胁区域。

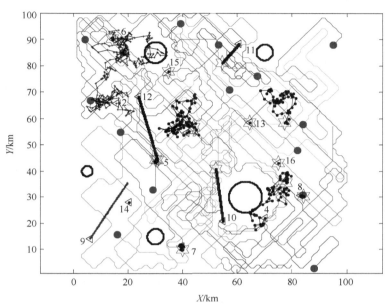

图 8-6　集群协同点目标侦察仿真结果（见彩图）

8.2　集群协同广域面目标侦察

面目标侦察的对象主要有机场、基地、海域等。无人飞行器集群的广域面目标侦察是指在已知待侦察的面目标位置信息情况下，集群携带相应的侦察传感器，分配目标集合以及侦察顺序，规划侦察航路，执行面目标侦察。本节主要研究结合粒子群优化和 Dubins 曲线的集群面目标协同侦察方法[1]。

8.2.1　面目标协同侦察任务

无人飞行器集群的面目标侦察任务场景如图 8-7 所示。假设任务区域中待侦察的面目标集合为 $T=\{R_T,M_T\}$，$R_T=\{x_T,y_T,l_T,w_T\}$ 表示目标，(x_T,y_T) 表示目标中心位置坐标，l_T、w_T 分别表示目标长和宽，$M_T=\{1,2,\cdots,m\}$ 表示面目标编号。集群从同一基地起飞，根据配备的侦察资源将集群划分为 $\bar{n}$ 个任务组 $U_i\in U$，$i=1,2,\cdots,\bar{n}$，飞行器的属性表示为 $U_i=\{L_i,P_i,V_i\}$，L_i、P_i、V_i 分别为飞行器的最大航程、传感器类型、飞行速度。因此，面目标分配问题可以用一个五元素组 $\{U,T,X,C,F\}$ 表述，其中，$X\in\{0,1\}$ 为目标状态，0 表示该目标未被分配侦察，1 表示该目标已被分配侦察；C 为约束条件集合；F 为目标函数值。假设飞行器优先侦察离自己较近的目标，在执行完侦察任务后需返回基地，每种面目标只能分配给配备相应侦察传感器的飞行器。

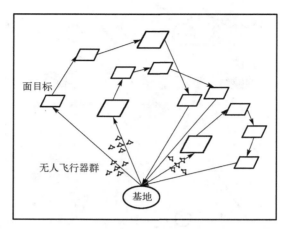

图 8-7　集群协同面目标侦察场景示意图

集群协同侦察面目标任务主要考虑如下两种代价。

（1）侦察航程耗时。飞行器集群在整个航程耗费的时间表示为

$$T_1 = \sum_{i=1}^{\bar{n}} \sum_{k=1}^{m} \sqrt{[x_{ik} - x_{i(k-1)}]^2 + [y_{ik} - y_{i(k-1)}]^2} \Big/ V_i \tag{8-17}$$

（2）面目标侦察耗时。飞行器集群侦察面目标时耗费的时间表示为

$$T_2 = \sum_{i=1}^{\bar{n}} \left(\frac{1}{R_i} \sum_{k=1}^{m} S_k \right) \tag{8-18}$$

式中，S_k 为面目标面积；$R_i = w_i \cdot V_i$ 为飞行器的搜索能力，即由单位时间有效侦察面积来表示，w_i 为侦察传感器的有效扫描宽度。

面目标分配以无人飞行器集群执行侦察任务消耗的总时间最少为优化目标，表示为

$$\begin{cases} X^* = \arg \min_X (T_1 + T_2) \\ \text{s.t.} \begin{cases} \sum_{i=1}^{\bar{n}} X_{ik} = 1 \\ \sum_{i=1}^{\bar{n}} \sum_{k=1}^{m} X_{ik} = m \\ l_i \leqslant l_{\max} \end{cases} \end{cases} \tag{8-19}$$

式中，$X_{ik} = \{0,1\}$，若第 i 组飞行器执行第 k 个面目标的侦察，则 $X_{ik} = 1$，否则为 0；第一个约束条件表示每个目标只能被分配（即侦察）一次；第二个约束条件表示每个目标都会被分配一次；第三个约束条件表示无人飞行器的飞行距离须小于最大航程。

8.2.2　基于粒子群优化与 Dubins 曲线的协同侦察

无人飞行器集群的面目标协同侦察原理如图 8-8 所示，可以分解为如下两种模式。

（1）目标分配模式。根据事先已知的面目标分布信息，基于协同侦察任务的目标函数和约束条件，采用改进粒子群优化算法，对飞行器集群进行目标分配，从而得到飞行器集群各个小组的待侦察目标集合与侦察序列。

（2）目标侦察模式。当飞行器集群各个小组抵近各自待侦察的面目标时，采用 Dubins 曲线方法规划协同侦察航迹，使每个飞行器分散抵达目标边缘，对面目标进行广域搜索扫描，并依次侦察自身目标集合中的后续目标，直至任务结束返回基地。

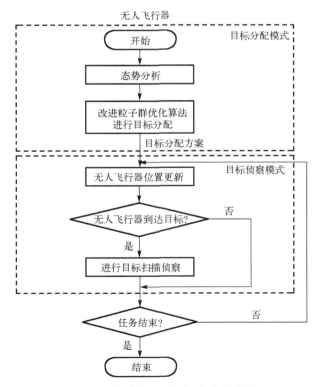

图 8-8　集群协同面目标侦察流程图

1. 基于粒子群优化的面目标分配

将粒子群优化算法运用到协同侦察任务的目标分配中(图 8-9)，需要先设计粒子的编码方式，每个粒子的编码代表一种可能的目标分配方案。采用矩阵编码方式，假设任务场景中有 m 个待侦察的面目标，构造一个 $2m$ 维空间，将每个粒子对应的 $2m$ 维位置向量分成两个 m 维向量，分别表示各待侦察目标分配的执行任务的飞行器编号和各目标在相应的飞行器侦察路径中的执行次序，由此保证了每个面目标都能被分配给飞行器进行侦察，并且只能被侦察一次。

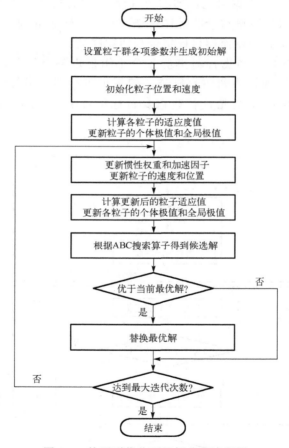

图 8-9　粒子群优化面目标分配流程图

尽管粒子群优化算法具有较强的全局优化能力，但仍然可以进一步改进：引入人工蜂群(ABC)算法中的搜索算子，能够提高算法的探索能力，有利于跳出局部最优；对加速因子进行异步改进，使粒子在搜索过程中自动调整对最优解的学习速度，并使算法初期粒子倾向于提取历史最优解，扩大粒子的搜索空间，有利于趋向全局最优解。

2．基于 Dubins 曲线的面目标侦察航路规划

无人飞行器集群各个小组接近面目标位置时，为了完全覆盖面目标，需要让小组中的飞行器均匀分布到目标的边缘，对其进入目标时的航向角有一定的要求，有四种可选择的进入方向，由于飞行器机动能力的约束，进入面目标内部的航迹应由直线和圆弧构成，在所有方向中选择路径最短的方向进入面目标区域内部进行侦察，原理示意图如图 8-10 所示。采用 Dubins 曲线规划每个飞行器的航迹，使其分散抵达目标边缘。当飞行器小组均匀分布在面目标的边缘后，开始进入面目标区域，进行平行广域搜索扫描，如图 8-11 所示。

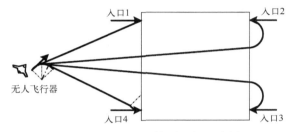

图 8-10　飞行器抵达面目标示意图

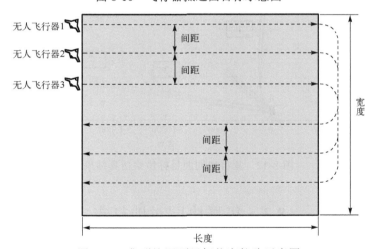

图 8-11　集群协同面目标侦察航路示意图

为了提高协同侦察效率，并且保证任务区域的完全覆盖扫描，飞行器小组进入目标区域时需要选取合适的进入点。假设面目标区域的顶点坐标为 (x_{T0}, y_{T0})，第 i 个小组内共有 n_i 个飞行器，其中的第 j 个飞行器的进入点坐标为

$$\begin{cases} x_j = x_{T0} \\ y_j = y_{T0} - \dfrac{R}{2} \cdot (2j-1) \end{cases} \tag{8-20}$$

式中，R 为机间距离。当飞行器小组扫描的最大宽度小于目标宽度时，需要完成一段横向扫描侦察后转弯到下一段反向路径上，机间距离受面目标区域尺寸和飞行器个数影响，表示为

$$R = \frac{l_T \cdot w_T}{n_i} \bigg/ \left\lceil \frac{l_T \cdot w_T}{n_i \cdot w_s} \right\rceil \tag{8-21}$$

式中，$\lceil \cdot \rceil$ 表示向上取整；w_s 表示每个飞行器的探测宽度。

无人飞行器集群协同面目标侦察的目标分配和航迹规划结果如图 8-12 所示。从图中可以看出，集群在满足航程、任务等约束条件的前提下，能够以尽量短的时间完成面目标的协同侦察任务。

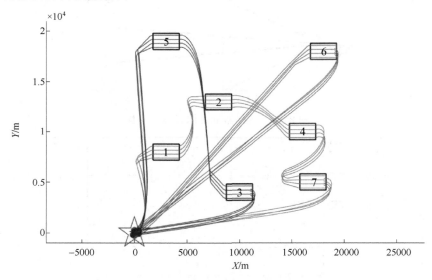

图 8-12　集群协同面目标侦察仿真结果

8.3　集群协同对地打击

无人飞行器集群协同对地打击是指通过集群有效协同，使得整体收益最大、成本最低，同时考虑障碍物规避和机间防撞，实现对地面静止或移动目标的攻击。本节主要研究结合合同网和 RRT-Connect 算法的无人飞行器集群协同对地打击方法[2]。

8.3.1　对地协同打击任务

无人飞行器集群协同对地打击的场景示意图如图 8-13 所示。假设三维地形环境中存在多个复杂的障碍物，多个不同类型的静止目标，目标不具有防御能力，其自

身价值和可承受的最大攻击次数均不同。现派出由不同类型飞行器组成的集群，执行地面目标打击任务，飞行器类型与目标类型相对应，根据可执行任务数量分为执行多对一打击任务和一对多打击任务的飞行器。每个飞行器装载着武器，能够单向正确识别目标、我方飞行器以及障碍物。

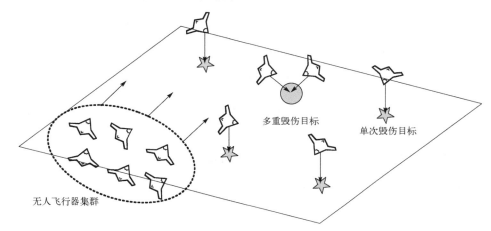

图 8-13　集群协同对地打击场景示意图

假设所有目标的相关信息事先已侦察清楚，包括位置和类型，但对环境中的障碍物信息事先未知。目标分配尽可能使分配结果较优。目标分配后，飞行器通过传感器检测获取当前环境的相关信息，并通过通信拓扑获取邻居信息，结合本机检测信息、机间传递信息和自身状态信息建立飞行器状态，再结合相关约束条件，进行自主航迹规划。当飞行器与目标之间的距离小于攻击半径时，发动对目标的打击，并获得相关收益，结束后继续向下一个目标靠近并发动攻击，直至目标打击任务全部完成。

假设有 n 个从不同位置出发的飞行器，协同打击 m 个散布不同位置的静止目标。集群协同的优化目标为总航程距离最短、总飞行时间最少、总目标存活概率最低且同类飞行器的任务负载尽量均衡。因此，集群协同对地打击的目标函数定义为

$$\begin{cases} \min L = \sum_{i=1}^{n} \sum_{k=1}^{m} L_{ik} \cdot X_{ik} \\ \min T = \max\left(\sum_{k=1}^{m} T_{ik} \cdot X_{ik}, \quad i=1,2,\cdots,n \right) \\ \min P = \sum_{i=1}^{n} \sum_{k=1}^{m} P_{ik} \cdot X_{ik} \\ \min R = \sum_{i=1}^{n} \sum_{k=1}^{m} R_{ik}^{2} \cdot X_{ik} \end{cases} \tag{8-22}$$

式中，X_{ik} 为决策变量，$X_{ik}=1$ 表示第 i 个飞行器打击第 k 个目标；L 为航程代价；T 为飞行时间；P 为目标存活概率；R 为任务负载率。

目标的存活概率取决于对目标的攻击情况，表示为

$$P_{ik} = \prod_{i=1}^{m}[1-H_{ik}]^{\tilde{n}} \qquad (8\text{-}23)$$

式中，$\tilde{n}$ 为目标受到攻击的导弹数量；H_{ik} 为飞行器所发射导弹对目标的毁伤效果，且

$$H_{ik} = \mu \cdot K \cdot S_{ik} \qquad (8\text{-}24)$$

其中，$0<\mu<1$ 为环境对杀伤率的影响；K 为导弹理想杀伤概率；S_{ik} 为飞行器对目标的态势优势。

8.3.2　基于合同网与 RRT-Connect 的协同打击

无人飞行器集群对地打击的总体流程如图 8-14 所示。

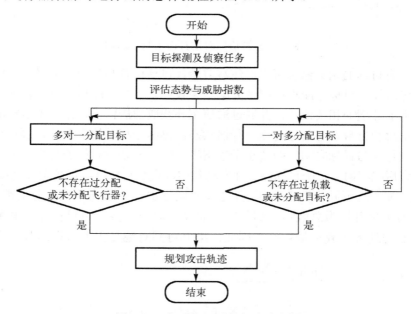

图 8-14　集群协同对地打击流程图

1. 地面目标态势评估

根据对地协同打击的任务场景，从距离、角度、效能三个角度进行态势优势的评估。由于针对的是地面静止目标，因此不考虑相对目标的高度和速度优势。

距离优势指数表示为

$$S_d = \begin{cases} 1, & d_{ik} < a_i \\ 1 - \dfrac{d_{ik} - a_i}{s_i - a_i}, & a_i \leqslant d_{ik} \wedge d_{ik} \leqslant s_i \\ 0, & d_{ki} > s_i \end{cases} \tag{8-25}$$

式中，d_{ik} 为飞行器与目标之间的距离；a_i 为飞行器的攻击半径；s_i 为飞行器的探测半径。

角度优势指数表示为

$$S_a = \begin{cases} 1 - 2 \cdot \left|\varphi_{ij}\right|/\pi, & 0 \leqslant \left|\varphi_{ij}\right| < \pi/2 \\ 0, & \pi/2 \leqslant \left|\varphi_{ij}\right| \leqslant \pi \end{cases} \tag{8-26}$$

我方飞行器对目标的方位角 φ_{ij} 越小，角度优势越大。

效能指数表示为

$$S_e = \left[\ln C_1 + \ln\left(\sum C_2 + 1\right) + \ln\left(\sum C_3\right) \right] \cdot C_4 \cdot C_5 \cdot C_6 \cdot C_7 \tag{8-27}$$

式中，$C_1 \sim C_7$ 分别表示飞行器机动性能、探测性能、操纵性能、攻击性能、电子对抗性能、生存性能和续航能力。

综合态势优势指数通过权衡各类优势指数值确定，表示为

$$S_{ik} = w_d \cdot S_d + w_a \cdot S_a + w_e \cdot S_e \tag{8-28}$$

式中，w_d、w_a、w_e 为优势评估的权重。

2. 基于合同网的地面目标分配

由于目标类型不同，对应多种类型飞行器，同一类型的飞行器仅可执行对应目标的打击任务。当一组目标有多个逻辑时窗时，所有目标要在规定时窗内执行，同一时窗中的任务执行时间不应超出时窗范围。目标分配包括如下两种典型方式。

（1）一对多目标分配。一对多目标分配算法的流程如图 8-15 所示。首先考虑时序问题，当一组目标有多个逻辑时窗时，要求在规定时窗内执行对所有目标的攻击，根据飞行器与目标之间的距离确定目标攻击时序，同一时窗中的任务执行时间不应超出时窗范围。满足时序约束后，考虑飞行器的负载均衡问题，以飞行器和目标之间的距离为指标，计算飞行器的平均负载和任务负载率。然后，飞行器需要考虑航程和任务时间约束，保证有能力执行打击任务。依据最大航程和任务时间约束来确定最高、最低负载率的取值。飞行器集群内任务分配不均衡时，应进行均衡调整。

（2）多对一目标分配。多对一目标分配算法的流程如图 8-16 所示。当飞行器数量多于要执行的目标数量时，重点考虑到达时间约束，即执行相同任务的飞行器打击目标的时间窗口要有交集。按不同时窗对目标进行分组，执行任务的时间不能超

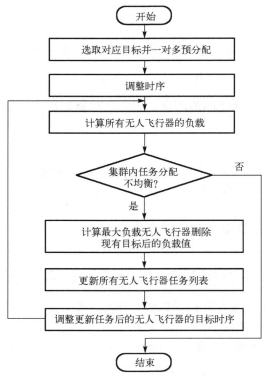

图 8-15　一对多目标分配算法流程图

过时窗，且参与协同的飞行器执行时间交集应非空。若存在对同一目标分配过多的飞行器，或者目标未被分配的情况，则进行负载均衡调整，调整分配的过程同一对多目标分配类似，计算所有目标的负载率，若负载率均在所设范围之内且不存在未分配的情况，则视为调整结束，当前分配可达到相对均衡的状态，若超出范围则继续进行调整，直至均衡。

3.　基于 RRT-Connect 的攻击航迹规划

无人飞行器的航迹规划是在一些规定约束条件下，寻找可以充分满足飞行器某些性能指标，从初始点指向目标点的运动轨迹。在飞行器的多机协同航迹规划问题中，需要综合考虑飞行器运动约束以及飞行器协同距离约束问题。

RRT-Connect 算法是在航迹的起始位置和目标点位置分别初始化两棵树，这两棵树在任务空间内向着对方的方向不断交替扩展，直到两棵树的节点相遇，即为一条从起点到终点的路径。对基本 RRT-Connect 算法进行改进，减少对无用空间的过度探索，并在保证一定随机性的情况下加快收敛性。飞行器可以在避开障碍的同时做到有效的机间避障，若目标在飞行器的攻击范围内，则对目标发起攻击。

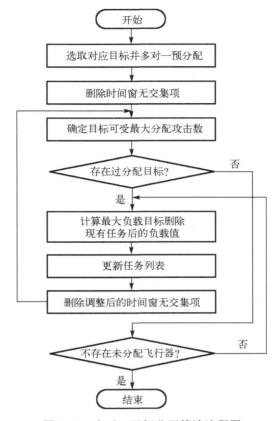

图 8-16 多对一目标分配算法流程图

无人飞行器集群对地协同打击的仿真结果如图 8-17 所示。从图中可以看出集群能够较好地避开障碍或威胁，实现机间防撞，并完成对地面目标的协同打击任务[2]。

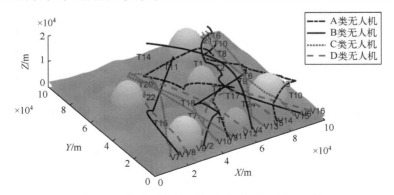

图 8-17 集群对地协同打击仿真结果（见彩图）

8.4　集群协同突防打击

航母、基地、指挥控制中心等高价值目标一直是军事行动中重要的打击对象，为此需要有防御系统形成反制区域，以便保护高价值目标。无人飞行器集群突防打击任务的关键在于威胁规避程度、精确打击率及近似于闪击战的快速打击后撤离战场的集群存活率等。在敌方全系统空防下，如何尽可能地规避任务过程中的敌方威胁以提高存活率、高效检索敌方目标以实行精确打击、缩短战场滞留时间以快速撤离战场成为集群突防任务中亟待解决的关键问题。本节主要研究基于混合人工势场-狼群算法（hybrid artificial potential field-wolf pack algorithm，HAPF-WPA）的集群突防打击方法[3]。

8.4.1　协同突防打击任务

假设敌方空防区域具有全系统防御能力，考虑探测跟踪、电子干扰、伪装欺骗与毁伤拦截等四种防御手段，我方无人飞行器集群由一群同构无人飞行器组成，需要先穿越敌方包围圈或防护带，再精确打击目标，具体场景示意图如图 8-18所示。

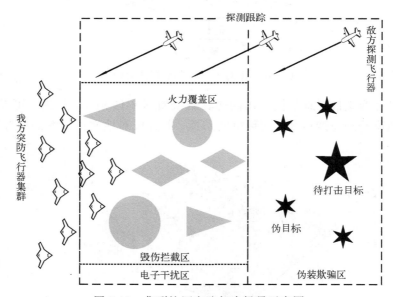

图 8-18　集群协同突防打击场景示意图

无人飞行器集群协同突防打击的关键步骤包括感知、通信、决策、控制与攻击。感知主要指获得环境、威胁和目标信息；通信主要指保持机间通信实现信息交互；

决策主要指派出飞行器、确定突防方向和生成航路信息；控制主要指跟踪航路、避开威胁和避免相撞；攻击主要指对目标实施精确协同打击。

8.4.2　全系统防御下的集群突防

突防区域或攻击区域涵盖了当前反集群作战的四大类别，在飞行器集群突防过程中，规避敌方火力密集区域、逃离敌方侦察机探测范围、远离电子干扰高强度领域及保证集群内部的机间防撞等行为尤为重要，对此进行如下建模。

(1)探测跟踪区。该区域覆盖整个战场，除派出同等条件的无人侦察机进行跟踪侦察外，配合海岸多源/多模信息融合系统，将雷达、光电传感器、无线电侦察传感器、视觉传感器及红外传感器等感知信息进行融合，对小型飞行器的频率特征、电磁特征及图像特征等信息情报进行相互印证，从而实现持续探测与跟踪，为毁伤拦截提供完备精确的信息，预留响应时间。多源/多模信息融合探测对飞行器的发现概率定义为

$$\begin{cases} Q_T = \begin{cases} 1, & Q_i = 1 \\ 1-(1-Q_i)^n, & 0 \leqslant Q_i < 1 \end{cases} \\ Q_i = \zeta_R Q_{Ri} + \zeta_P Q_{Pi} + \zeta_Q Q_{Oi} + \zeta_V Q_{Vi} + \zeta_I Q_{Ii} \end{cases} \quad (8\text{-}29)$$

式中，Q_i 为系统单次探测飞行器的发现概率；Q_{Ri} 为雷达探测概率；ζ_R 为雷达信息融合系数；Q_{Pi} 为光电传感器探测概率；ζ_P 为光电传感器信息融合系数；Q_{Oi} 为无线电传感器探测概率；ζ_Q 为无线电传感器信息融合系数；Q_{Vi} 为视觉传感器探测概率；ζ_V 为视觉传感器信息融合系数；Q_{Ii} 为红外传感器探测概率；ζ_I 为红外传感器信息融合系数。当有 n 次发现目标时，判定目标存在。

(2)电子干扰区。该区域主要作用为破坏飞行器集群信号情报信息融合机制，进而影响数据链支持下的集群控制，并切断进入范围内飞行器集群与远程地面站或有人战机之间的无线电交互，进行全面通信压制与信号干扰，降低集群协同作战能力，具有对飞行器集群的软杀伤能力。电子干扰对飞行器的毁伤率定义为

$$Q_E = \frac{\rho_E P_{gt} G_{gt} G_b \lambda_e^2}{(4\pi)^2 R_e^2} \quad (8\text{-}30)$$

式中，ρ_E 为干扰信号密度；P_{gt} 为干扰源发射机输出功率；G_{gt} 为干扰源发射天线增益；G_b 为合成基站天线增益；λ_e 为功率波长；R_e 为以发射源为中心的均匀分布距离。

(3)拦截毁伤区。该区域通常设置于海岸边缘，与电子干扰区协同作业。考虑价比较低、具备面杀伤能力或精确打击能力的武器，如激光武器、微型导弹、密集阵列、集束弹药、"幕"型拦截武器、高功率微波武器等，此类武器除了可以高效打

击低、慢、小目标，还具有覆盖面广、造价成本较低、集群毁伤效能高等优势。为简化威胁概率建模，多种不同的拦截武器以不同形状表示其火力覆盖范围。拦截武器对飞行器的毁伤率定义为

$$Q_D = \begin{cases} 1, & (x_i, y_i) \in D \\ 0, & (x_i, y_i) \notin D \end{cases} \tag{8-31}$$

式中，(x_i, y_i) 为飞行器在突防任务中的平面坐标位置；D 为毁伤拦截火力区域。

（4）伪装欺骗区。该区域位于电子干扰与毁伤拦截区后方，主要应用于反制攻击方通过天基探测系统等外部手段获取打击目标概略位置后，借助远端侦察装置获取精确的位置信息，在伪目标混淆信息的基础上，建立电子诱骗陷阱引诱飞行器集群进入防空火力打击范围，进行围歼。伪目标对飞行器的毁伤率定义为

$$Q_C = \begin{cases} 1, & d \leqslant d_{R\min} \\ \mathrm{e}^{-k_{d1}(d-d_{R\min})^2}, & d_{R\min} < d \leqslant d_{R\mathrm{mid}} \\ Q_S \mathrm{e}^{-k_{d2}(d-k_{d3})^2}, & d_{R\mathrm{mid}} < d \leqslant d_{R\max} \\ 0, & d_{R\max} < d \end{cases} \tag{8-32}$$

式中，d 为我方飞行器相对伪目标的距离；$d_{R\min}$ 为伪目标空防自卫区；$d_{R\mathrm{mid}}$ 为伪目标探测范围；$d_{R\max}$ 为伪目标空防最大距离；Q_S 为多源融合传感器探测概率；k_{d1}、k_{d2}、k_{d3} 为伪目标毁伤常系数。

综上，无人飞行器的突防概率模型表示为

$$P_i = (1 - Q_E)(1 - Q_C)(1 - Q_T Q_D) \tag{8-33}$$

n 个无人飞行器集群实施饱和攻击时，对敌方全系统的总突防概率为

$$P = (1 - \eta_E Q_E)(1 - \eta_C Q_C)(1 - \eta_T \eta_D Q_T Q_D) \tag{8-34}$$

式中，η_E 为集群涌现效应对电子干扰产生削弱作用的衰减因子；η_C 为集群信息交互机制利于准确识别伪目标的衰减因子；η_T 为集群紧密飞行使探测系统饱和的衰减因子；η_D 为集群进入火力覆盖区时由转火时间产生的衰减因子。各衰减因子满足 $0 < \eta_E, \eta_C, \eta_T, \eta_D < 1$。

8.4.3　基于人工势场的协同突防打击

无人飞行器集群突防打击任务的目标是以最小的突防损失，成功打击指定目标，并撤离战场。为此研究了一种基于改进人工势场法的协同突防打击算法。该算法的关键在于计算目标对集群的引力以及各个威胁对集群的斥力，具体计算方法描述如下。

（1）目标引力场。为了确保飞行器集群尽快飞向目标，在敌方空防威胁区内所处的时间应尽量短，应尽可能地增大目标引力场的作用。目标引力场表示为

$$U_{ik} = \frac{1}{2} \eta_t d_{ik}^2 \tag{8-35}$$

式中，U_{ik}、d_{ik} 分别为飞行器与目标之间的引力场和距离；η_t 为引力尺度因子。

（2）安全区引力场。飞行器通过环境感知和邻机交互，会获得全局威胁梯度场分布图，目标方向存在威胁较低的位置称为安全区，设计安全区的引力场，可以提升突防概率。安全区引力场表示为

$$U_{is} = \frac{1}{2}\eta_s d_{is}^2 \tag{8-36}$$

式中，U_{is}、d_{is} 分别为飞行器与安全区之间的引力场和距离；η_s 为引力尺度因子。

（3）探测跟踪区斥力场。考虑敌方侦察机往往会抵近跟踪探测，对我方飞行器来说，存在一个近似于移动障碍物的动态威胁区域。探测跟踪区斥力场表示为

$$U_{it} = \begin{cases} \dfrac{1}{2}\eta_t\left(\dfrac{1}{d_{it}} - \dfrac{1}{d_{t\max}}\right)^2, & d_{it} \leqslant d_{t\max} \\ 0, & d_{it} > d_{t\max} \end{cases} \tag{8-37}$$

式中，U_{it}、d_{it} 分别为我方飞行器与敌方侦察机之间的探测跟踪斥力场和距离；η_t 为斥力尺度因子；$d_{t\max}$ 为敌方侦察机的最大探测范围。

（4）电子干扰区斥力场。通常很大范围内的战场区域会覆盖电子干扰，飞行器距离干扰源越近，受干扰的强度越大。电子干扰区斥力场表示为

$$U_{ie} = \begin{cases} \dfrac{1}{2}\eta_e\left(\dfrac{1}{d_{ie}} - \dfrac{1}{d_{e\max}}\right)^2, & d_{ie} \leqslant d_{e\max} \\ 0, & d_{ie} > d_{e\max} \end{cases} \tag{8-38}$$

式中，U_{ie}、d_{ie} 分别为飞行器与干扰源之间的电子干扰斥力场和距离；η_e 为尺度因子；$d_{e\max}$ 为电子干扰的最大作用距离。

（5）毁伤拦截区斥力场。毁伤拦截区往往火力密集，可视为飞行器集群突防过程中的最大威胁区，飞行器误入该区域很大程度上会被击毁。毁伤拦截区斥力场表示为

$$U_{id} = \begin{cases} \dfrac{1}{2}\eta_d d_{i\max}^2, & p_i \in D \\ 0, & p_i \notin D \end{cases} \tag{8-39}$$

式中，U_{id} 为飞行器所处位置的毁伤拦截斥力场；η_d 为尺度因子；$d_{i\max}$ 为飞行器机动范围内的最大距离；p_i 为飞行器所处的位置；D 为毁伤拦截区火力范围。

（6）伪装欺骗区斥力场。飞行器通常无法第一时间获取伪目标信息，需要通过目标引力场接近伪目标，多机探测下确认为伪目标后方可判定为威胁区。伪装欺骗区斥力场表示为

$$U_{ic} = \begin{cases} \dfrac{1}{2}\eta_c\left(\dfrac{1}{d_{ic}} - \dfrac{1}{d_{c\max}}\right)^2, & d_{ic} \leqslant d_{c\max} \\ 0, & d_{ic} > d_{c\max} \end{cases} \tag{8-40}$$

式中，U_{ic}、d_{ic} 分别为飞行器与伪目标之间的伪装欺骗斥力场和距离；η_c 为尺度因子；$d_{c\max}$ 为伪目标火力陷阱最大攻击范围。

(7)集群内部防撞斥力场。类似于探测跟踪区中的移动障碍物，集群内部防撞斥力场表示为

$$U_{ij} = \begin{cases} \dfrac{1}{2}\eta_s \left(\dfrac{1}{d_{ij}} - \dfrac{1}{d_s} \right)^2, & d_{ij} \leqslant d_s \\ 0, & d_{ij} > d_s \end{cases} \tag{8-41}$$

式中，U_{ij}、d_{ij} 分别为飞行器之间的防撞斥力场和距离；η_s 为尺度因子；d_s 为机间触发防撞机制的安全响应距离。

综上，面向无人飞行器集群突防打击任务的人工势场设计为

$$U_i = U_{id} + U_{ie} + U_{ic} + U_{it} + U_{ij} - \lambda(U_{ik} + U_{is}) \tag{8-42}$$

式中，U_i 为多势场叠加效应下的总势场；λ 为引力场倍增因子。若飞行器在单位时间内的飞行距离小于阈值，则判定为陷入局部最优状态，λ 就开始作用，不断根据目标点与安全区位置降低边界威胁值，使飞行器跳出局部最优，保证突防任务继续进行。

8.4.4 基于狼群优化的协同突防打击

自然界的狼群具有强者为王的社会组织、规则分明的捕猎制度以及狩猎场中丰富的交互方式，狼群优化算法是一种模拟狼群捕猎行为的仿生学算法。狼群具有很强的攻击性和组织性，在捕猎过程中会展现召唤、游走、奔袭与围攻等智能行为，因此可以较好地匹配飞行器集群协同突防打击任务。无人飞行器相当于狼，突防相当于避开危险、隐蔽前行，搜索目标相当于寻找猎物，分布式通信相当于狼群嚎叫，打击目标相当于捕杀猎物。

狼群具有严密的等级制度，按照社群关系可以分为头狼、探狼及猛狼三类，无人飞行器集群的突防打击任务可以视为狼群的狩猎行为，具体思想描述如下。

(1)头狼是狼群通过竞争所产生的首领，负责狼群的指挥与决策。它相当于无人飞行器集群中的长机或指挥中心，掌握着全局信息，它的召唤行为相当于飞行器集群的战术决策、任务分配等行为。

(2)探狼是狼群中的精锐部分，通常具有更快的速度与更丰富的捕猎经验，一般会先行出发，负责搜索与跟踪猎物，也容易处于危险的最前沿。它相当于无人飞行器集群中的前端飞行器，它的游走行为相当于飞行器集群的目标搜索和跟踪行为，同时也容易受到敌方的探测、干扰、欺骗和毁伤等。

(3)猛狼是狼群中攻击能力强的部分，通常蛰伏在头狼周围，等待头狼进攻信号以围剿猎物。它相当于无人飞行器集群中的后端飞行器，它的围攻行为相当于飞行器集群的包围打击行为。

无人飞行器集群的协同突防打击任务可转化为狼群围猎的路径寻优问题，性能函数为

$$J = \max_{X^*} f(X) \tag{8-43}$$

式中，$f(X)$ 为目标函数或适应度函数；$X = (x, y)$ 为路径点位置。适应度函数与路径距离、离目标距离等因素相关，也把障碍物或威胁区作为惩罚因素，从而引导狼群向猎物靠近，同时也能绕开障碍物或避免进入威胁区。

面向无人飞行器集群协同突防打击任务的狼群优化算法流程如图 8-19 所示。首

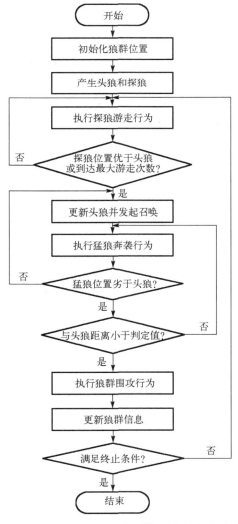

图 8-19 基于狼群优化的集群协同突防打击流程图

先，需要初始化狼群的位置；其次，依据一定的规则产生头狼和探狼，头狼可以直接进入下一次迭代；然后，先后进入探狼游走、头狼召唤、猛狼奔袭、狼群围攻等智能行为，过程中会按照最优性原则更新头狼；最后，按照"适者生存"的自然法则，适应度较低的一些人工狼将被淘汰，然后在头狼周围重新随机生成新的人工狼位置，从而更新狼群。算法反复迭代直至任务完成，否则满足其他终止条件。选择合适的适应度函数对于狼群优化算法的应用效果尤为重要，因为它既可以引导无人飞行器集群飞行目标，又可以引导集群安全地避开各种威胁。

8.4.5 基于混合人工势场-狼群优化的协同突防打击

针对无人飞行器集群协同突防打击任务，人工势场法通常存在距离过近导致的斥力过大、距离过远引起的引力异常以及易陷入局部最优等问题，而狼群优化算法存在适应度函数选择困难等问题。混合人工势场-狼群优化算法结合了人工势场法与狼群优化算法各自的优势，主要是在后者的适应度函数中引入了前者的势场力，较好地综合了局部和全局的搜索能力。

混合人工势场-狼群算法的主要步骤描述如下。

(1)狼群位置初始化。根据高斯分布随机产生人工狼群的初始位置：

$$X_0 = X_{\min} + r \cdot (X_{\max} - X_{\min}) \tag{8-44}$$

式中，$X_{\max}$、$X_{\min}$ 分别为狼群活动的最大与最小范围；r 为随机数。

(2)头狼产生规则。头狼即具有最优目标函数值的人工狼，位置更新公式为

$$X_h(t+1) = \begin{cases} X_h(t), & f_b(t+1) \leqslant f_h(t) \\ X_b(t+1), & f_b(t+1) > f_h(t) \end{cases} \tag{8-45}$$

式中，$X_b(t+1)$、$f_b(t+1)$ 分别为第 $t+1$ 代狼群中的最优位置及适应度值；$f_h(t)$ 为头狼的适应度值。

(3)探狼游走行为。狼群中除了头狼之外的具有较高适应度的一些狼选为探狼，探狼进入游走行为，它不断感知空气中的猎物气味，即计算适应度函数值，若优于头狼，则更新头狼；否则自主决策前进方向。主要原则是在避免与其他探狼位置过近的同时，形成向目标游走的趋向性。探狼游走的位置更新公式为

$$X_d^p = \begin{cases} X_d, & f_d \geqslant f_{db} \\ X_d + \Delta X_d \cdot \sin\left(\dfrac{2\pi p}{h}\right), & f_d < f_{db} \end{cases} \tag{8-46}$$

$$\begin{cases} f_d = f(X_d) \\ f_{db} = f\left[X_d + \Delta X_d \cdot \sin\left(\dfrac{2\pi p}{h}\right) \right] \end{cases} \tag{8-47}$$

式中，X_d^p 为探狼向第 p 个方向感知后所处的位置；f_d 为探狼当前位置的适应度；f_{db} 为

探狼游走过程中的最大适应度；h 为探狼游走的方向数；p 为探狼游走的方向编号；ΔX_d 为探狼游走的步长。探狼会选择气味最浓且优于当前位置的方向前进一步，然后继续游走直至优于当前的头狼位置或者达到最大游走次数，此时更新头狼位置并发起召唤。

（4）猛狼奔袭行为。头狼通过嚎叫发起召唤行为，召集猛狼向它的位置奔袭靠拢。奔袭过程中，若出现猛狼的位置优于头狼的位置，则同样将猛狼更新为头狼，重新发起召唤。猛狼奔袭的位置更新公式为

$$X_f(t+1) = X_f(t) + \Delta X_f \frac{X_h(t) - X_f(t)}{\left| X_h(t) - X_f(t) \right|} \tag{8-48}$$

式中，X_f、X_h 分别为猛狼和头狼的位置；ΔX_f 为猛狼奔袭步长。猛狼继续奔袭，直至与头狼的距离小于判定距离时加入围攻行列。

（5）狼群围攻行为。狼群将头狼位置视为猎物位置，猛狼经过奔袭已离猎物较近，它们联合探狼对猎物进行紧密围攻。狼群围攻过程中，若当前位置优于原位置，则更新位置，否则位置保持不变。若当前位置优于头狼位置，则更新头狼位置，转换围攻目标。狼群围攻的位置更新公式表示为

$$X_w(t+1) = X_w(t) + r \cdot \Delta X_w \cdot \left| X_h(t) - X_w(t) \right| \tag{8-49}$$

式中，ΔX_w 为攻击步长，与游走、奔袭步长有对应关系，常取 $\Delta X_w = \Delta X_d / 2 = \Delta X_f / 4$。

无人飞行器集群协同突防打击的仿真结果如图 8-20 所示。从图中可以看出，协同算法在很大程度上优化了突防过程中的集群运动轨迹，使集群能够实现威胁规避、机间防撞、伪目标探测及真实目标打击等能力，提高了飞行器集群突防打击的生存率和成功率。

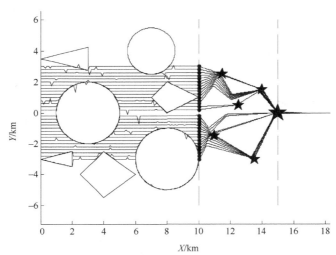

图 8-20　集群协同突防打击仿真结果

8.5　集群协同饱和攻击

　　高价值目标通常具有较强的防御系统，常规攻击手段有时难以奏效，无人飞行器集群饱和攻击是一种采用大规模集群来产生绝对火力优势的新型战术，使得敌方的防御系统容易出现饱和甚至失效。饱和攻击战术是指攻击方为了达到有效打击敌方高价值目标的战术目的，采用大密度、不同阵位和多角度的连续进袭策略，使敌方的防御系统在短时间内陷入饱和过载状态。本节研究一种基于 Dubins 曲线与一致性控制理论的无人飞行器集群饱和攻击方法[4]。

8.5.1　协同饱和攻击任务

　　无人飞行器集群饱和攻击的场景示意图如图 8-21 所示。假设飞行器集群由一群同构无人飞行器组成，即具有相同的功能和性能约束。飞行器集群的饱和攻击任务

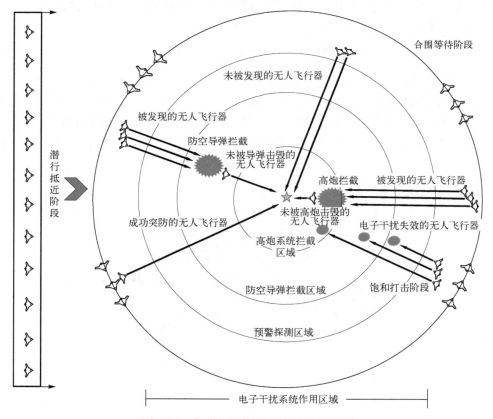

图 8-21　集群协同饱和攻击场景示意图

可以划分为潜行抵近、合围等待和突防打击等三个阶段。在潜行抵近阶段，飞行器集群探测到敌方高价值目标的位置以及空防火力覆盖范围之后，从较远位置开始潜行抵近，尽量在同一时间到达合围圈对应近点位置，合围圈处在敌方的预警探测圈外，以避免被探测到，同时也积蓄攻击力量。在合围等待阶段，飞行器集群调节相对位置确保多角度多阵位分布，形成均匀分布的合围圈并绕圈飞行，以增加突防过程中敌方防空系统转火与变角度定位时间，降低敌方空防效率。在突防打击阶段，飞行器集群以最快偏转速率将机头朝向目标，并以最大速度向目标发起自杀式攻击，通过时间和空间上的协同，使敌方空防全系统难以防御，从而提高了打击效率。

8.5.2　基于 Dubins 曲线的潜行抵近

Dubins 曲线常用于解决两个具有方向性的起始和目标点之间的最短路径问题，最短路径是由直线和最小曲率圆构成的分段曲线。

为满足饱和攻击场景要求，将常规二维 Dubins 曲线拓展成三维，通过调节 Dubins 航迹规划参数，使航迹平滑且附加时间一致性及威胁区规避条件。设起点和终点的位置点分别为 $P_S(l_s, \theta_s, h_s)$ 和 $P_F(l_f, \theta_f, h_f)$，其中，l 为飞行器相对于极坐标原点的距离，称为极径；θ 为飞行器相对于极坐标原点的相角，称为极角；h 为飞行器相对于地面坐标系的高度。以 n 个无人飞行器的航迹耗时方差为性能指标，对 Dubins 曲线进行优化：

$$
\begin{cases}
\min s_T^2 = \dfrac{1}{n}\sum_{i=1}^{n}(M_T - T_i)^2 \\
\text{s.t.}\begin{cases}
P_S(l_s, \theta_s, h_s) \xrightarrow{\ \Gamma\ } P_F(l_f, \theta_f, h_f) \\
M_T = \dfrac{1}{n}\sum_{i=1}^{n} T_i \\
\min(R_s, R_f) \geqslant R_{\min}
\end{cases}
\end{cases}
\tag{8-50}
$$

式中，Γ 为所规划的航迹点集合，$\Gamma = \{P_S, P_1, P_2, \cdots, P_k, P_F\}$，点集根据航迹平均速度与转弯半径约束的不同而不同；T_i 为第 i 个飞行器的航迹耗时；M_T 为 n 个飞行器的航迹耗时算术平均值；R_s、R_f 分别为起点圆与终点圆半径大小，两者应满足最小转弯半径约束。

无人飞行器的预设速度定义为

$$
V_i(t+1) = \begin{cases}
V_i(t) + \Delta V\, \mathrm{sign}[T_i(t) - M_T(t)], & T_i(t) \neq M_T(t) \\
V_i(t), & T_i(t) = M_T(t)
\end{cases}
\tag{8-51}
$$

式中，$\forall V_i \in [V_{\min}, V_{\max}]$；$\Delta V$ 为每次迭代的预设速度增量，使各飞行器到达目标点的时间趋近于该次迭代的所有飞行器航迹平均耗时，从而实现时间一致性协同。

无人飞行器的转弯半径定义为

$$R_i(t+1) = \begin{cases} R_i(t) + \Delta R, & \forall P(t) \in \Gamma(t), \quad \exists P(t) \in D \\ R_i(t), & \forall P(t) \in \Gamma(t), \quad \forall P(t) \notin D \end{cases} \tag{8-52}$$

式中，$\forall R_i \in [R_{\min}, +\infty]$；$\Delta R$ 为每次迭代的转弯半径增量；D 为敌方雷达探测范围或空防禁区覆盖区域。若规划出的航迹经过危险区域 D，则适当调节转弯半径，使各飞行器的航迹点均在危险区域之外，较好地实现危险规避。

当无人飞行器到达合围圈时，航迹耗时方差最小，得出的所有航迹的飞行速度集合 $V = \{V_1, V_2, \cdots, V_N\}$ 和安全飞行转弯半径集合 $R = \{R_1, R_2, \cdots, R_N\}$ 即为实现潜行抵近两个关键约束的最优解，由此可得

$$P_S(l_s, \theta_s, h_s, V, R) \xrightarrow{\quad \Gamma^* \quad} P_F(l_f, \theta_f, h_f, V, R) \tag{8-53}$$

式中，Γ^* 为各阶段飞行器的全局最优路径。

8.5.3　基于一致性控制的合围等待

无人飞行器集群潜行抵近目标后，以目标为中心、敌方雷达探测范围或空防火力覆盖范围为半径形成对目标的合围圈。

假设以目标为极坐标原点，极坐标系下的一致性合围控制目标设计为

$$\begin{cases} \lim\limits_{t \to \infty}\left[\theta_i(t) - \theta_j(t) - \dfrac{2\pi(i-j)}{n} \right] = 0 \\ \lim\limits_{t \to \infty}[l_i(t) - l_j(t)] = 0 \\ \lim\limits_{t \to \infty}[l_i(t) - R_a] = 0 \\ \lim\limits_{t \to \infty}[h_i(t) - h_j(t)] = 0 \end{cases} \tag{8-54}$$

式中，θ_i 为第 i 个飞行器相对极坐标原点的极角；$2\pi(i-j)/n$ 为机间期望角度差，当角度收敛于期望值，各飞行器均匀分布于合围圈；l_i 为第 i 个飞行器相对极坐标原点的极径；h_i 为第 i 个飞行器相对地面坐标系的高度值；R_a 为包围圈半径大小。

飞行器集群到达合围圈附近后，依照合围半径和相位差要求，形成固定的等分队形。根据一致性理论，设计常规的二阶一致性控制策略为

$$\begin{cases} \delta l_{i0} = -\sum\limits_{j=1}^{n_i'} a_{ij}[(l_i - l_j) + \gamma_l(\dot{l}_i - \dot{l}_j)] \\ \delta \theta_{i0} = -\sum\limits_{j=1}^{n_i'} a_{ij}\left\{ \left[\theta_i - \theta_j - \dfrac{2\pi(i-j)}{n} \right] + \gamma_\theta(\dot{\theta}_i - \dot{\theta}_j) \right\} \\ \delta h_{i0} = -\sum\limits_{j=1}^{n_i'} a_{ij}[(h_i - h_j) + \gamma_h(\dot{h}_i - \dot{h}_j)] \end{cases} \tag{8-55}$$

式中，δl_{i0}、$\delta \theta_{i0}$、δh_{i0} 分别为第 i 个飞行器的极径、极角和高度控制信号；$\dot{l}_i$、$\dot{\theta}_i$ 与 $\dot{h}_i$ 分别为第 i 个飞行器的极径、极角与高度变化率；γ_l、γ_θ、γ_h 为控制参数。

为使各个飞行器到达同一期望高度，运动半径收敛于目标合围圈附近，且绕合围圈进行均匀分布和编队飞行，设计改进的一致性控制策略：

$$\begin{cases} \delta l_{i1} = -k_l\,\mathrm{sign}(l_i - R_a) + \delta l_{i0} \\ \delta \theta_{i1} = -k_\theta\,\dfrac{1}{nR_a}\displaystyle\sum_{i=1}^{n}V_i + \delta \theta_{i0} \\ \delta h_{i1} = -k_h\,\mathrm{sign}(h_i - h_c) + \delta h_{i0} \end{cases} \tag{8-56}$$

式中，δl_{i1}、$\delta \theta_{i1}$ 与 δh_{i1} 分别为改进后的极径、极角和高度控制指令；$-k_l\mathrm{sign}(l_i - R_a)$ 分量用于判断飞行器位置是否位于合围圈上；$\displaystyle\sum_{i=1}^{n}V_i \Big/ (nR_a)$ 为形成均匀分布合围圈后飞行器前向速度对应的相角变化大小平均值，$-k_\theta\displaystyle\sum_{i=1}^{n}V_i \Big/ (nR_a)$ 分量为飞行器绕圈旋转的角度大小；$-k_h\mathrm{sign}(h_i - h_c)$ 分量为飞行器以 k_h 的高度变化量趋近于期望高度；k_l、k_θ、k_h 为控制参数。

基于二阶一致性算法的饱和攻击合围控制器，可以实现无人飞行器集群同时到达以目标为圆心，以安全距离为半径的合围圈上，并实现同一高度、同一圆周、同一速度、均匀分布地绕圈飞行。

8.5.4　全系统防御下的集群突防

无人飞行器集群为有效打击目标，需要依次突破预警探测区域、防空导弹拦截区与高炮系统拦截区，此外还要抵抗三个区域全覆盖的电子干扰。基于敌方全系统对抗概率模型，分析对飞行器的探测拦截概率，即可获取突防概率。

敌方全系统对抗概率模型表示为

$$\begin{cases} Q_L = 1 - P_L = 1 - (P_x)^{\frac{1}{1+S/N}} \\ Q_d = \left(1 - \dfrac{P_d}{\omega_d}\right)(1 - P_d)^{N_{d\max}-1} \\ Q_p = \left(1 - \dfrac{P_p}{\omega_p}\right)(1 - P_p)^{N_{p\max}-1} \\ Q_g = \left[1 - \dfrac{\mu_1\mu_2(\lambda + \mu_1 + \mu_2)}{(\lambda + \mu_1)(\lambda + \mu_2)(\mu_1 + \mu_2)}\right]\left(\dfrac{\sigma_t}{\sigma_t + \sigma_b}\right) \end{cases} \tag{8-57}$$

式中，Q_L 为飞行器对预警探测系统的突防概率；P_L 为雷达的目标发现概率；P_x 为雷达的虚警概率；S/N 为接收机的信噪比；Q_d 为飞行器对防空导弹武器系统的突防概率；P_d 为防空导弹的命中概率；ω_d 为防空导弹的平均必须命中数；$N_{d\max}$ 为防空导弹的最大拦截次数；Q_p 为飞行器对高炮武器系统的突防概率；$N_{p\max}$ 为高炮的最大射弹数；P_p 为高炮的命中概率；ω_p 为高炮的平均必须命中数；Q_g 为电子干扰系统的突防概率；λ 为飞行器的攻击密度，单位为个/s；μ_1、μ_2 分别为电子侦察设备和电子干扰设备的处理信号强度；σ_t、σ_b 分别为被攻击目标和箔条云团的雷达反射面积。

　　无人飞行器集群对敌方全系统防御的总突防概率表示为

$$
\begin{aligned}
Q &= (1-P_L)Q_g\left[(1-P_{fp})+P_{fp}Q_p^{\frac{K_2}{n(1-P_L)}}\right] \\
&\quad + P_L Q_g\left[(1-P_{fd})+P_{fd}Q_d^{\frac{n_d}{nP_L}}\right]\left[(1-P_{fp})+P_{fp}Q_p^{\frac{K_1}{nP_L}}\right]
\end{aligned}
\tag{8-58}
$$

式中，P_{fd}、P_{fp} 分别为防空导弹、高炮的服务概率；K_1、K_2 分别为高炮系统对远程与近界目标的射击总数；n_d 为防空导弹的发射总数；n 为无人飞行器集群的规模。

　　无人飞行器集群突防成功的飞行器数量表示为

$$
n_E = nQ
\tag{8-59}
$$

若已知期望的饱和攻击所需飞行器的数量，则可以逆推出期望的飞行器集群规模。

8.5.5　基于 Dubins 曲线与一致性控制的饱和攻击

　　无人飞行器集群使用一致性控制算法实现抵近、合围和攻击时，虽然能实现时间、空间和相位上的协同，但是如果各飞行器的初始状态不一致，容易引起轨迹控制出现不规则抖动与振荡，使控制效果不理想。为此，引入 Dubins 曲线方法，提高一致性控制算法的收敛速度，从而平滑飞行轨迹。

　　根据 Dubins 曲线获得任务坐标系下的导航目标航迹点，将大地坐标系下的目标航迹点指令转换到环形任务极坐标系下，可得

$$
\begin{cases}
l_c = \sqrt{(x_c-x_t)^2+(y_c-y_t)^2} \\
\theta_c = \arctan\left(\dfrac{y_c-y_t}{x_c-x_t}\right) \\
h_c = h_t
\end{cases}
\tag{8-60}
$$

式中，$P_c=\{x_c,y_c,h_c\}$ 为目标航迹点指令；$T=\{x_t,y_t,h_t\}$ 为环形任务中心位置。

　　将 Dubins 曲线生成的指令与一致性控制算法生成的指令进行融合，设计改进的集群控制策略为

$$\begin{cases} \delta l_{i2} = \alpha_l \delta l_{i1} - \beta_l(l_c - l_i) \\ \delta \theta_{i2} = \alpha_\theta \delta \theta_{i1} - \beta_\theta(\theta_c - \theta_i) \\ \delta h_{i2} = \alpha_h \delta h_{i1} - \beta_h(h_c - h_i) \end{cases} \tag{8-61}$$

式中，δl_{i2}、$\delta \theta_{i2}$、δh_{i2} 分别为融合后的极径、极角和高度控制指令；α_l、β_l、α_θ、β_θ、α_h、β_h 为控制参数。

在极坐标系下每个无人飞行器的动态方程表示为

$$\begin{cases} l_i(t+1) = l_i(t) + \delta l_i(t) \\ \theta_i(t+1) = \theta_i(t) + \delta \theta_i(t) \\ h_i(t+1) = h_i(t) + \delta h_i(t) \end{cases} \tag{8-62}$$

将极坐标位置转换为直角坐标位置为

$$\begin{cases} x_i = x_t + l_i \cos(\theta_i) \\ y_i = y_t + l_i \sin(\theta_i) \\ h_i = h_i \end{cases} \tag{8-63}$$

无人飞行器集群协同饱和攻击的仿真结果如图 8-22 所示[4]。从图中可以看出，飞行器集群能够平滑地抵近合围圈包围目标，并较好地完成协同饱和攻击任务。

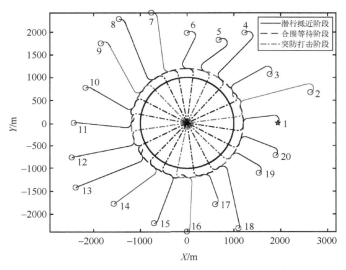

图 8-22 集群协同饱和攻击仿真结果(见彩图)

8.6 集群协同空战对抗

战场上一旦发现来袭飞行目标，通常会发射中近程防空导弹进行拦截摧毁，虽然它具备精确打击能力，但是防空火力对于飞行器集群而言容易饱和且效费比较低。

因此，采用无人飞行器集群对抗来袭飞行器集群，不失为一种新型的防御作战手段，有时也称为"红蓝对抗"，国内一般是我方为红方，敌方为蓝方，而国外一般相反。无人飞行器集群空战对抗是一群无人飞行器与另一群飞行器之间展开空中动态对抗，作战过程通常采用缠斗、包围、进攻、逃逸、增援等策略，而自组织、智能化协同策略往往是制胜的关键因素。本节主要研究基于自适应模拟退火-遗传优化算法的集群空中动态对抗方法[2]和基于兰彻斯特方程-粒子群优化的飞行器集群空战对抗方法[3]。

8.6.1 协同空战对抗任务

无人飞行器集群既可以由同构飞行器组成，也可以由异构飞行器组成；飞行器既可以携带导弹实施攻击，也可以采用自杀式攻击；既可以采用混合作战模式，也可以采用分群作战模式；既可以直接对抗，也可以迂回对抗，战术灵活、多变。作战区域内一般不考虑地形、障碍物等自然环境要素，但是通常需要考虑电子干扰密集区、通信静默区、电磁屏蔽区及厚密云层天气影响等战场环境要素。

无人飞行器集群协同空战对抗的场景示意图如图 8-23 所示。空中动态对抗的目标是在一定时间内最大限度地摧毁敌方飞行器集群，同时避免己方集群内部发生碰撞。因此，无人飞行器集群需要具备协同感知、通信、决策、控制、防撞、攻击等

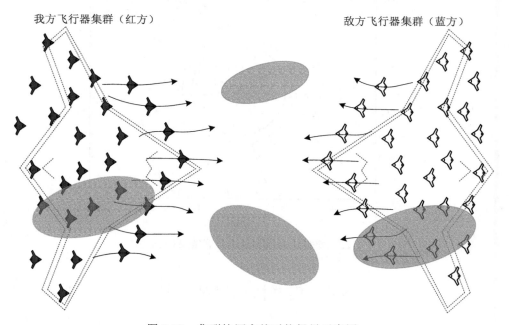

图 8-23 集群协同空战对抗场景示意图

能力。若采用分布式协同策略，则集群对抗的一般流程为飞行器集群通过传感器探测获取当前态势信息，并通过组网通信进行信息共享；各飞行器根据所获态势信息，进行协同目标分配，由于战场态势动态变化，可能还需要进行目标重分配；各飞行器指定目标后，进行航迹规划与运动控制；各飞行器在抵达攻击点后，发射导弹或进行自杀式攻击；本轮空战对抗结束后，进行毁伤评估，然后进入下一轮对抗，直至空战结束。

8.6.2　基于自适应模拟退火-遗传优化的协同对抗

假设空战对抗的无人飞行器集群双方都由探测能力相同、携带弹药数不同、自身平台性能不同的异构飞行器组成，每个飞行器均能正确识别敌我以及在线决策。

1. 态势评估

空战对抗中的威胁要素较多，这里选取敌方飞行器的类型、距离、速度、高度及角度作为威胁程度评估因素。

(1)类型威胁要素。敌方飞行器的类型不同，就会有不同的攻击方式、攻击性能等特点，所对应的威胁程度也就不同。敌方飞行器的量化隶属度 T_t 可以根据飞行器种类(如轰炸机、战斗机、电子战飞机、预警机或其他飞机)选取不同的常值。

(2)距离威胁要素。敌我双方飞行器的距离越近，威胁程度就越大。距离威胁要素的量化隶属度表示为

$$T_d = \begin{cases} 1, & d_{ik} \leqslant r_i \\ \exp[-k_{d1} \cdot (d_{ik} - r_i)^2], & r_i < d_{ik} \leqslant d_{max} \\ \exp[-k_{d2} \cdot (d_{ik} - k_{d3})^2], & d_{ik} > d_{max} \end{cases} \tag{8-64}$$

式中，d_{ik} 为敌我双方飞行器的距离；r_i 为我方飞行器攻击半径；d_{max} 为集群区域防空最大距离；k_{d1}、k_{d2}、k_{d3} 为常系数。

(3)速度威胁要素。敌方飞行器的飞行速度越大，威胁程度就越大。飞行速度的量化隶属度表示为

$$T_v = \begin{cases} k_{v1} \cdot V_k, & V_k \leqslant V_i \\ 1 - \exp[-k_{v2}(V_k - k_{v3})], & V_k > V_i \end{cases} \tag{8-65}$$

式中，V_k 为敌方飞行器的飞行速度；V_i 为我方飞行器的飞行速度；k_{v1}、k_{v2}、k_{v3} 为常系数。

(4)高度威胁要素。敌我双方飞行器的飞行高度差越小，威胁程度就越大。高度威胁的量化隶属度表示为

$$T_h = \begin{cases} 1, & h_{ik} \leqslant h_{Lmax} \\ k_{h1}^{(k_{h2}h_{ik})} + k_{h3}, & h_{Lmax} < h_{ik} \leqslant h_{Mmax} \\ \exp[-k_{h4} \cdot (h_{ik} - h_{Lmax})^2] + k_{h5}, & h_{ik} > h_{Mmax} \end{cases} \tag{8-66}$$

式中，h_{ik} 为敌我双方飞行器的飞行高度差；$h_{L\max}$、$h_{M\max}$ 分别为低高度差和中高度差；k_{h1}、k_{h2}、k_{h3}、k_{h4}、k_{h5} 为常系数。

（5）角度威胁要素。敌我双方飞行器的相对航向角越小，威胁程度就越大。角度威胁的量化隶属度表示为

$$T_{\varphi} = \mathrm{e}^{-k_{\varphi}\varphi_{ik}^2} \tag{8-67}$$

式中，φ_{ik} 为敌我双方飞行器的相对航向角；k_{φ} 为常系数。

将上述威胁要素进行加权求和即可得到威胁值，考虑到各威胁因素之间的非线性动态关系，将自适应权重思想引入目标威胁评估中，使评估结果更为合理。例如，距离威胁要素的权重更新公式表示为

$$w_d = \begin{cases} \alpha_{d1} \cdot d_{ik} + \beta_{d1}, & d_{ik} \leqslant r_i \\ \exp\left[-\dfrac{\alpha_{d2} \cdot (d_{ik} - r_i)}{d_{B\max} - r_i}\right], & r_i < d_{ik} \leqslant d_{B\max} \\ \exp\left[-\dfrac{\alpha_{d3} \cdot (d_{ik} - d_{B\max})}{d_{M\max} - d_{B\max}}\right], & d_{B\max} < d_{ik} \leqslant d_{\max} \\ \beta_{d2}, & d_{\max} < d_{ik} \end{cases} \tag{8-68}$$

式中，$d_{B\max}$ 为编队防空最大距离；α_{d1}、α_{d2}、α_{d3}、β_{d1}、β_{d2} 为常系数。同理，其他各威胁要素可以构造量化向量，计算变权重向量，从而实现在线动态威胁评估。

2. 目标分配

对于作战复杂多变的空中动态对抗场景，设有 n 个初始位置不同的无人飞行器，将要执行打击 m 个散布在任务空间内不同位置的目标。目标分配问题转化为函数优化问题，优化目标是使剩余目标威胁值最小且目标期望杀伤值最大，因此目标分配模型可以表示为

$$\begin{cases} \min F = \displaystyle\sum_{i=1}^{n}\sum_{k=1}^{m}\left[T_{ik} \times \prod_{l=1}^{n_m}(1-H_{lk})^{X_{lk}}\right] \\ \max E = \displaystyle\sum_{k=1}^{m}\left[1 - \prod_{l=1}^{n_m}(1-H_{lk})^{X_{lk}}\right] \end{cases} \tag{8-69}$$

式中，F 为剩余目标威胁值，用目标总存活率来衡量；E 为目标期望杀伤值，这里用目标摧毁数量来衡量；T_{ik} 为目标对我方飞行器的威胁评估矩阵；$X_{lk}=1$ 表示第 k 个目标受到第 l 枚导弹的攻击，$X_{lk}=0$ 表示未受攻击；n_m 为导弹总数量；H_{lk} 为第 l 枚导弹对第 k 个目标的毁伤概率，它与作战环境、作战态势以及导弹的理想毁伤概率有关，表示为

$$H_{lk} = \kappa S_{ik} K \qquad (8\text{-}70)$$

其中，$0 < \kappa < 1$ 为环境影响因子；S_{ik} 为第 l 枚导弹所属的飞行器 i 对目标 k 的态势优势，且 $S_{ik} = 1 - T_{ik}$；K 为导弹理想杀伤概率。

采用自适应模拟退火-非支配排序遗传优化算法，即可求解上述目标分配问题。

3. 运动控制

集群运动控制主要通过模拟自然界生物群体的自组织行为来实现，行为主要包括目标吸引、结对、防撞、凝聚等。集群中的每个飞行器具有自主性，依据行为规则实现集群行为的一致性和协同性。集群的智能行为离不开通信，采用常规的动态拓扑结构，有时会不利于集群系统的稳定性和实时性，引入动态遮挡拓扑方法不仅可以有效地控制通信通道数，而且可以提高通信网络的相对稳定。

无人飞行器集群协同对抗的仿真结果如图 8-24 所示[2]。从图中可以看出，红蓝双方在空中进入了混战状态，都有飞行器战毁，异构飞行器之间也展现了较好的协同能力。

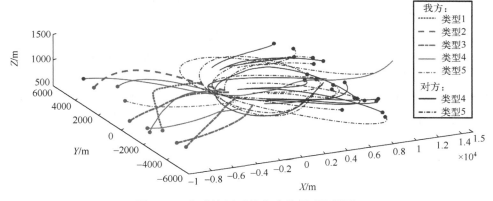

图 8-24　集群协同对抗仿真结果（见彩图）

8.6.3　基于兰彻斯特方程-粒子群优化的协同对抗

假设敌我双方都采用同构的小型低成本无人飞行器集群，无人飞行器的抗打击能力、携弹量、机动性能等均一致，双方飞行器以随机位置进入战场，发生有限区域内的遭遇战，并且考虑到空战对抗环境具有随机性，在战场上设有可变数量的迷雾区域，以模拟电子干扰、通信静默、电磁屏蔽及厚密云层等战场环境要素。

考虑到集群空战对抗作战任务的复杂性，引入兰彻斯特方程，结合粒子群优化，设计态势评估和目标分配算法，实现最大攻击收益及最小损失机动。无人飞行器集群协同空战对抗的总体过程如图 8-25 所示。

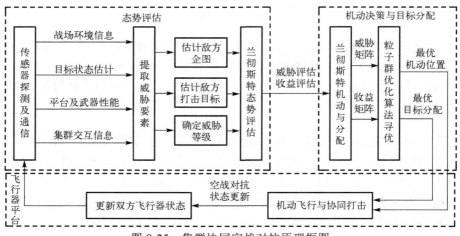

图 8-25　集群协同空战对抗原理框图

1. 态势评估

建立群目标态势评估模型，数据预处理、提取威胁要素模块需要输入战场环境信息、平台及武器性能、目标状态及属性估计，其中，战场环境信息不仅包括常规战场信息，还包括战场云层迷雾信息，平台及武器性能包括隐身性能与空战效能，目标状态及属性估计包括角度威胁信息、距离威胁信息、高度威胁信息和速度威胁信息。该态势评估以杀伤最大化及伤亡最小化作为基本原则，除战场环境信息外，考虑静态威胁指数为机体隐身性能、武器空战效能，动态威胁指数为角度、距离、速度及高度，通过数据处理，形成态势评估模型，从而得到威胁评估矩阵和优势评估矩阵。

战场迷雾生成规则表示为

$$\begin{cases} V_{ci} = \dfrac{r_2}{\sigma} V_c = \dfrac{r_2}{\sigma} L_T W_T H_T \mathrm{e}^{-\frac{\sigma \bar{V}(n+m)}{r_1 + (4\pi)^3 k_c}} \\[4mm] x_{ci} = \dfrac{\left(\left\lfloor \dfrac{3i}{\sigma} \right\rfloor + r_3 \right) L_T}{3} \\[4mm] y_{ci} = r_4 W_T \\[2mm] h_{ci} = r_5 H_T \end{cases} \tag{8-71}$$

式中，L_T、W_T、H_T 分别为任务空域的总长、总宽和最大高度差；V_c 为随机生成的迷雾区域总体积；V_{ci} 为对应第 i 个迷雾区域的体积；(x_{ci}, y_{ci}, h_{ci}) 为第 i 个迷雾区域的中心位置；σ 为迷雾区域的数量；k_c 为云朵体积约束因子；$\bar{V}$ 为飞行器的平均速度；n、m 分别为我方和敌方飞行器的数量；$r_1 \sim r_5$ 为随机量；$\lfloor \cdot \rfloor$ 为向下取整符号。

迷雾区域对飞行器集群协同空战对抗存在影响，例如，一方飞行器进入迷雾区域，另一方飞行器因为难以准确定位对方，所以对方不在它的目标分配范围内，但是对方根据机间通信依旧可以定位及攻击它。因此，当敌方第 k 个飞行器进入战场随机迷雾区域时，对我方飞行器集群的威胁评估矩阵改写为

$$
T = \begin{bmatrix}
T_{11} & \cdots & \zeta_c T_{1k} & \cdots & T_{1m} \\
\vdots & & \vdots & & \vdots \\
T_{i1} & \cdots & \zeta_c T_{ik} & \cdots & T_{im} \\
\vdots & & \vdots & & \vdots \\
T_{n1} & \cdots & \zeta_c T_{nk} & \cdots & T_{nm}
\end{bmatrix}
\tag{8-72}
$$

式中，T_{ik} 为我方第 i 个飞行器受到敌方第 k 个飞行器的综合威胁指数；$\zeta_c > 1$ 为迷雾区域威胁增益。同理，我方飞行器对敌方飞行器的优势评估矩阵改写为

$$
S = \begin{bmatrix}
S_{11} & \cdots & S_{1k} = 0 & \cdots & S_{1m} \\
\vdots & & \vdots & & \vdots \\
S_{i1} & \cdots & S_{ik} = 0 & \cdots & S_{im} \\
\vdots & & \vdots & & \vdots \\
S_{n1} & \cdots & S_{nk} = 0 & \cdots & S_{nm}
\end{bmatrix}
\tag{8-73}
$$

式中，S_{ik} 为我方第 i 个飞行器对于敌方第 k 个飞行器的综合收益指数。当我方飞行器对迷雾区域内的敌方飞行器进行攻击时，收益为 0。

2. 基于兰彻斯特方程的机动决策与目标分配

兰彻斯特方程是一组描述交战过程中双方兵力动态变化的微分方程组，它是一种经典的作战进程预测方法。它采用应用数学方法研究敌对双方的武器、兵力消灭过程，因其能够实现从评估到作战的一体化集成，所以在协同作战领域有重要的应用前景。

协同空战对抗的态势评估主要包括基于目标概率分布的参量法和基于几何信息解算的非参量法。在非参量法态势评估基础上，引入兰彻斯特方程，可以预测空战对抗的演变过程，由此指导飞行器进行机动以降低飞行器集群的整体威胁。

因此，在获取空战战场信息后，使用基于兰彻斯特方程的改进非参量法进行威胁评估，计算兰彻斯特机动决策综合威胁指数，进而确定各飞行器的最优机动策略。除了评估当前威胁外，还可以选择机动来降低整体威胁。设无人飞行器具有一定的防御能力，单次打击存在概率损伤而非一次性击毁。由此，基于兰彻斯特方程的威胁评估模型表示为

$$
\begin{cases}
\dfrac{\mathrm{d}x_i}{\mathrm{d}t} = -\displaystyle\sum_{k=1}^{m} (\omega_a T_{a,ik} + \omega_d T_{d,ik} + \omega_v T_{v,ik} + \omega_h T_{h,ik} + \omega_{rcs} T_{rcs,ik} + \omega_c T_{c,ik}) p_{ik} y_k \\
\dfrac{\mathrm{d}y_k}{\mathrm{d}t} = -\displaystyle\sum_{i=1}^{n} \alpha_{ki} p_{ki} x_i
\end{cases}
\tag{8-74}
$$

式中，x_i、y_k 分别为我方和敌方飞行器的剩余防御性能；T_a、T_d、T_v、T_h、T_{rcs}、T_c 分别为角度、距离、速度、高度、隐身和空战效能威胁指数；ω_a、ω_d、ω_v、ω_h、ω_{rcs}、ω_c 为权重；p_{ik}、p_{ki} 分别为敌方对我方、我方对敌方飞行器的攻击概率；α_{ki} 为我方飞行器对敌方飞行器的损耗率。

设计前飞、左转、右转、爬升、降高等无人飞行器空战机动动作，根据机动动作指令，可以获得下一时刻飞行器的运动信息，并可以计算飞行器机动之后的威胁评估值为

$$T_i = \sum_{k=1}^{m} (\omega_a T_{a,ik} + \omega_d T_{d,ik} + \omega_v T_{v,ik} + \omega_h T_{h,ik} + \omega_{rcs} T_{rcs,ik} + \omega_c T_{c,ik}) p_{ik} y_k \tag{8-75}$$

式中，T_i 为我方第 i 个飞行器机动后的威胁评估值，由此决策出飞行器以最低威胁机动飞行。

一方对另一方的威胁可视为其收益，兰彻斯特方程中表现为攻击概率的差别，表示为

$$\begin{cases} \dfrac{\mathrm{d}x_i}{\mathrm{d}t} = -\beta_{ik} \left(\dfrac{\gamma_a}{S_{a,ik}} + \dfrac{\gamma_d}{S_{d,ik}} + \dfrac{\gamma_v}{S_{v,ik}} + \dfrac{\gamma_h}{S_{h,ik}} + \dfrac{\gamma_{rcs}}{S_{rcs,ik}} + \dfrac{\gamma_c}{S_{c,ik}} \right) y_k \\ \dfrac{\mathrm{d}y_k}{\mathrm{d}t} = -\alpha_{ki} p_{ki} x_i \end{cases} \tag{8-76}$$

式中，γ_a、γ_d、γ_v、γ_h、γ_{rcs}、γ_c 为权重；S_a、S_d、S_v、S_h、S_{rcs}、S_c 分别为我方对敌方的角度、距离、速度、高度、隐身和空战效能优势指数；β_{ik} 为敌方飞行器对我方飞行器的损耗率系数。

我方第 i 个飞行器打击敌方第 k 个飞行器后，我方剩余防御能力的当前时刻衰减率记为 S_{ik}，得到我方对敌方飞行器的综合优势评估矩阵为

$$S = \begin{bmatrix} S_{11} & \cdots & S_{1k} & \cdots & S_{1m} \\ \vdots & & \vdots & & \vdots \\ S_{i1} & \cdots & S_{ik} & \cdots & S_{im} \\ \vdots & & \vdots & & \vdots \\ S_{n1} & \cdots & S_{nk} & \cdots & S_{nm} \end{bmatrix} \tag{8-77}$$

式中，S_{ik} 也可称为兰彻斯特方程解算出的我方对敌方打击后的收益，该值越大，则打击效果越好，敌方对应飞行器损毁率越高。

获得综合优势评估矩阵后，我方对敌方的目标分配矩阵为

$$Z = \begin{bmatrix} Z_{11} & \cdots & Z_{1k} & \cdots & Z_{1m} \\ \vdots & & \vdots & & \vdots \\ Z_{i1} & \cdots & Z_{ik} & \cdots & Z_{im} \\ \vdots & & \vdots & & \vdots \\ Z_{n1} & \cdots & Z_{nk} & \cdots & Z_{nm} \end{bmatrix} \tag{8-78}$$

式中，$Z_{ik}=1$ 表示我方第 i 个飞行器发射导弹打击敌方第 k 个飞行器，$Z_{ik}=0$ 表示不分配。

3. 基于粒子群优化的机动决策与目标分配

在集群协同空战对抗任务中，根据双方态势信息进行目标分配，通常追求威胁最小化和收益最大化。目标分配算法众多，也各有优缺点。例如，传统的矩阵分配法，具有较好的快速性和时效性，基于优势评估矩阵，依据选取规则从所有矩阵元素中找出最符合条件的元素，并将与该元素相对应的我方飞行器与目标形成配对。优势评估矩阵仅仅描述了一方飞行器对另一方飞行器的自主优先权，而在目标分配时还需要综合考虑协同作战原则和约束条件，进行协同优先权排序，选择协同作战最有利的分配方案。

因此，在兰彻斯特方程的基础上，引入粒子群优化算法，搜索到使集群全局威胁最小化的飞行机动位置，算法流程如图 8-26 所示。同时，采用粒子群优化算法快速解算全局最优分配方案，使得最大化攻击收益，算法流程如图 8-27 所示。

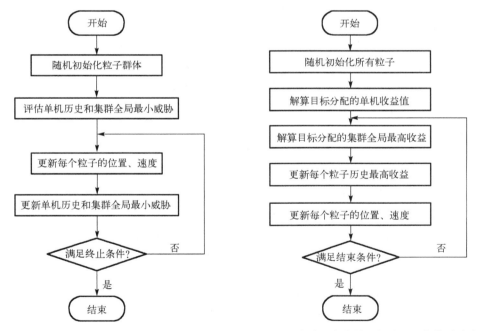

图 8-26　威胁最小化的机动位置寻优算法流程图　　　图 8-27　收益最大化的目标分配寻优算法流程图

智能优化算法中基于适应度值的寻优机制与空战对抗中的收益最大化、威胁最小化机制相匹配，跟踪个体最优及全局最优的双极值更新机制能够使集群快速获得全局最优决策，从而在提高集群生存率的同时，增强作战能力。

无人飞行器集群协同对抗的仿真结果如图8-28所示[3]。从图中可以看出，基于兰彻斯特方程-粒子群优化的协同对抗算法提高了飞行器集群的机动规避、生存与打击能力，具有较好的可行性、快速性及优越性。

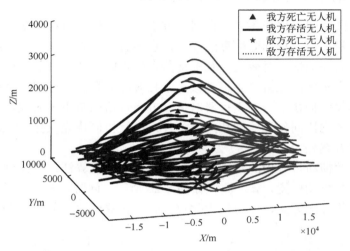

图8-28　集群协同动态对抗仿真结果（见彩图）

除了本章描述的典型协同作战任务之外，协同察打、围捕、追逃和博弈等问题也得到了广泛的研究[5]。此外，新一代人工智能技术快速发展，强化学习、深度学习等智能算法将在未来无人飞行器集群协同作战领域发挥越来越重要的作用。

参 考 文 献

[1] 陈棪. 无人机集群协同侦察任务规划及仿真研究[D]. 南京: 南京航空航天大学, 2020.

[2] 张丹萌. 无人机自组织集群协同攻击任务规划技术研究[D]. 南京: 南京航空航天大学, 2020.

[3] 陆晓安. 无人机集群作战任务规划与智能控制技术研究[D]. 南京: 南京航空航天大学, 2020.

[4] 陆晓安, 浦黄忠, 甄子洋, 等. 基于改进一致性算法的无人机集群饱和攻击[J]. 电光与控制, 2021, 28(8): 31-35.

[5] WEN L D, ZHAO Y L, ZHEN Z Y, et al. Cooperative fencing control with UAV swarm based on saturation attack mission[C]. 2022 International Conference on Guidance, Navigation and Control, Harbin, 2022.

第 9 章　无人系统集群智能跨域协同

无人系统种类丰富、用途广泛，能够满足未来作战任务对广域、机动等方面的需求，是现代军事力量的倍增器，已成为跨域作战体系中的重要组成部分。无人系统集群跨域协同是指陆、海、空、天等不同空间运行的无人系统集群通过信息共享、数据融合、行为交互、协同控制紧密联系，建立起功能互补的一体化系统，提升复杂环境下的任务执行能力。无人系统集群跨域协同是未来无人系统和武器装备应用发展的重要趋势。

本章主要阐述无人系统集群的跨域协同作战概念、跨域无人系统基本原理、跨域协同指挥与控制以及跨域协同任务模式等内容。

9.1　跨域协同作战概念

近年来美国不断强化跨域、多域、全域等作战概念研究，通过所有作战领域（陆、海、空、天、网）快速且持续地整合，旨在特定时间窗口形成多重优势，从而形成未来战争中的非对称优势。

2009 年底，美国国防部提出"空海一体战"（air sea battle）概念，旨在有效应对所谓的"反介入/区域拒止"（A2/AD）挑战，整合美国空军、海军力量及亚太地区盟友来共同对付潜在的区域性竞争对手。

2012 年，美国国防部在 *Joint Operational Access Concept* 中首次提出"跨域协同"（cross-domain synergy）概念，并被 *Capstone Concept for Joint Operations: Joint Force 2020* 列为核心要素之一。

2016 年，"多域战"（multi-domain battle）概念正式列入新颁布的美国陆军条令出版物中，作为陆军两大基础性条令之一。2017 年，美国陆军和海军陆战队联合发布 *Multi-Domain Battle: Evolution of Combined Arms for the 21st Century* 白皮书。2018 年 12 月，美国陆军发布 *The U.S. Army in Multi-Domain Operations 2028* 文件，正式将"多域战"概念更名为"多域作战"（multi-domain operations，MDO），方案示意图如图 9-1 所示[1]。该战略将美国国家安全的重点从打击世界各地的暴力极端分子转向对抗具有军事实力的大国，通过校准力量态势、运用多域编队、达成多域融合三个核心原则的组合应用，旨在实现美国国防战略中阐明的战略目标，特别是在竞争和冲突中威慑和击败对手。

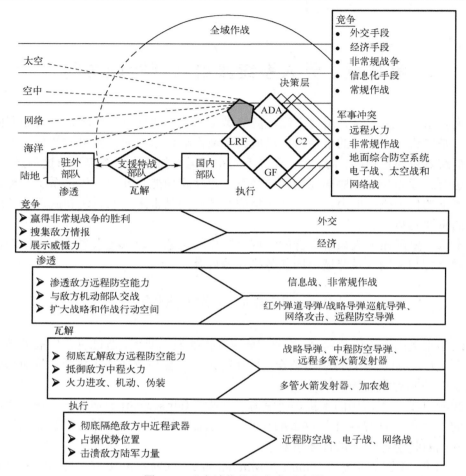

图 9-1　"多域作战"方案示意图

2019 年，美国国防部成立由参谋长联席会议和四大军种组成的联合委员会，旨在研究基于全域作战的新联合作战概念，描述未来由所有作战领域构成的作战空间实施联合作战所需的能力要求，由此提出了联合全域作战(joint all-domain operation，JADO)概念。JADO 概念主要由美国空军主导开展研发，各军种也开展相应计划，大力推进联合全域作战项目实施，如空军的先进作战管理系统(advanced battle management system，ABMS)项目，海军的超越计划(project overmatch)，陆军的"汇聚工程"(project convergence)。JADO 连接了所有领域内作战力量的分布式传感器和火力单元，通过基于任务的分布式指挥系统，打破了各军种之间的传统界限，从各领域选择可用的有人/无人作战单元进行快速组合或重组，寻求作战效果的最优化。

2020 年，美国参谋长联席会议副主席约翰·海顿(John Hyten)宣布美军正在研究一种全新的联合作战概念——联合全域指挥和控制(joint all-domain command and control，JADC2)[2]。将来自所有军事部门(空军、陆军、海军、海军陆战队和太空部队)的传感器连接到一个网络中，协同运用多种能力实现跨域的效率互补，创造跨域的行动优势。传统上每个军种都开发了自己的战术网络，这导致与其他军种的战术网络不兼容。JADC2 设想为联合作战力量提供一个云环境，以共享情报、监视和侦察数据，通过许多通信网络进行传输，从而更快地进行决策。JADC2 通过物联网将众多传感器与武器系统连接起来，使用人工智能算法辅助决策，它从众多传感器收集数据，使用人工智能算法处理数据来识别目标，然后推荐最佳武器——包括动力武器和非动力武器(如网络或电子武器)来打击目标，从而帮助指挥官做出更好的决策。JADC2 为塑造未来联合部队指挥与控制能力提供了方法，以便在战争的各个层次、阶段和领域进行感知、理解和行动。JADC2 超越了任何单一的能力、平台或系统，使联合部队能够使用越来越多的大数据，实现指挥与控制的自动化和智能化。

2020 年，美国空军发布 *Air Force Doctrine Note 1-20: USAF Role in Joint all-Domain Operations*，首次将联合全域作战(JADO)与联合全域指挥和控制(JADC2)纳入空军条令。联合全域作战旨在陆、海、空、天、网络等五个领域展开协同作战，跨域协同正是其本质和关键。设想发生武装冲突时，联合作战力量在多域协同的基础上进行远程火力打击，以渗透和瓦解敌人的 A2/AD 能力，尤其是远程防空和火力系统，赢得战略和作战行动自由。在敌方纵深的近距离作战中，通过火力进攻、机动、伪装等行为，从物理和虚拟双重层面隔绝敌军与下属部队的联系，实现局部作战优势。在此基础上，联合作战部队巩固作战成果，充分发挥决策层的优势，结合指挥与控制(command and control，C2)、先进决策体系(advanced decision architectures，ADA)、远程火力(long-range fires，LRF)、地面部队(ground force，GF)等系统，进一步隔绝敌军中近程武器，采取一系列作战行动击败敌军，实现战略目标。

2021 年，美国陆军启动了多域特遣部队(multi-domain task force，MDTF)，它以多层级航程精确火力投送系统为核心，整合战区级别的卫星侦察、太空情报、电子战、防空反导能力，应对未来潜在对手的 A2/AD 能力，协助美军及其盟友开展海、陆、空、天、电等多个领域的联合作战行动。武器系统具备远中近分层的精确火力投送能力，区域防空反导能力，以及相应范围内的先期侦察、火力引导、毁伤评估等能力。各多域特遣部队设立了负责战区协调的全域作战中心(all-domain operations center，ADOC)，ADOC 拥有 24/7 的全天候战略值班能力，可以协调 MDTF 下辖的单位进行作战。MDTF 编制构成如图 9-2 所示，下辖情报信息/网络/电子战和太空营、战略火力营、防空营、旅团支援营。情报信息/网络/电子战和太空营下设军事情报连、通信连、远程态势感知连、信息保障连；战略火力营下设远程高超声速武器营、中程作战营、多管火箭炮营；防空营下设防空预警连、防空导弹发射连等[3]。通过编制可以发现，MDTF 实质上是一个具备近/中/远程三级精确火力打击能力的"火力旅"，并配备战区级别的侦察-通信-指挥系统。该作战部队配备的远程高超声速武器系统能够发射最大射程为 1725km，速度超过 6100km/h 的高超声速导弹，可以在到达大气层顶部后停留在敌方导弹防御系统射程之外等待攻击，提供了强大威慑能力。在作战中，MDTF 具有对敌持续情报感知能力和快速机动反应能力，占据作战前期的主导权，削弱敌方的军事力量，通过指挥侦察情报信息网络可以让指挥官对战场态势做到清晰认知，从而辅助决策。

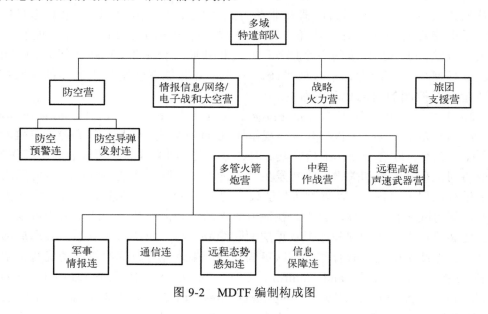

图 9-2　MDTF 编制构成图

9.2　跨域无人系统

9.2.1　无人系统分类

无人系统一般包括无人机、无人车、无人水面艇、无人水下航行器和无人空间飞行器。

美国的典型无人系统分类如下所述[4]。

(1)无人机。按照最大起飞质量、飞行高度和速度，无人机可以分为 5 类，如表 9-1所示。

表 9-1　无人机系统分类表

无人机类型	最大起飞质量/lb	通常工作高度/ft	速度/kn	典型无人机型号
类别 1	0～20	<1200，AGL	100	WASP Ⅲ，TACMAV，RQ-14A/B，BUSTER，BATCAM，RQ-11B，FPASS，RQ-16A，Pointer，Aqua/Terra Puma
类别 2	21～55	<3500，AGL	< 250	ScanEagle，Silver Fox，Aerosonde
类别 3	<1320	<18000，MSL	< 250	RQ-7B Shadow，RQ-15 Neptune，XPV-1 Tern，XPV-2 Mako
类别 4	<1320		任意空速	MQ-5B Hunter，MQ-8B Fair Scout，MQ-1C ERMP，MQ-1A/B/C Predator
类别 5	<1320	>18000，MSL	任意空速	MQ-9 Reaper，RQ-4 Global Hawk，RQ-4N BAMS

注：AGL、ft(1ft=3.048×10⁻¹m)、kn(1kn=0.5144444m/s)、lb(1lb=0.453592kg)、MSL 分别代表离地高度、英尺、节、磅、平均海平面。

(2)无人车。按照 2001 年的美国联合机器人项目（joint robotic program，JRP）标准，无人车可以分为 7 类：微型，质量小于 8lb；微小型，质量介于 8～30lb；轻小型，质量介于 31～400lb；小型，质量介于 401～2500lb；小中型，质量介于 2501～20000lb；中型，质量介于 20001～30000lb；大型，质量大于 30000lb。

(3)无人水面艇。按照长度和续航能力，无人水面艇主要分为 4 个等级：X 级、港口级、潜水器级和舰队级，如表 9-2 所示。

表 9-2　无人水面艇的类型与任务

性能优先级	联合能力区	制海权	任务	X 级	港口级（7m）	潜水级（7m）	舰队级（11m）
1	战场侦测/接近/沿海控制	海上防卫	水雷反制		扫雷投送，搜索，压制	扫雷搜索，牵引，投送，压制	扫雷清除，投送，压制
2	战场侦测/接近/沿海控制	海上防卫	反潜作战			海上防卫	保护通道和海上防卫
3	战场侦测	军力网	海上安全		情报、侦察与监视，火炮，有效载荷		7m 有效载荷
4	战场侦测/接近/沿海控制	海上防卫	水面作战		水面作战，火炮	水面作战（鱼雷）	水面作战，火炮，鱼雷
5	战场侦测/接近/沿海控制/非常规作战	海上打击	特战支援	支援特战部队	支援特战部队		其他投送任务（特战部队）
6	战场侦测/指挥与控制/非常规作战/作战网络/沿海控制	海上打击	电子对抗		其他指令	高功率电子战	高功率电子战
7	战场侦测/稳定/非常规作战/沿海控制	海上打击	支援海上拦截行动	支援11m无人水面艇的海上特别任务	情报、侦察与监视，火炮，有效载荷		

（4）无人水下航行器。按照质量，无人水下航行器可以分为 4 类，如表 9-3 所示。

表 9-3　四类无人潜航器的参数

类型	直径/in	排水量/lb	储备待用最高耐久/h	储备待用最低耐久/h	装载量/ft³
便携式	3～9	<100	<10	10～20	<0.25
轻型	12.75	100～500	10～20	20～40	1～3
重型	21	500～3000	20～50	40～80	4～6
大型	>36	3000～20000	100～300	≫400	15～30（外挂货舱）

注：1in=2.54cm。

（5）无人空间飞行器。它主要包括卫星和其他补给飞行器，没有特定划分类别。

9.2.2　无人系统自主等级

美国国家标准与技术研究所智能系统部（Intelligent System Division，National Institute of Standards and Technology，ISDNIST）定义了无人系统自主级别（autonomy levels for unmanned systems，ALFUS），按照人类独立性、任务复杂性和环境复杂性，无人系统的自主等级被划分为 0～10 级，涵盖了遥控系统到自动驾驶系统。表 9-4 给出了每个等级的 OODA 循环描述[4]。

表 9-4　ALFUS 等级

等级	等级描述	观察（态势感知）	调整（分析协调）	决定（决策）	行动（能力）
10	完全自主	认知战场一切	必要的协同	完全独立	几乎不需要指导
9	战场群体认知	作战推理-自身和他人（盟友和敌人）的意图；复杂/密集环境-目标跟踪	战略群体目标分配；敌人战略推断	分布式战术群体规划；个体战术目标确定；个体任务规划/执行；战术目标选择	在没有指导帮助下，群体完成战术目标
8	战场认知	邻近推断-自身和他人（盟友和敌人）的意图；降低对飞机/车/船载数据的依赖	战略群体目标分配；敌人战略推断	协同战术群体规划；个体任务规划/执行；选择目标时机	群体在最少指导下完成战术目标
7	战场理解	短暂跟踪感知-有限空间、时间和数量的历史和未来战场数据；由飞机/车/船载数据补充的有限推理	战术群体目标分配；敌人轨迹估计	个体任务规划/执行以实现目标	群体在最少指导下完成战术目标
6	实时多无人系统协同	远程感知-远程车载传感，辅以飞机/车/船载数据	战术群体目标分配；敌人位置感知/估计	协同轨迹规划和执行以实现目标，群体最优化	群体在最少指导帮助下完成战术目标
5	实时多无人系统协同	传感器感知-本地传感器检测，并与飞机/车/船载数据融合	战术群体计划分配；健康诊断，补偿大多数故障和飞行条件；预测故障；群体诊断和资源管理	轨迹重规划-优化当前和预测条件；避障	群体完成外部分配的战术计划；空中防撞；在无威胁情况下，编队间距尽可能小

续表

等级	等级描述	观察(态势感知)	调整(分析协调)	决定(决策)	行动(能力)
4	对故障/事件自适应	谨慎感知-盟友通信数据	战术计划分配;战斗规则分配;健康诊断,补偿大多数故障和飞行条件	轨迹重规划-事件驱动的资源管理;消除冲突	个体完成外部分配的战术计划;中等空域间隔
3	对实时故障/事件鲁棒响应	健康/状态历史和模型	战术计划分配;健康诊断,补偿大多数控制故障和飞行条件	评估状态与任务所需的能力;中止/返回基地	个体完成外部分配的战术计划
2	执行可变化的任务	健康/状态传感器	健康诊断;离线重规划	根据任务和健康状况执行预先编程或上传的计划	个体完成外部分配的战术计划
1	执行预先计划的任务	预加载任务数据;飞行控制和导航	飞行前后的内置测试;报告状况	预先编程的任务和中止计划	要求宽阔的空域间隔
0	遥控	飞行控制(高度、速率)感知,头部摄像头	遥测数据;远程飞行员指令	无	通过远程遥控

9.2.3　无人系统作战任务

美国国防部给出了无人系统的潜在作战任务路线图,具体任务包括通信,情报、监视和侦察,打击,作战力量保护,电子战,海战,陆战,运输和空战等,如图 9-3 所示[4]。

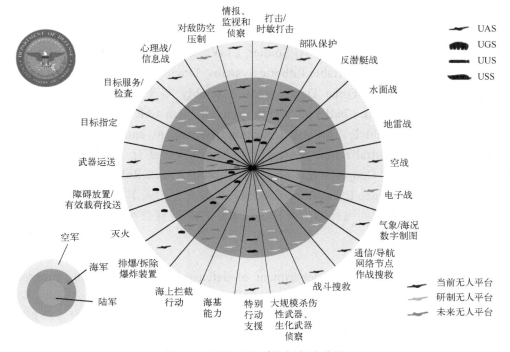

图 9-3　美国无人系统任务路线图

无人系统的军事应用可追溯到第一次世界大战，德国海军使用有线导航系统引导的 FL 船（Fernlenkboote）进行攻击和摧毁沿海航运。第二次世界大战中，苏联红军曾使用遥控坦克，美国海军曾使用无人机攻击防守严密的目标。几十年来，无人系统的研究和开发在全球范围内不断发展，它可以替代人员去执行危险任务，如监视和爆炸装置探测，有助于避免训练有素的人员的伤亡，还可以帮助指挥官做出更好、更及时的决策，并有可能保持人员的安全。

美国现有的无人飞行器主要有 MQ-1 "捕食者"（通用原子航空系统公司）、MQ-9 "收割机"（通用原子航空系统公司）、"扫描鹰"（波音公司）、RQ-11B "乌鸦" 和 "黄蜂" III（AeroVironment 公司）、"沙漠鹰"（洛克希德·马丁公司）、"航空探测器" 和 RQ-7 "阴影"（AAI 公司）、"苍鹭"（以色列航空航天工业公司）、"赫尔墨斯" 450/ "守望者"（以色列埃尔比特系统公司）、RQ-5 "猎人" 和 RQ-4 "全球鹰"（诺思罗普·格鲁曼公司）等固定翼无人机，也有 MD4-200（Microdrone 公司）、T-Hawk/gMAV（霍尼韦尔公司）等旋翼无人机，还有 FINDER（美国海军研究实验室）等微型无人飞行器。

美国现有的无人水面艇主要有 Protector（Rafael/BAE Systems）、Antisubmarine Warfare USV、Mine Counter Measures（MCM）等。

美国现有的水下航行器主要有 Remus（Hydroid Inc.）、Battlespace Preparation Autonomous Undersea Vehicle（海军研究实验室）、Littoral Battlespace Sensing AUV、Bottom UUV Localization System 等。

美国现有的无人地面车主要有 Soldier UGV、Combined Operations Battlefield Robotic Asset、Man Transportable Robotic System、Dragon Runner、Mesa Associates' Tactical Integrated Light-Force Deployment Assembly 等小型无人车；也有 Metal Storm、Remote Detection, Challenge, and Response System（ARFL）、Gladiator Tactical Unmanned Ground Vehicle、Mobile Detection Assessment and Response System、Remote Ordnance Neutralization System 等中型无人车；还有 Crew-integration and Automation Test-bed、Cooperative Unmanned Ground Attack Robots 等重型无人车；以及 Automated Ordnance Excavator、CRUSHER 等大型无人车。

美国现有的无人空间飞行器主要有 Space X-37B（波音公司）等。

9.2.4　人在回路

美国国防部人体工程项目（department of defense human engineering program，DDHEP）对人类和机器擅长的功能给出了现代诠释。

（1）人类擅长的功能包括：探测某些形式的极低能级现象或物体；对各种刺激的敏感性；感知模式并对其进行归纳；能够长时间存储大量信息，并在适当的时候回忆起相关事实；能够在事件无法完全确定的情况下做出判断；即兴创作和采用灵活的程序；对意外低概率事件的反应能力；在解决问题时运用独创性，即交替解决方案；从经验中获益并改变行动过程的能力；能够进行精细操作，尤其是在出现意外错位的情况下；过载时继续执行的能力；归纳推理的能力。

（2）机器擅长的功能包括：对人和机器的监视能力；执行常规、重复或非常精确的操作；对控制信号的响应非常快；在短时间内存储和读取大量信息；快速执行复杂高精度的计算；能够感知超出人类感知范围的信息，如红外线、无线电波等；并行执行不同的任务；平稳而精确地施加大量的力；对外界因素不敏感；能够长时间进行快速、连续、精确的重复操作；在对人有害或超出人的承受能力的环境中操作；利用现有信息进行演绎推理的能力。

然而，人类和机器也都有各自的缺点，表 9-5 列出了人类和机器发生错误的常见来源[4]。

表 9-5　人类和机器发生错误的常见来源

人类	机器
• 记忆衰退 • 遗漏错误 　-行动失败或拖延行动 　-错误行动 • 因采取行动或失误而产生的意外结果 • 缺乏知识 • 缺乏经验 • 恐惧因素	• 可靠性水平 • 编程错误 • 易受病毒攻击 • 对错误刺激的反应 • 易受停电影响 • 不兼容导致不正确的数据转换

按照 OODA 循环来对比人类和机器军事力量的结果如表 9-6 所示[4]。一般来说，人类善于决定，而机器善于行动，这些品质并不意味着人类或机器更适合指挥和控制的任何一个阶段。任何复杂的系统或任务都可能需要人类和机器输入的动态组合。

表 9-6　人类和机器在 OODA 循环中的不同优势

	人类军事力量	机器军事力量
观察	低能量探测； 对各种各样的刺激敏感； 感知模式并对其进行归纳	对人和机器的持续监视能力； 对超出人类感知范围的信息感知能力，如红外线、无线电波等； 对外界扰动因素不敏感
调整	能够长时间储存大量信息，并在适当的时候回忆起相关事实； 过载时继续工作的能力	在短时间内存储和读取大量信息； 快速执行复杂高精度的计算
决策	能够在事件无法完全确定的情况下做出判断； 对意外低概率事件的反应能力； 解决问题时具有独创性，即替代方案； 从经验中获益并改变行动的能力； 归纳推理的能力	推理能力

续表

	人类军事力量	机器军事力量
行动	实时决策并采用灵活的程序； 尤其是在出现意外的情况下，能够执行精细的操作	执行常规、重复或非常精确的操作； 对控制信号的响应非常快； 并行执行不同的任务； 平稳而精确地施加大量的力； 能够长时间进行快速、连续、精确的重复操作； 在对人有害或超出人的承受能力的环境中操作

9.3　跨域协同指挥与控制

9.3.1　目标与要求

　　未来战场将越来越多地使用无人系统作为作战力量，因此有必要构建一个协同信息网络。当现有指挥与控制结构无法满足大量有人和无人系统的作战需求时，需要设计一种新的指挥与控制体系结构。为了在 2030 年实现有人/无人系统集群的协同工作，美国海军研究生院在美国海军远征作战司令部（Navy Expeditionary Combat Command，NECC）的资助下，提出了新一代有人/无人系统指挥与控制架构[4]。该体系结构展示了在整个作战空间信息传播所需的强大数据共享协作，信息共享由一个不受物理媒体、任务能力或地理位置限制的协同信息网络提供，将允许大量有人和无人节点在单个指挥与控制体系结构运行，通用接口将实现载人和无人系统之间的系统互操作性，允许系统内的任何节点利用所有节点的集体信息执行任务。这种具有通用接口的开放式体系结构将允许美国作战力量与政府机构或联盟作战力量完全集成。

　　该指挥与控制架构的目标描述为以下几个方面。

　　(1)增强作战力量。新时代的体系结构概念必须通过改进情报、监视和侦察(ISR)体系，让指挥官和规划者更好地了解整个作战空间，从而提高作战力量在更高指挥级别上的能力。通过利用更及时、更完整的信息，指挥官将有机会缩短 OODA 循环。此外，开放式架构设计确保联盟作战力量和政府机构可以与作战力量一起作战，并提高整体能力。

　　(2)保护资源。该系统必须保护几类重要的国家资源，包括人员、设施和设备。从战略到战术层面来讲，降低生命风险已经成为一个重要的考虑因素，所以军事人员的价值将会继续增长。而人员成本继续上升，又需要技术能力更强的作战力量，个人训练需求通常也随之增加。军事规划者希望提高功能性的能力，同时又可以将人类操作员从危险位置移除。更好的战场意识能更好地为作战力量保护关键基础设施做好准备。设施和设备可以增加危险预警时间，指挥官可以适当匹配作战力量以保护优先事项。

(3)提供有效合理的解决方案。未来无人集群作战中,决定性因素很可能是提供特定作战能力的成本。美国国防部将面临预算有限的挑战。因此,新型无人集群作战必须设计为高效的且遵守现有的成本限制。在战场上实施无人系统将极大地降低军事人员成本。随着训练有素的作战人员被无人作战方式取代,对维护和操作系统的技术人员提出了较高的要求。

在该指挥与控制架构下,无人系统作战平台的关键能力包括以下几点。

(1)自我保护。随着更多智能无人系统在战区的出现和人工智能的进步,这些无人系统可以作为自我保护战术的一部分。它们可以被用作高价值资产的"盾牌",或者被用作探测外部威胁的前向传感器,并有被敌人发现和火力击落的风险。

(2)自组网/自修复网络。在一个主要平台被摧毁的情况下仍能执行任务至关重要,有必要建立自组网/自修复网络机制,确保主节点的正确继承,还需要对网络路径进行自适应路由,以确保关键信息/数据仍能传回总部。

(3)跨介质转播。作战环境由多种介质组成,包括空间、空中、陆地和海洋。为了实现数据通信和网络冗余的最佳覆盖范围,需要开发跨介质转播能力。这不仅可以扩大通信范围,还可以提高网络的生存能力。

(4)传感器/平台多样性。为了确保最大限度的检测,需要使用一套不同视角的传感器。因此,需要不同的平台和传感器协同工作,以确保最大的传感器覆盖范围和完整的态势感知。当前的指挥与控制体系结构无法支持此类功能,因为大多数体系结构过于专注特定任务,无法在不同节点之间实现有效的命令和信息流。需要建立一个强大的体系结构以支持无人系统集群作战力量的动态特性。

该指挥与控制架构的功能需求描述为以下几点。

(1)自主防护:通过有人和无人系统的合作,提高高价值单元的保护水平。

(2)跨介质传播:能够跨可用通信资产传输数据,例如,从飞机到水下的潜航器。

(3)通信中继:协同网络能够依赖每个平台接收数据和信息,然后重新传输到作战空间内的其他节点。

(4)自封主无人系统:任何无人系统都可以承担对大量无人系统的战术控制。

(5)自组网/自修复网络:无人系统发生故障或丢失,并不妨碍集群运行。

(6)集群行为:能够使跨域无人系统运用集群战术的控制方法。

(7)传感器/平台多样性:传感器必须能够利用所有的必要可观测物,如声波和电磁波。

(8)不同程度的自主性/人工智能:无人系统按要求的自主级别运行,例如,需要高度自主的无人系统才能有效地使用通信网络来实施集群战术和行动。

该指挥与控制体系具有较高的可靠性、维护性、生存性、支持性、经济性、灵活性、互操作性等特点,其特征要素如下所述。

(1)指挥与控制要素:允许知识共享使每个指挥官能够以协调方式将其资源用于

完成任务，有效的知识共享和一致行动使得指挥权分散、作战节奏加快，启用 OODA 循环允许监控和了解情况，制定不同的行动方案和充分知情的决策，加快了 OODA 循环的执行速度。

（2）通信与网络要素：接口通过互操作性和通用通信标准实现，信息共享的关键接口包括同域和跨域的无人系统到无人系统，无人系统到有人系统，无人系统到指挥与控制中心，以及有人系统到指挥与控制中心。信息融合可以使作战空间中的大量传感器和信息共享设备生成对人类或人工智能可视且直观的报告。信息保障是一种高度依赖网络化运营的数据安全能力。可扩展性是指实现远程通信和信息共享。射频通信抗干扰能力是指具有高效的战术通信，允许在低到高电子战威胁环境中运行。跨介质传播实现不同介质无人系统之间的无缝集成。建立一个地理上分散的实时通信网络，需要具有高带宽的低延迟网络。

（3）运行与作战要素：耐久性决定多久更换一次资产，无人系统通常执行监视和保护任务，这就要求其具备高耐久性。无人系统具备多级别自主性，允许其基于任务要求和带宽要求由低至高自主运行。任务能力资产是指用于执行所需任务的无人系统具有击败敌人威胁的能力，如隐身、火力和传感器能力。

9.3.2　指挥与控制结构

该指挥与控制架构以 OODA 循环为指导，OODA 循环是美国海军 Boyd 在 20 世纪 70 年代初提出的一个信息化战争的信息战略概念，基本原理如图 9-4 所示[4]。通过 OODA 循环的功能分解，可以涵盖指挥与控制架构定义的关键要素，包括规划、组织、指挥、协调和控制作战力量，将其应用于无人系统集群，即可实现信息共享和执行扩展的 OODA 循环。

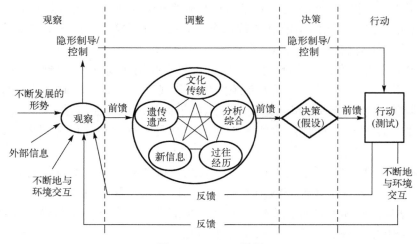

图 9-4　OODA 循环

　　基于美国国防部体系结构(department of defense architecture framework，DoDAF)框架，无人系统跨域协同系统的高级作战概念图(OV-1)如图 9-5 所示[4]。该系统由有人系统、无人系统、人员、指挥中心、计算机网络、广播或转播站、卫星等所有节点及其接口组成，这些节点及其接口在作战空间中运行。有人/无人系统将在单一架构下运行，允许系统内的任何节点利用所有节点的集体知识执行任务。

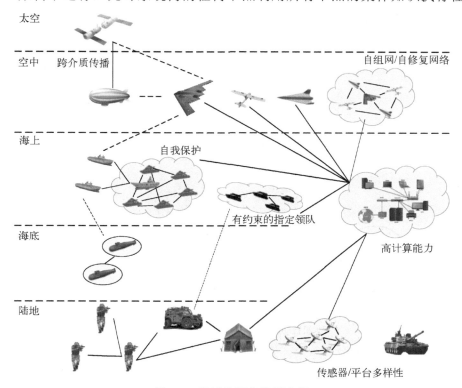

图 9-5　跨域协同作战概念图

　　作战节点连接描述(OV-2)显示操作节点之间的连接性和信息流。防护性作战行动的目标是在资产周围形成物理防护盾，以阻止动态攻击，相互作用关系如图 9-6 所示[4]。由于无人系统的速度受到限制，一个潜在策略是在反舰巡航导弹路径上操控无人机机动飞行，以吸引破坏性能量。

　　搜索作战行动的目标是使用分布在无人系统上的传感器组合，集体协同搜索和跟踪行动区域内的目标，相互作用关系如图 9-7 所示[4]。不同类型的传感器(雷达、光电/红外、高光谱成像)在不同地形中寻找目标的效率不同。由于多个传感器同时监视同一作战区域，发现难以捉摸目标的可能性更大。

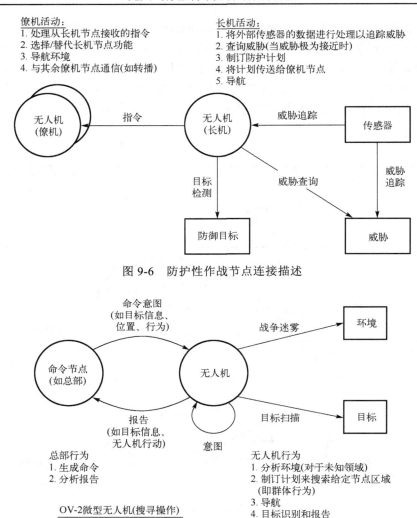

图 9-6　防护性作战节点连接描述

图 9-7　搜索作战节点连接描述

作战信息交换矩阵(OV-3)显示了节点之间交换的信息、交换的相关属性，如介质、质量、数量以及所需的互操作性级别。OV-3 矩阵可以通过一个信息交换模型进行创建，作战环境中指挥部、有人系统和无人系统三类节点之间的典型信息流如图 9-8 所示[4]。

作战活动模型(OV-5)显示了不同系统节点的活动、活动之间的关系、输入和输出。军事力量保护的作战活动模型如图 9-9 所示[4]。无人系统与外部传感器交换数据，并将资产和威胁信息发送到协作网络。协作网络向指挥部发送威胁信息，指挥部将在任务规划中使用该信息。无人系统的活动包括感知环境、评估友军能力、评估威胁和风险、分析环境、选择行动方案、执行指定任务、导航和更新任务状态。图中,COA(course of action)表示行动方案。侦察作战活动模型如图 9-10 所示[4]。无人系统与外部传感器交换信息,并将数据发送到协作网络,协作网络处理输入数据,并向指挥部发送传感器图片,以便指挥部可以在规划中使用处理后的传感器图片,然后指挥部向无人系统发送命令。

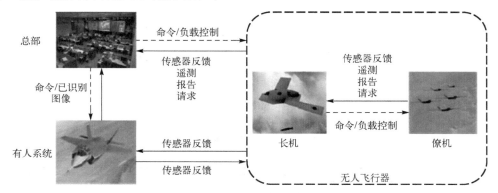

图 9-8　指挥与控制信息交换模型

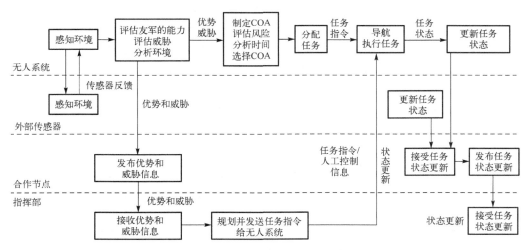

图 9-9　军事力量保护的作战活动模型

高级概念系统视图(SV-1)如图 9-11 所示,采用分层系统构建方法,系统组成包括以下几点[4]。

(1)操作系统以及商用产品。该层包含操作系统和所需的通信堆栈。根据应用程序的不同,此级别包含的项目将是定制的操作系统或固件,或用于低级别通信的设备驱动程序。

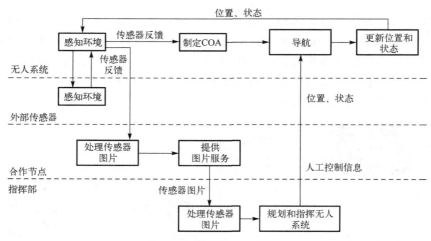

图 9-10 侦察作战活动模型

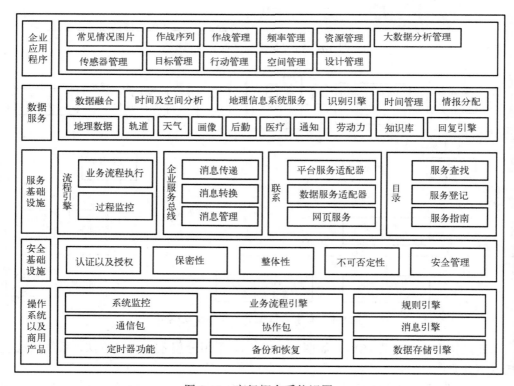

图 9-11 高级概念系统视图

（2）安全基础设施。建立安全基础设施，以提供必要的信息保障。该层隔离操作系统。

（3）服务基础设施。该层提供的服务包括流程引擎、消息传递、到原有系统的连接以及应用程序调用的目录查找。将原始通信堆栈与应用程序隔离，提高了可移植性、模块化和可维护性。

（4）数据服务。为各种不同的数据形式/格式提供了标准接口。此外，该数据层为企业应用程序提供服务，以形成面向服务的框架。

（5）企业应用程序。该层允许定制应用程序支持不同的环境和任务。与前几层不同，企业应用程序层可以安装在平台本身。

9.3.3　通信与网络结构

无人系统集群跨域协同控制能力受到通信能力的限制，协同通信需要保证各无人系统通信单元的系统鲁棒性和工作效率。通信与网络系统提供了传输机制，以便在部队实体之间及时地、有组织地传递信息。指挥与控制系统将地理分散的传感器信息连接起来，形成一幅实时的通用作战图。现场通用作战画面有利于指挥官及时做出反应，并根据不断变化的事件做出明智的决策。通信与网络系统支持向执行应对措施的节点高效地发布命令，目的是缩短 OODA 循环周期中的"传感器到射手"时间。

针对空中/水面无人系统集群，卫星通信提供全球区域覆盖，实现部队之间的超视距通信，可用于弥合指挥和控制中心与大量远程无人系统之间的远距离间隔，同时保持远距离防区外距离。未来无人系统技术将实现执行任务的高度自治，操作人员将不再需要对无人系统进行直接控制。对于在超视距（>1000km）范围内运行的大型集群无人系统，就卫星通信射频频谱而言，很难将每个无人系统连接到其指挥中心。因此，无人系统集群引入主从式运算（master-subordinate operation）概念，以减少回溯业务需求，这将把战术无线网络的星形拓扑转换为树形拓扑，如图 9-12（a）所示[4]。在同一区域内作战的无人系统也可以组成一个本地战术网络集群，每个集群中的一个无人系统会被指定为有条件的自选主机，通过远程链路将流量中继到指挥中心，本地战术网络由战术数据链网络或移动自组织网络（mobile ad-hoc network，MANET）组成，如图 9-12（b）所示[4]。如果主机被摧毁或与集群隔离，本地战术网络

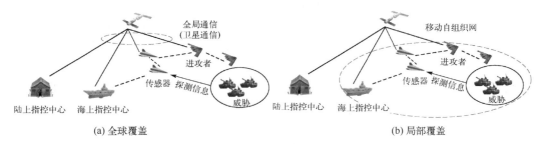

(a) 全球覆盖　　　　　　　　　　　　　　　　(b) 局部覆盖

图 9-12　空中/水面无人系统集群通信网络

会在集群内重新指定一个新主机。MANET 无须设置中央接入点或基础设施，网络中的每个节点都能通过网络路由传递信息，由于每个无线节点的移动特性，网络会动态频繁地变化，为具有固定基础设施的互联网开发的传统路由算法无法在节点可以随时加入和离开网络的环境中工作。路由可以连接多个具有不同功能的异构链路。因此，MANET 具有自形成和自愈合路由的能力，并且高度可靠，易于部署。

对于大型地面无人系统，直接地对地通信链路通常会受到地形和植被的影响，而卫星通信覆盖连接大量无人系统可能会耗尽卫星通信资源。一种替代方案是使用空中通信节点进行中继通信，具体可以使用高空长航时平台工作站，如图 9-13 所示[4]。无人系统可以链接到已覆盖、可接入的高空长航时平台工作站。目前接入网的潜在技术是战术数据链和 WiMax。从蜂窝基站到接入网或高空长航时平台工作站的链路形成多层核心网主干，以扩展陆地战区广域通信的覆盖范围。

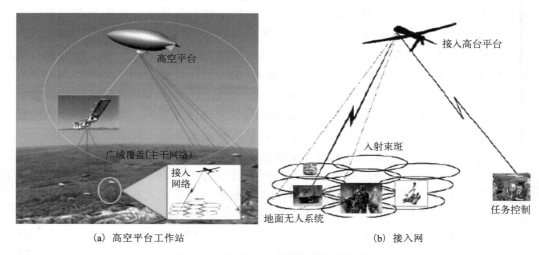

(a) 高空平台工作站　　　　　　　　　　　　(b) 接入网

图 9-13　地面无人系统集群通信网络

对于水下无人系统，声波、光波、极低频无线电波(30~300Hz)是常用的水下通信方法。声波最为常用，它具有远距离传输能力。无线电波通过导电海水传播，但需要大天线和高发射机功率。光波不会受到太大的衰减，但会受到散射的影响。现代水声系统运行的新兴通信场景是由固定和移动节点组成的水下数据网络，这些节点包括浮标、水下航行器或其他永久节点，该网络旨在提供多个网络节点之间的数据交换，如控制、遥测、语音和视频信号，远程用户可以通过无线链路访问网络，该无线链路连接到基于地面站的中心节点。尽管声波具有远距离性能，但其在水中的传播速度(约1500m/s)比射频传播速度(3×10^8m/s)慢很多。对于无人水下航行器集群，主系统承担射频到声学通信中继的角色，并利用声学通信组件集群局域网，如图 9-14 所示[4]。如果战术任务允许，水面舰艇可以同时用作集群网络的指挥控制中心和主系统。

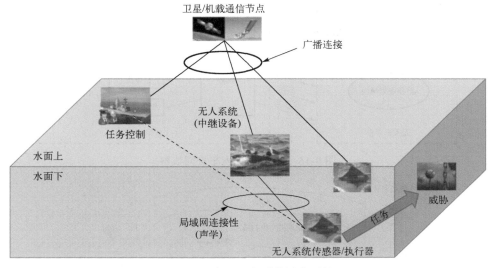

图 9-14 水下无人系统通信网络

ad-hoc 网络是一种非集中的自组织无线网络,无须固定的基础架构,并且网络中的每个节点都可以移动,能够实时与其他节点接触,被广泛应用于地面和空中无人系统网络。

9.4 跨域协同任务模式

9.4.1 空中/地面无人系统协同

2012 年,德国锡根大学等单位联合研究了无人机、无人车的跨域协同控制系统,系统架构如图 9-15 所示,基于北大西洋公约组织(North Atlantic Treaty Organization,NATO)(简称北约)制定的作战管理语言(battle management language,BML)开发指挥和控制系统,以机器人操作系统(robot operating system,ROS)作为通信平台,跨域无人平台能够完成向指定位置移动、多角度侦察、巡逻、广域侦察等行为,从而验证了其在作战区域侦察任务中的可行性[5]。

2013 年,葡萄牙的研究团队在对 Tagus 河进行污染物检测的过程中,利用无人机和地面无人作业车进行协同控制,实现复杂环境中有害物质的采样、存储和运输,作业过程如图 9-16 所示,无人机先对任务区域进行扫描,识别采样点并绘制一条可供地面无人作业车同行的安全路径,无人作业车随即按照规划路径通行,并将当前的遥测数据发送到控制站,到达每个采样点后提取地形样品,无人机提供实时图像辅助操作员工作,采样任务完成后返回基地[6]。

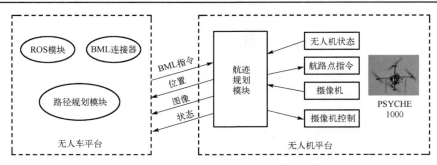

图 9-15　无人机/无人车协同侦察

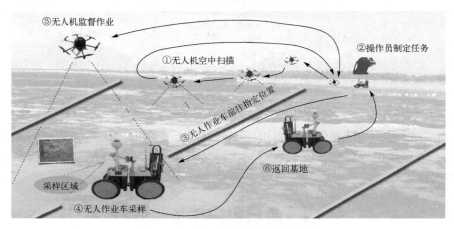

图 9-16　无人机/无人车协同检测

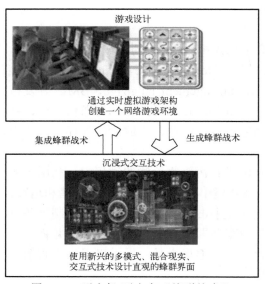

图 9-17　无人机/无人车"蜂群战术"

2017 年，美国 DARPA 发布了进攻性蜂群使能战术（offensive swarm-enabled tactics，OFFSET）项目，旨在设计、开发和验证大规模自主空中/地面无人系统集群的开放式协同体系架构，谋求在垂直建筑、密集空间、通信受限的城市环境中，快速开发和部署无人系统集群并形成战斗力。目前，已开发了一系列能够执行指挥员意图的"蜂群战术"（图 9-17），在基于推演的虚拟环境中编码，并在由地面无人车、旋翼和固定翼无人机组成的集群物理平台上展示，协同完成目标侦察、态势感知等任务，并进行了数次外场试验验证。

2019 年，美国 DARPA 发起"地下挑战赛"，以促进对大型地下环境(如隧道、矿山、地下城市基础设施、洞穴等)的导航、定位、测绘及搜索技术发展。地下环境自主协同探索任务中，行走机器人和无人飞行器之间进行协同，利用 ANYmal 四足机器人部署中继节点来扩展系统的通信网络，四旋翼无人机和 Gagarin 无人飞行器进行综合感知和自主定位，在不利于感知和通信的复杂地下环境中完成导航、探测、制图和搜索任务。协同搜索任务规划算法流程如图 9-18 所示，局部规划模式引导无人系统在当前位置进行有效探索，全局规划模式引导无人系统搜索区域远处边界，并可以有效地实现障碍物规避和禁行区绕行[7]。

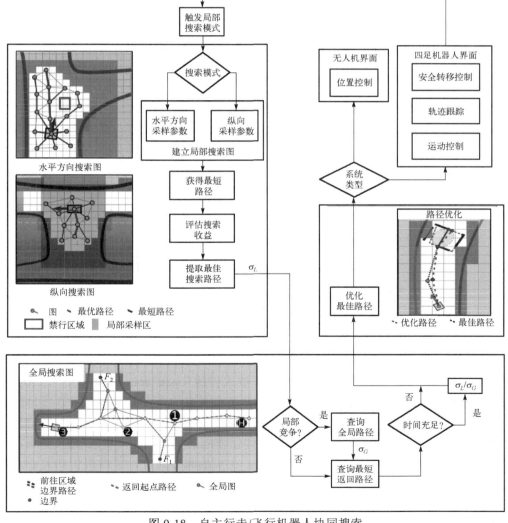

图 9-18　自主行走/飞行机器人协同搜索

9.4.2 空中/水面/水下无人系统协同

2015 年，为了探索面向海洋的跨域协同体系，美国 DARPA 启动了"跨域海上监视和瞄准"（cross-domain maritime surveillance and targeting，CDMaST）项目，总体系统架构如图 9-19 所示。该项目在广阔的任务海域中分散部署了先进的载人系统、无人系统、武器系统和海底系统，通过协同控制实现大范围的海面侦察与打击，涉及导航、定位与授时，通信与网络，作战管理，指挥与控制，后勤保障等关键技术。2021 年底，美国雷声公司与 DARPA 合作完成了 CDMaST 项目的演示验证。

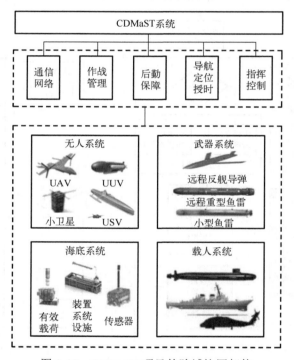

图 9-19　CDMaST 项目的跨域协同架构

2019 年，欧盟发起了欧洲海上感知开放式作战（open cooperation for European maritime awareness，OCEAN 2020）项目，10 余个国家的众多机构参与了该项目的实施，通过协同多种无人系统，实现对广域战场环境的持续监测和用于海上拦截的态势感知。为了消除各海军系统跨域协同一体化作战的壁垒，提高有人/无人系统之间的互操作性，验证整体协同架构的有效性，在实战演习前进行了虚拟仿真验证，评估无人系统的最佳传感器、执行器配置。跨域协同系统的分布式建模和仿真框架如图 9-20 所示，使用虚拟专用网络进行远程访问，集成了多种模型和仿真平台，实现了数据处理、数据融合、视频处理，分析了不同环境条件、干扰因素分析对光电传感器视频流和雷达信噪比的影响，补充、预测并降低实战演习可能发生的风险[8]。

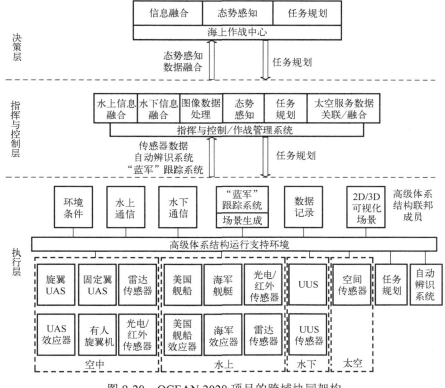

图 9-20　OCEAN 2020 项目的跨域协同架构

2019 年 11 月，OCEAN 2020 项目在地中海进行了第一次联合演习，集合了意大利、西班牙、希腊和法国等 6 支海军作战部队，4 个海上作战中心及通信监视卫星、1 处欧盟海上作战中心，集结了 4 架无人飞行器(UAS)、3 艘无人水面艇(USV)和 2 艘无人水下航行器(UUV)，各系统间的数据传输和分布架构如图 9-21 所示[8]。此次演习共设置了 2 种作战场景：封锁威胁船只和拦截布雷船。在执行封锁威胁船只任务的过程中，首先由地球观测卫星对任务区域进行持续侦察/监视并发布实时异常信息警告；然后派出 BK180-ISP 无人机(UAV)进行任务区域搜索；紧接着利用 SEAD-23 和 Searider 无人水面艇、AW HERO 和 SW-4 SOLO 无人机进行目标识别与定位；最后利用 A9 和 SeaScan 无人水下航行器和 Inspector 无人水面艇收集战场态势信息，对战场的残余威胁进行定位。在执行拦截布雷船任务的过程中，首先派遣 BK180-ISP 无人机进行情报收集，SEAD-23 和 Searider 无人水面艇、Pelicano 无人机在港口附近监视布雷船动向，当布雷船离开港口时，AW HERO 和 SW-4

SOLO 无人机对其进行定位和秘密跟踪，侦察到可疑船只正在布雷，通过直升机和快艇搭载作战人员登陆并控制可疑船只，最后无人水下航行器完成对水雷的定位和识别。

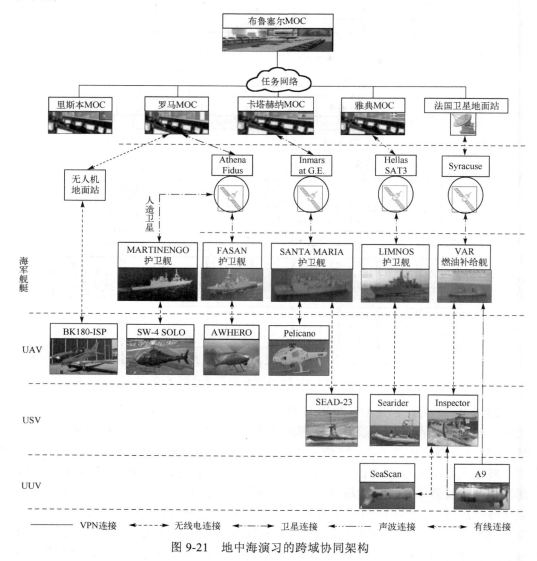

图 9-21　地中海演习的跨域协同架构

2021 年 8 月，OCEAN 2020 项目在波罗的海进行了第二次联合演示，集合了立陶宛、德国、瑞典、波兰等国家海军作战部队的 4 艘舰艇、1 颗地球观测卫星及欧盟海上作战中心，包括固定翼/旋翼无人机、无人水面艇、无人水下航行器、遥控无人潜水器在内的 13 套无人系统，各系统间的数据传输和分布架构如图 9-22 所示[8]。

此次演示共设置了 2 种作战场景,包括来自地面的高速威胁和未知的水下活动威胁。在应对地面高速威胁场景中,首先对任务区域进行持续侦察/监视并发布实时的异常信息警告,然后派出 Patroller 无人机、Piraya 和 Enforcer Ⅲ 无人水面艇进行任务区域搜索,并对目标进行定位与识别,通过仿真模拟交战过程,AutoNaut 和 Water Strider 侦察到任务区域出现新的威胁,无人机再次进行目标定位、识别,随后在 Cobra、SW-4 SOLO 无人机与 Enforcer Ⅲ 无人水面艇的协同控制下,模拟交战、登船过程,最后 Sea Wasp 无人水下航行器收集船只的残骸信息。在应对未知水下活动威胁场景中,同样首先派遣无人机进行搜索侦察,Gavia 和 DeDave 完成目标定位与识别,最后通过仿真模拟了多平台协同下的排雷任务。

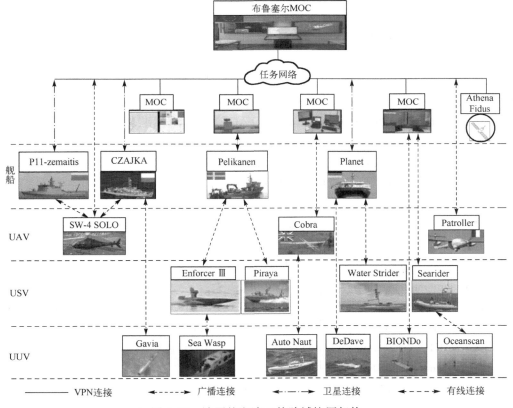

图 9-22　波罗的海演习的跨域协同架构

OCEAN 2020 项目已经完成了对数据融合技术(水上数据融合、水下数据融合、卫星数据关联和融合)、视频处理技术(光电和红外图像增强算法、舰艇检测和分类算法)、态势感知技术(数据集成到无线电管理面板、态势评估和态势预测)、无人系统部署技术(自主无人机、无人机/无人水面艇/无人水下航行器集群行为、传感器配置）、未来无人机飞行器雷达探测技术（从高空检测小型海上目标）等技术的深入研究，并将进一步探索自主无人系统集群联合作战技术。

自主无人系统技术有助于联合部队在日益致命和复杂的作战环境中增强能力和保持作战优势。随着自主无人系统技术集成到军事应用中，联合部队的能力将呈指数级增长。它的主要优点包括具有学习能力、增强情景意识、实现更高的性能、提高效率和效力、提供更大的灵活性、加快操作速度、提供大规模生产的潜力、支持分布式和分散操作等。无人系统技术当前正处于快速发展时期，为实现上述愿景，需要更加努力、全面、联合的创新。*Unmanned Systems Integrated Roadmap（2017—2042）*报告中提及，美国需要在整个采办生命周期内进行投资，从装备解决方案分析到技术开发，从工程和制造开发到生产和部署，最后从运行和维护到处置；需要改进需求分析、敏捷系统工程、测试与评估/验证与确认过程，并确保和量化人与机器之间、有人/无人团队的相互信任；需要继续发展开放系统，如机器人操作系统（ROS）和海上开放体系结构自主性（maritime open architecture autonomy，MOAA），以及开放标准，如无人飞行器系统控制单元（UAS control segment，UCS）体系结构、无人系统联合体系结构（joint architecture for unmanned systems，JAUS）、未来机载能力环境（future airborne capability environment，FACE）和北约标准化协议（standardization agreement，STANAG）4586，以确保改变游戏规则所需的互操作性。

总之，无人系统集群跨域协同凭借其诸多优势，不仅能拓展无人系统的发展空间，而且将成为一种重要的战略前沿技术。

参 考 文 献

[1] U. S. Army. The U. S. army in multi-domain operations 2028[R/OL]. https://publicintelligence. net/usarmy-multidomain-ops-2028/[2018-12-01].

[2] HOEHN J R. Joint all-domain command and control（JADC2）[R/OL]. https://missiledefenseadvocacy. org/defense-systems/joint-all-domain-command-and-control-jadc2/[2022-12-01].

[3] FEICKERT A. The Army's multi-domain task force（MDTF）[R/OL]. https://crsreports.congress. gov/product/pdf/IF/IF11797[2021-12-01].

[4] QUINCY K E, THOMPSON B G, MORAN M G, et al. An integrated command and control architecture concept for unmanned systems in the year 2030[R]. Monterey: Naval Postgraduate School, 2010.

[5] THAMKE S, AX M, KUHNERT L, et al. Control strategies for heterogeneous, autonomous robot swarms[C]. Proceedings of the 13th International Symposium of Robotics Research, Hiroshima, 2010: 525-535.

[6] DEUSDADO P, PINTO E, GUEDES M, et al. An aerial-ground robotic team for systematic soil

and biota sampling in estuarine mudflats[C]. Robot 2015: 2nd Iberian Robotics Conference, Lisbon, 2016: 15-26.

[7]　TRANZATTO M, MASCARICH F, BERNREITER L, et al. CERBERUS: Autonomous legged and aerial robotic exploration in the tunnel and urban circuits of the darpa subterranean challenge[J]. Science Robotics, 2022. arXiv.2201.07067.

[8]　ANTONINO A. Ocean2020 project[R/OL]. https://ocean2020.eu/wp-content/uploads/2020/07/ OCEAN2020-Project-Presentation.pdf[2021-12-01].

彩 图

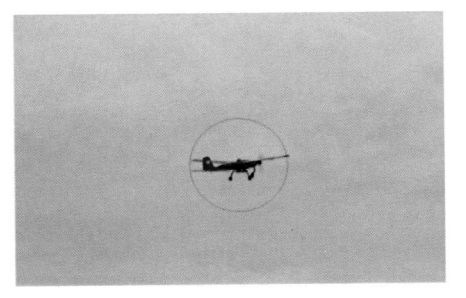

图 2-28　移动平台自主起降飞行试验

图 2-37　基于卫星/视觉融合引导的空中加油飞行试验

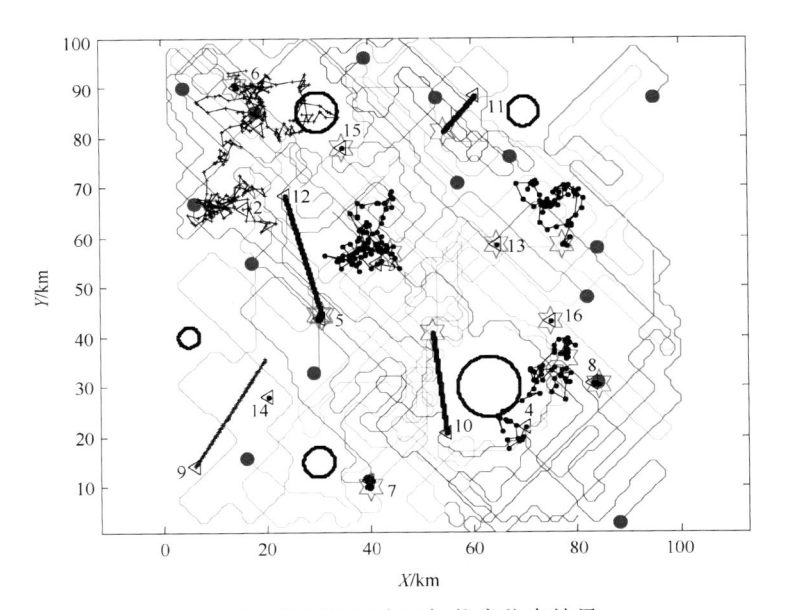

图 8-6　集群协同点目标侦察仿真结果

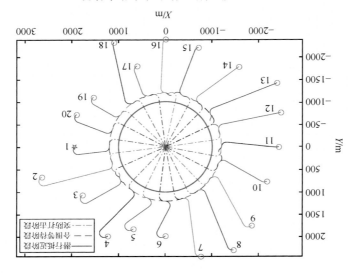

图 8-22　乘推仰圆锥和次生孔直结果

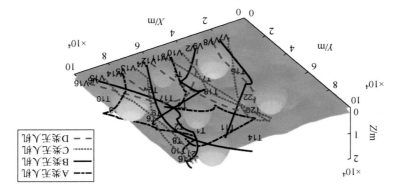

图 8-17　乘推对通仰圆打次表方直结果

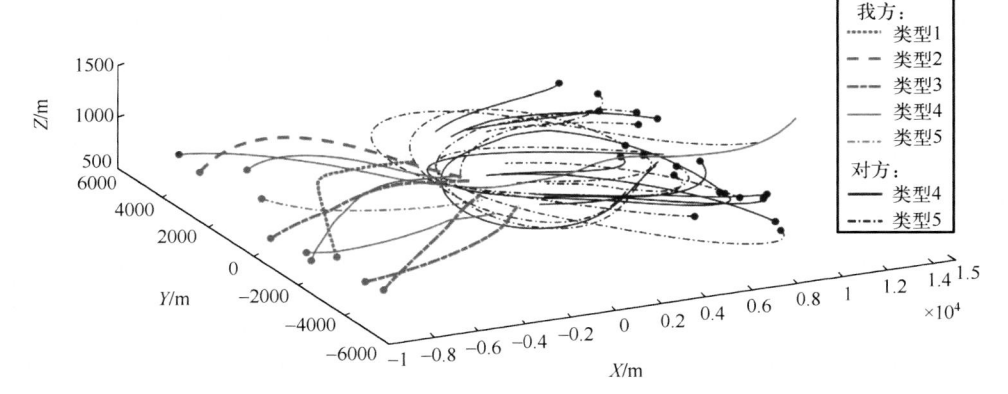

图 8-24　集群协同对抗仿真结果

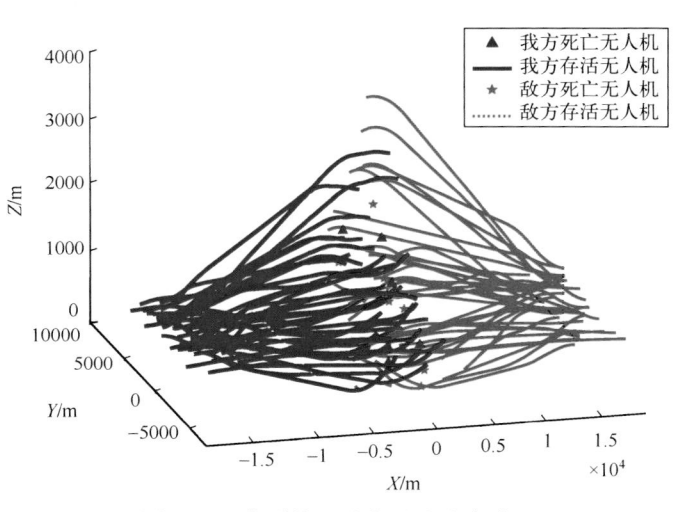

图 8-28　集群协同动态对抗仿真结果